城市公共草坪

—养护与保护—

肖昆仑 ⊙ 主编

中国林业出版社

·北京·

图书在版编目（CIP）数据

城市公共草坪养护与保护 / 肖昆仑主编 . —北京：中国林业出版社 , 2021.8
ISBN 978-7-5219-1140-4

Ⅰ . ①城… Ⅱ . ①肖… Ⅲ . ①城市—草坪—保养 Ⅳ . ① S731.2

中国版本图书馆 CIP 数据核字（2021）第 076483 号

中国林业出版社

责任编辑：于晓文　　　　　　　　　　　电　　话：（010）83143549

出　　版：中国林业出版社（100009　北京市西城区德内大街刘海胡同7号）
网　　址：http://www.forestry.gov.cn/lycb.html
发　　行：中国林业出版社
印　　刷：三河市双升印务有限公司
版　　次：2021 年 8 月第 1 版
印　　次：2021 年 8 月第 1 次
开　　本：787mm×1092mm　1/16
印　　张：19.25
字　　数：420千字
定　　价：100.00 元

《城市公共草坪养护与保护》

编 写 组

主　　编　肖昆仑

副 主 编　余德亿

编写人员　肖昆仑　余德亿　赵伟法　龚稷萍

　　　　　张海珍　吕戚霞　程文志　胡红卫

前言
PREFACE

草坪是城市生态系统的重要组成部分，也是城市环境质量和居民生活水平的重要标志之一。近年来，随着我国城市基础建设的加速，我国绿化覆盖率及绿化质量有了很大提升，草坪也成了公园、广场、道路、滨水、校园、小区等不可或缺的绿化元素。草坪景观功能、使用功能、生态功能等的发挥也越来越得到人们的认可，因此，无论是作为城市的管理者还是市民游客，对绿地草坪的质量要求越来越高，不但要求草坪外形美观、色泽均一，往往还希望其四季常绿。

但是想把草坪养护好，绝非易事。目前国内不同城市甚至同一城市不同养护单位养护的草坪质量参差不齐，草坪退化或枯死、病虫害滋生严重、杂草入侵等问题层出不穷，甚至一些区域需要花重金进行草坪改造或重建；另一方面，相关部门监管、考核缺乏"标准"可循，"草坪覆盖度"成了目前草坪质量评价的"金标准"。目前，城市绿化从业人员通常不单纯养护草坪，更多的是在养护好乔灌木、花卉之余兼顾养护草坪，而草坪专业出身或具有一定草坪养护基础理论的人员非常欠缺。

本人先后在西北农林科技大学、北京林业大学草业科学专业学习七年，进入杭州西湖风景名胜区工作十余年，既见证了二十年来中国草业的发展及取得的成就，也目睹了草坪养护过程中的困难与不足。在草坪养护管理中积累了一定经验，先后主持撰写了杭州市地方标准《城市草坪养护管理规范》、浙江省地方标准《城市公共草坪养护管理技术规范》，现想借杭州市科技局课题项目之机撰写一本草坪养护与保护方面的书籍，用于现代城市绿化从业人员翻阅。不料编写过程中困难重重，幸而得到业界各位老师、朋友的鼎力支持才得以完成，不胜感激。本书编写过程中得到了杭州市西湖水域管理处徐哲军，杭州植物园王恩、楼晓明，浙江大学柴明良，北京布莱特草业有限公司鲁剑飞，重庆市风景园林科学研究院王胜，杭州市桐庐县农业和林业技术推广中心赵敏，上海览海国际高尔夫俱乐部胡九林等数十人的鼎力支持，在此一并表示感谢。尤其要感谢福建省农业科学院的余德亿老师，余老师以渊博的知识、深厚的专业积累，为本书的编写作出了巨大的贡献。本书编写整个过程中得到了我的导师韩烈保教授自始至终的关怀、鼓励与指导，最终得以成书。

本书的审稿过程中，韩烈保老师付出了大量的心血，并给予了具体指导，再次表示由衷感谢。

由于编者水平有限，本书的错误与不足之处在所难免，恳请各位读者批评指正，以便修订完善。

主编

2020 年 9 月

目录

CONTENTS

第一章　草坪术语

第一节　草坪基础术语

一、草　坪

以禾本科多年生草类为主，人工建植的具有一定使用和生态功能，能够耐受适度修剪与践踏的低矮、均匀、致密的草本植被及与表土层共同构成的有机整体。

二、草坪草

构成草坪的植物，主要包括植株低矮的禾本科草类。

三、冷季型草坪草

最适生长温度为 15～25℃的草坪草。

四、暖季型草坪草

最适生长温度为 26～32℃的草坪草。

五、草　皮

采用人工或机械将成熟草坪与其生长的介质（土壤等基质）剥离后，形成的具有一定形状的草坪建植材料。

六、人造草坪

用非生命的塑料化纤等产品为原料制作的草坪。

七、封闭型绿地草坪

以观赏为目的，禁止游人进入和践踏的草坪。

八、开放型绿地草坪

允许游人进入，并以为其提供休息、散步、游戏等活动场所为目的的草坪。

九、草坪草区划

根据草坪草种的适应性和区域气候要素对草坪草适宜种植区域的划分。

十、草坪草过渡带

最适宜种植冷季型草的典型气候带和最适宜种植暖季型草的典型气候带之间的区域。

十一、草坪生态系统

由草坪草及其环境构成的具有一定组成、结构、功能和进行物质循环与能量交换的基本功能单位。

十二、草坪生境

草坪草的生长环境。包括草坪草生长发育必需的物理生存条件以及与其他生物构成的生态关系。

第二节　草坪养护术语

一、修剪高度

草坪修剪后，草坪草顶部与地表的垂直距离，又叫留茬高度。

二、修剪 1/3 原则

草坪修剪时，剪去原草坪自然高度 1/3 的原则。

三、表施细土

将沙、土壤和有机质适当混合，均一施入草坪床土表面的作业。

四、覆　沙

将符合要求的沙均匀铺撒在草坪表面的养护过程。

五、交　播

为了在暖季型草坪草的休眠期获得良好的外观，秋季用冷季型草坪草种在暖季型草坪上进行重播的一种技术措施。

六、草坪通气

对草坪进行穿洞划破等技术处理，以促进土壤呼吸和水分、养分渗入床土的作业，是改良草坪的物理性状和其他特性、加快草坪有机质层分解、促进草坪地上部生长发育的一种养护措施。

七、覆　盖

用非活生命材料铺盖在坪床表面的作业。

八、滚　压

用一定重量的滚压器对草坪进行镇压的作业。

九、切　边

对草坪的边缘进行修齐的作业。

十、疏　草

对草坪进行梳理，清理影响草坪草正常生长的枯草层的作业。

十一、拖　平

用重的钢织物或其他相似的设备拉过草坪表面促进其平整的作业。

十二、草坪着色

用喷雾器或其他设备，将草坪着色剂喷于草坪表面的过程。

十三、化学修剪

使用生长抑制剂、延缓剂等对草坪植物的生长进行调控的方法。

十四、草坪改良

在原有草坪基础上，针对存在的问题加以改良，使草坪恢复生机的过程。

十五、草坪更新

对退化或者失去使用功能的草坪采取重建或者改建措施的总称。

十六、草坪重建

对失去功能的草坪重新建植、管理，使其恢复生机的过程。

第三节　草坪建植术语

一、草坪建植

建造和种植草坪的过程。包括坪床的准备、草种选择、种植与前期养护管理等主要环节。

二、坪　床

用于建植草坪的基质层面。

三、单　播

用同一草坪草种的单一品种播种建植草坪的方法。

四、混　播

用两种以上草坪草种混合播种的方法。

五、混合播种

用同一草种的不同品种混在一起播种的方法。

六、播种量

单位面积内播入种子的重量或数量。

七、成坪速度

草坪草从播种或栽植后至草坪草茎叶覆盖地面达到成坪所需的天数。

八、草坪出苗期

当草坪草第一片绿叶从胚芽鞘中抽出为出苗，达到 50% 出苗为出苗期。

第四节　草坪质量术语

一、草坪质量

草坪在其生长和使用期内功能的综合表现，由草坪的内在特性与外部特征所构成。

二、草坪质量评定

对草坪质量优劣程度综合的定性与定量评价。

三、草坪密度

单位面积上草坪植物个体或枝条的数量。

四、草坪盖度

单位面积上草坪植物的垂直投影面积所占土地面积的百分比。

五、草坪高度

草坪草顶端至地表面的垂直距离。

六、草坪均一性

草坪表面均匀一致的程度。

七、草坪质地

草坪的细腻程度，一般用叶片的宽度来表示。

八、草坪色泽

人眼对草坪表面反射光线量与质的感受程度。

九、草坪绿期

草坪全年维持绿色外观的时间。一般指草坪群落中 50% 的植物返青之日至 50% 的植物呈现枯黄之日的持续日数。

十、草坪有害生物

危害草坪的病原微生物、害虫、杂草及其他有害生物。

十一、草坪病害

草坪草受到病原生物侵染或不良环境的作用，发生一系列病理变化，使其正常的新陈代谢受到干扰，生长发育受阻甚至死亡，最终导致草坪坪用性状和功能下降的现象。

十二、病虫侵害度

单位面积草坪中受病虫侵害的草坪植株所占的百分比。

十三、草坪组成

构成草坪的植物种或品种以及它们的比例。

十四、草坪杂草

草坪中目标草种以外的草本植物。

十五、杂草率

单位面积草坪中杂草所占的百分比。

十六、草坪弹性

草坪在外力作用下产生变形，除去外力后变形随即消失的性能。

十七、草坪滚动阻力

草坪和与其相接触的球类物体在接触面上发生阻碍球体滚动的力。

十八、草坪旋转阻力

草坪和与其相接触的球类物体在接触面上发生阻碍球体旋转的力。

十九、草坪平整度

草坪坪床表面光滑平整一致的程度。

二十、表面硬度

草坪抵抗其他物体压入或插入其表面的能力。

二十一、草坪草抗逆性

草坪对寒冷、干旱、高温、水涝、盐渍及病虫害等不良环境条件，以及践踏、强度修剪等物理损伤的抵抗能力。

二十二、耐磨损性

草坪植物忍耐外力磨损的能力。

二十三、耐践踏性

草坪受到践踏后保持或恢复原有状态的能力。

二十四、垂直变形

当垂直向下的外力作用于草坪后，草坪垂直方向的变形程度。

二十五、草皮强度

单位面积草皮所能承受拉力的大小，表示草皮抗外力撕拉的性能。

二十六、草坪恢复力

草坪受损后自行恢复到原来状态的能力。

第五节　草坪肥料术语

一、肥　料

以提供植物养分为其主要功效的物料。

二、有机肥料

主要来源于植物和（或）动物、施于土壤以提供植物营养为其主要功效的含碳物料。

三、无机（矿质）肥料

标明养分呈无机盐形式的肥料。

四、单一肥料

氮、磷、钾三种养分中，仅具有一种养分标明量的氮肥、磷肥或钾肥的通称。

五、大量元素

对氮、磷、钾元素的通称。

六、中量元素

对钙、镁、硫元素的通称。

七、氮　肥

具有氮（N）标明量，以提供植物氮养分为其主要功效的单一肥料。

八、磷　肥

具有磷（P_2O_5）标明量，以提供植物磷养分为其主要功效的单一肥料。

九、钾　肥

具有钾（K_2O）标明量，以提供植物钾养分为其主要功效的单一肥料。

十、微量元素（微量养分）

植物生长所必需的，但相对来说量少的元素，包括硼、锰、铁、锌、铜、钼、氯和镍。

十一、有益元素

不是所有植物生长必需的，但对某些植物生长有益的元素，例如钠、硅、硒、铝、钛、碘等。

十二、有机－无机复混肥料

来源于标明养分的有机和无机物质的产品，由有机和无机肥料混合（或化合）制成的。

十三、平衡施肥

合理供应和调节植物必需的各种营养元素，使其能均衡满足植物需要的科学施肥技术。

十四、测土配方施肥

测土配方施肥是以肥料田间试验、土壤测试为基础，根据作物需肥规律、土壤供肥性能和肥料效应，在合理施用有机肥料的基础上，提出氮、磷、钾及中、微量元素等肥料的施用品种、数量、施肥时期和施用方法。

十五、施肥量

施于单位面积土地或单位质量生长介质中的肥料或土壤调理剂养分的质量或体积。

十六、最小养分律

植物对必需营养元素的需要量有多有少，决定产量的是相对于植物需要、土壤中含量最少的有效养分。只有针对性地补充最小养分才能获得高产。最小养分随作物产量和施肥水平等条件的改变而变化。

十七、因子综合作用律

植物生长受水分、养分、光照、温度、空气、品种以及耕作条件等多种因子制约。施肥仅是增产的措施之一，应与其他增产措施结合才能取得更好的效果。

十八、施肥原则

施用肥料的原则，包括：在养分需求与供应平衡的基础上，坚持有机肥料与无机肥料相结合；坚持大量元素与中量元素、微量元素相结合；坚持基肥与追肥相结合；坚持施肥与其他措施相结合。

十九、肥料利用率

指施用的肥料养分被植物吸收的百分数，肥料利用率包括当季利用率和累积利用率。

第二章　草坪草

第一节　草坪草概述

草坪草是指能形成草皮或草坪，并能耐受定期修剪和人、物通行的一些草本植物种及品种，它们是建造草坪的基础材料。草坪草应具有景观、使用、生态等功能。草坪草大多数为具扩散生长特性的根茎型或匍匐型多年生禾本科植物，也包括部分符合草坪性状的其他科植物。

本章重点介绍禾本科草坪草。

一、草坪草的一般特性

草坪草种类极其丰富，据估计有 8000 ～ 10000 种。其中，禾本科草坪草分属羊茅亚科、画眉草亚科和黍亚科。草坪草通常具备以下特性：

（1）草坪草为草本植物，具有一定的柔软度，叶低而细密，形成的草坪具有一定的弹性和良好的触感。

（2）地上部生长点低位，并有坚韧叶鞘的多重保护。因此，能减轻踏压引起的物理危害，同时修剪时所受到的机械损伤较小。

（3）叶小型、数多、细长、直立。细而密生的叶是形成地毯状草坪的必要条件。直立细长的叶有利于光线射入草坪下层，减少下层叶的黄化和枯死，草坪修剪后不显示影响草坪外观的色斑。

（4）生长旺盛，分布广泛，再生能力强。草坪在多次修剪下不仅得到恢复，反而能促进密生。

（5）多为低矮的丛生型或匍匐型，覆盖力极强，易形成毯状的覆盖层，使整体颜色美丽均一。对外力的抵抗力强，对踏压和修剪等有强的适应性。

（6）适应性强。对环境的适应性强，对气候、土壤条件的好坏及其变化均能良好适应，较易选育出适应各类土地条件的种类，易于在各地建造草坪。

（7）繁殖力强。草坪草结实率高，发芽性也强，易于用种子直播建坪。此外，草坪草还可以用匍匐茎、草皮、植株等进行营养繁殖。

二、草坪草的分类

草坪草是根据卓类生产属性而区分的一个特殊化了的经济类群，因此分类方法多样，分类体系也不严格，一般是在经济类群的基础上，借助植物分类学或对环境条件的适应性等规律进行分类的（表2-1）。

表 2-1　草坪草分类简表

分类依据	分类	一般说明
气候与地域分布	暖季型草坪草	最适生长温度 26～32℃，主要分布于长江流域及以南地区
	冷季型草坪草	最适生长温度 15～25℃，主要分布于华北、东北、西北等地区
植物种类	禾本科草坪草	是草坪草的主体，分属于羊茅亚科、黍亚科和画眉亚科，约几十个种
	非禾本科草坪草	是具有发达匍匐枝和耐践踏、易形成草皮的草类。如白三叶、多变小冠花、匍匐马蹄金、沿阶草等
草叶宽度	宽叶型草坪草	叶宽茎粗，生长强健，适宜性强，适用于较大面积的草坪地，如结缕草、地毯草、假俭草、竹节草等
	细叶型草坪草	茎叶纤细，可形成致密的草坪，但生长势较弱，要求光照充足，土质好，如小糠草、细叶结缕草、早熟禾等
草坪草高低	低矮型草坪草	株高一般在 20cm 以下，可形成低矮致密草坪。具发达的匍匐茎和根茎，耐践踏，管理方便，大多数种类适应于我国夏季高温多雨的气候条件，多行无性繁殖，形成草坪所需时间长，若铺装建坪则成本较高，不适于大面积和短期形成草坪。常见种有结缕草、细叶结缕草、狗牙根、野牛草、地毯草、假俭草等
	高型草坪草	株高通常为 30～100cm，一般行播种繁殖，速生，在短期内可形成草坪，适用于大面积草坪设置。经常修剪方能形成平整的草坪。多为密丛型草类，无匍匐茎和根茎，补植和恢复较困难。常见草种有早熟禾、剪股颖、黑麦草等
特殊用途	观赏型草坪草	指具有特殊优美叶丛或叶面以及叶面具有美丽条纹的一些草种，如块茎燕麦草、兰草、匍匐委陵菜等

注：引自孙吉雄，韩烈保，2015。

（一）按气候与地域分布分类

依据草坪植物对生长温度的要求和反应，可将草坪草划分为暖季型（暖地型）与冷季型（冷地型）草坪草两大类。

1.暖季型草坪草

暖季型草坪草又称"暖地型草"或"夏绿型草"，适宜在我国长江以南的广大地区生长。

其主要特点是耐热性较强，夏季生长旺盛。最适生长温度为 26 ～ 32℃，冬季呈休眠状态，早春开始返青，复苏后生长旺盛。结缕草属和野牛草属是暖型中较为耐寒的种，它们中的某些品种能向北延伸到辽东半岛和山东半岛。细叶结缕草、钝叶草、假俭草对温度要求甚高，抗寒性差，主要分布于我国南部地区。暖型草坪草仅少数可获得种子，主要进行营养繁殖。其生长势和竞争力强，多单播，很少混播。

2. 冷季型草坪草

冷季型草坪草亦称"冷地型草""寒地型草"或"冬绿型草"，适宜在我国黄河以北的地区生长。其主要特征是耐寒性较强，在部分地区冬季呈常绿状态或休眠状态。最适生长温度 15 ～ 25℃，耐高温能力差，在南方越夏较困难，必须采取特别的养护措施，否则易于衰老和死亡，但有些种如高羊茅、匍匐翦股颖、草地早熟禾可以在过渡带或南方的高海拔地区生长。行种子繁殖，容易建立大面积草坪，需经常修剪。

（二）按植物种类分类

1. 禾本科草坪草

大部分草坪草属于禾本科的草本植物，大约占草坪植物的 90% 以上，是草坪草的主体。禾本科草坪草的形态结构较其他科属植物更富有坪用性，具有耐践踏、耐修剪、能形成密生群丛等优良品性。

2. 非禾本科草坪草

非禾本科草坪草耐践踏等特性不及禾本科草坪草，但是可以形成均一的草坪坪床。如豆科的白三叶、旋花科的马蹄金、莎草科的卵穗薹草和百合科的沿阶草等。

（三）按草叶宽度分类

1. 宽叶型草坪草

叶片宽度在 4mm 以上，茎秆粗壮、生长健壮、适应性强，适于较粗放管理的草坪，一般宽叶型草种触感硬。如地毯草、高羊茅等。

2. 细叶型草坪草

叶片宽度在 4mm 以下，茎叶纤细，可形成致密的草坪，但生长势较弱，要求较好的环境条件与管理水平，一般细叶型草种触感软，草坪草的叶片越纤细，观赏价值越高。人们往往倾向于喜爱细叶的草坪草。如细叶结缕草、匍匐翦股颖等。

（四）按草坪草高低分类

1. 高型草坪草

株高通常为 30 ～ 100cm，一般行种子繁殖，速生，在短期内可形成草坪，适用于大面积草坪建植。经常修剪方能形成平整的草坪。多为密丛型草类，无匍匐茎和根茎，补植和恢复

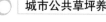

较困难。常见草种有早熟禾、画眉草、黑麦草等。

2.低矮型草坪草

株高一般在20cm以下，可形成低矮致密草坪。具发达的匍匐茎和根茎，耐践踏，管理方便，大多数种类适应于我国夏季高温多雨的气候条件，多行无性繁殖，形成草坪所需时间长，若铺植建坪则成本较高，不适于大面积和短期形成草坪。常见种有结缕草、细叶结缕草、狗牙根、野牛草、地毯草、假俭草等。

三、禾本科中的草坪草及其特征

（一）禾本科中的草坪草

禾本科草类是一个大家族，约有25族600多属10000余种，但据报道，能用于草坪，即耐践踏、耐修剪，能形成密生草群的约在千种之内。禾本科常见草坪草见表2-2。

表2-2 禾本科内主要草坪草种

亚　科	属	种
羊茅亚科	羊茅属	匍匐紫羊茅、紫羊茅、羊茅、硬羊茅、苇状（高）羊茅
	早熟禾属	草地早熟禾、加拿大早熟禾、普通早熟禾、一年生早熟禾
	黑麦草属	多年生黑麦草、一年生黑麦草
	雀麦属	无芒雀麦
	狗尾草属	洋狗尾草
	碱茅属	碱茅、纳托尔碱茅、莱蒙氏碱茅
	翦股颖属	匍茎翦股颖、细弱翦股颖、普通翦股颖、小糠草
	梯牧草属	梯牧草（猫尾草）
	冰草属	冰草、蓝茎冰草、沙尘冰草
画眉草亚科	狗牙根属	狗牙根、布拉德雷式氏狗牙根、杂交狗牙根
	野牛草属	野牛草
	垂穗草属	格兰马草、垂穗草
	结缕草属	结缕草、沟叶结缕草、细叶结缕草、中华结缕草、大穗结缕草
	地毯草属	地毯草、近缘地毯草
黍亚科	雀稗属	美洲雀稗
	狼尾草属	狼尾草
	钝叶草属	钝叶草（大黍草）
	蜈蚣草（假俭草）属	假俭草

注：引自孙吉雄，韩烈保，2015。

（二）禾本科草分蘖方式

苏联威廉士院士将禾本科草的分蘖类型划分为根茎型、疏丛型和密丛型 3 类，后又进一步细分出根茎疏丛型、匍匐茎型，共分为 5 类。

1. 根茎型

主要通过分蘖进行繁殖并通过地下根状茎进行扩展。地下茎最初是由分蘖节中的芽突破叶鞘向外成水平伸展（鞘外分蘖）而成。地下茎在离母枝一定距离处向上弯曲，穿出地面后形成地上枝。这种地上枝又产生自己的根茎并以同样的方式形成新枝，根茎每年可延伸很长。这类草繁殖力很强，能在地下 0 ～ 20cm 的表土内形成一个带有大量枝条的根茎系统。由于根茎在土壤中较深，所以对土壤通气条件十分敏感。当土壤中空气缺乏时，其分蘖节便向上移动来满足对空气的要求，但是由于土壤表层水分较少，移至一定深度时便死亡。因此，根茎型草类要求疏松的土壤。这类草主要有冰草、羊草、无芒雀麦、狗牙根等。

2. 疏丛型

分蘖节位于 1 ～ 5cm 的表土中，侧枝的伸出方向与主枝呈锐角，各代侧枝都形成自己的根系，因此形成较疏松的草丛。上一代植株的死亡致使土壤中沉积了大量的残根枯叶。新生的嫩枝从株丛边缘长出，形成"中空"的草丛。因此，对这类草坪草应及时进行梳耙和施肥，促使新枝叶从株丛中央长出而使草坪均匀。疏丛型草坪由于分蘖节接近地表，空气较充足，失水较快，因此抗旱性差。这类植物有黑麦草、猫尾草等。

3. 密丛型

分蘖节位于地表以上或接近土壤表面（干旱区域），处于空气充足的条件下。这类草新枝自分蘖节发生后，与母枝平行向上生长，并保持在叶鞘内（鞘内分枝），因而形成紧密的小丘状株丛。草坪中央紧贴地面，而周围高出。草丛直径随时间而扩大，草丛中央部分则随时间而衰老，直至死亡。因此，形成了由周围用较幼嫩的枝条所组成的"中空"草丛。由于密丛型草类分蘖节位置比较高，故能适应土壤紧实或过分湿润、通气不良的环境。又由于分蘖节被枯叶鞘和茎包围，能蓄水保温，因而使地表的分蘖节常处于湿润的条件下，是一类抗旱、抗寒、株丛低矮而适于作草坪的优良草坪草。属于该类型的草坪草主要有羊茅属的紫羊茅和针茅属的部分种。

4. 根茎疏丛型

由短根茎把许多疏丛型株丛紧密地联系在一起，形成稠密的网状，如草地早熟禾等。这类草能形成平坦而有弹性且不易干裂的草层，是建坪的优良禾草。

5. 匍匐茎型

借助地上茎水平生长得以扩展。在节部可生出芽和枝叶并产生不定根，与母株分离形成独立的新株。这种草适于营养繁殖，也可种子繁殖，是一类优良的草坪草。常见的有狗牙根、野牛草、匍匐翦股颖、假俭草等。

第二节　禾本科草坪草

本节按照冷季型草坪草和暖季型草坪草介绍相关草坪草种及其品种。

一、常见的冷季型草坪草草种及其品种

冷季型草坪草广泛分布于冷凉的湿润、半湿润及半干旱地区。某些种类的分布区可延伸至冷暖过渡带。大多数种类适于 pH 值 6.0 ～ 7.0 的微酸性土壤。目前世界上常用的冷季型草坪草有 20 余种，分属于早熟禾属、黑麦草属、羊茅属和翦股颖属。

（一）早熟禾属（*Poa*）

早熟禾属草坪草是当前最为主要而又广泛使用的冷季型草坪草之一，有 200 多个种，广泛分布于寒冷潮湿带和过渡气候带内。常用作草坪草的有草地早熟禾、粗茎早熟禾、加拿大早熟禾、球茎早熟禾和林地早熟禾等。

1. 草地早熟禾（*P. pratensis*）

别名六月禾、肯塔基蓝草、蓝草、光茎蓝草等（图 2-1）。

【形态特征】多年生草本植物。具根状茎，秆丛生、光滑，具 2 ～ 3 节，高 30 ～ 60cm；叶鞘疏松包茎，柔软，宽 2 ～ 4mm，密生于基部；叶尖呈明显的船形。圆锥花序

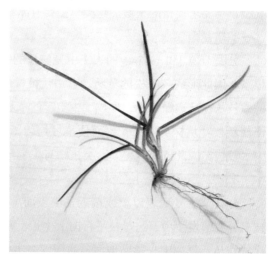

图 2-1　草地早熟禾

开展，长 13 ～ 20cm，分枝下部裸露；小穗长 4 ～ 6mm，含 3 ～ 5 小花。外稃基盘具稠密的白色绵毛。种子细小，千粒重 0.37g。

【生态习性】喜光耐阴，喜温暖湿润，又具有很强的耐寒能力。抗旱性差，夏季炎热时生长停滞，春秋生长繁茂。在排水良好、土壤肥沃的湿地生长良好。根茎繁殖力强，再生性好，较耐践踏。

【使用特点】草地早熟禾生长年限较长，草质细软，颜色光亮鲜绿，绿期长，适宜于公园、医院、学校等公共场所作观赏草坪。其中，一些品种性能优良，适用于建植高档草坪。常与黑麦草、高羊茅、匍匐紫羊茅等混播建植运动场草坪，效果良好。

2. 粗茎早熟禾（*P. trivialis*）

由于该种茎秆基部的叶鞘较粗糙，故称之为粗茎早熟禾。

【形态特征】具有发达的匍匐茎，地上茎茎秆光滑、丛生，具 2 ～ 3 节，自然生长可高

达 30 ~ 60cm；叶鞘疏松包茎，具纵条纹。幼叶呈折叠形，成熟的叶片为"V"形或扁平，柔软，宽 2 ~ 4mm，密生于基部；叶片有光泽，淡绿色，在中脉的两旁有两条明线；叶舌膜质，长 0.2 ~ 0.6mm，截形；无叶耳；托叶宽，裂形。具有开展的圆锥花序，长 13 ~ 20cm，分枝下部裸露；小穗长 4 ~ 6mm，含 3 ~ 5 朵小花。外稃基部具有稠密的白色绵毛。种子细小，千粒重 0.37g。

【生态习性】耐阴性强，适于在气候凉爽的遮阴地种植；根系浅，抗旱性差，在灌溉条件下，可在寒冷半干旱区和干旱区生长。在阳光充足的夏季会变成褐色，出现休眠，甚至枯死，春秋季生长繁茂。在潮湿肥沃的土壤中生长良好。根茎繁殖力强，再生性好，较耐践踏。但营养繁殖能力差。

【使用特点】质地细软，颜色光亮鲜绿，绿期长，具有较好的耐践踏性，广泛于家庭、公园、医院、学校等公共绿地观赏性草坪以及高尔夫球场、运动场草坪，还可应用于堤坝护坡等设施草坪。另外，还常用于温暖地区冬季草坪的交播。但不宜在炎热、干旱条件下种植。

（二）黑麦草属（*Lolium*）

黑麦草属是当前草坪生产中广泛使用的冷季型草坪草种之一，栽培品种很多。欧亚温带地区有分布，在我国属于引种栽培。用作草坪草的主要是多年生黑麦草和一年生黑麦草。

1. 多年生黑麦草（*L. perenne*）

别名宿根黑麦草、黑麦草（图 2-2）。

【形态特征】多年生疏丛型草本植物，具短根茎，茎直立；丛生，高 50 ~ 100cm；叶鞘疏松，叶片窄长，边缘粗糙，深绿色，具光泽，富弹性。叶脉明显，叶舌膜质，幼叶折叠于芽中；穗状花序稍弯曲，可达 30cm，小穗扁平无柄，互生于穗轴两侧。每小穗含 3 ~ 10 朵可育小花；颖短于小穗，具 5 脉，边缘膜质；外稃披针形，无芒或有短芒；内稃与外稃等长，脊上有短纤毛。种子狭长，4 ~ 6mm，成熟后易脱落，千粒重 1.5g。

图 2-2 多年生黑麦草

【生态习性】喜温暖湿润较凉爽的环境。抗寒、抗霜而不耐热，耐湿而不耐干旱和瘠薄。在肥沃排水良好黏土中生长较好，在瘠薄的沙土中生长不良。春季生长快，炎热的夏季呈休眠状态，秋季亦生长较好。在 27℃气温下、土温 20℃左右生长最适。15℃时分蘖最多。当气温低于 –15℃则会产生冻害。一般认为多年生黑麦草为短命的多年生草，寿命只有 4 ~ 6 年，在精细管理下，则可延长寿命。抗寒性较草地早熟禾弱，抗热性不及高羊茅。它适宜的生长条件是在冬季温和、夏季凉爽潮湿的气候。耐寒性较差。适应土壤范围广，以中性偏酸、肥沃的土壤为宜。耐践踏性强，但耐阴性差，不耐低修剪。

【使用特点】种子较大，发芽迅速，生长快，成坪时间短。可用于多种用途的草坪建植，也可与其他草坪草如草地早熟禾混播，作为混播先锋草种，还可用作快速建坪、水土保持及暖季型草坪的冬季交播。除了作为短期覆盖植被以外，很少单独种植。一般情况下，多年生黑麦草在混播中种子重量不应超过总重量的20%。该草还能抗二氧化硫等有害气体，故多用于工矿区，特别是冶炼场地建造绿地的材料。

2. 一年生黑麦草（*L. multiflorum*）

部分地区也称多花黑麦草或意大利黑麦草。由于生命期短，用作草坪的途径较窄。

【形态特征】与多年生黑麦草相似。主要区别：一年生黑麦草叶为卷曲式，颜色相对较浅且粗糙。外稃光滑，显著具芒，长2～6mm，小穗含小花数较多，可达15朵小花，因之小穗也较长，可达23mm。

【生态习性】一年生草本，但在适宜的条件下，可以为两年或短命的多年生植物。因叶片颜色较浅，一般很难与草地早熟禾和紫羊茅等混播。其植株密度、整齐性和整体草坪质量都不如多年生黑麦草。根冠上的分蘖节比多年生黑麦草的低，故在幼苗阶段的叶面积较大。生长习性为直立、丛生、无根茎和匍匐茎；其根的深度和数目比多年生黑麦草的浅且少。耐寒性差，耐热性差。最适于肥沃、pH值为6.0～7.0的湿润土壤。

【使用特点】一年生黑麦草用作需建坪快的一般作用的草坪。它能快速建坪用作暂时植被。也常用作温暖潮湿地区暖型草坪的冬季交播。常与其他冷季型草坪草混播，但所占比例不宜过大。

（三）羊茅属（*Festuca*）

羊茅属约100个种，分布于全世界的寒温带和热带的高山区域。我国有14种，用作草坪草的仅几个种，包括高羊茅、紫羊茅、硬羊茅、羊茅、邱氏羊茅等。其中高羊茅属粗叶型草坪草，其余为细叶型草坪草。

1. 高羊茅（*F. elata*）

适应于许多土壤和气候条件，应用广泛。高羊茅在植物学上一般称为苇状羊茅（图2-3）。

【形态特征】叶卷叠式；叶鞘圆形，光滑或有时粗糙，开裂，边缘透明，基部红色舌膜质，0.2～0.8mm长，截平；叶耳小而狭窄；叶片扁平，坚硬，5～10mm宽，上面

图2-3　高羊茅

接近顶端处粗糙，各脉不鲜明，但光滑，有小突起，基部也光滑，中脉明显，顶端渐尖，边缘粗糙透明；茎圆形，直立，粗状，簇生。根颈显著，宽大，分开，常在边缘有短毛，黄绿色。花序为圆锥花序，直立或下垂，披针形到卵圆形，有时收缩；轴和分枝粗糙，每一小穗上有 4 ～ 5 朵小花。

【生态习性】高羊茅形成的草坪植株密度小，叶较其他冷季型草坪草宽且粗糙，叶脉明显。虽然有短的根茎，但仍为丛生型，很难形成致密草皮。其大多数新枝由根冠产生而不是根茎的节产生，根系分布深且广泛。适宜于寒冷潮湿和温暖潮湿的过渡地带生长，在寒冷潮湿气候带的较冷地区，高羊茅易受到低温的伤害，耐寒性不及草地早熟禾。高羊茅对高温有一定的抵抗能力，在暂时高温下，叶子的生长受到限制，仍能保持颜色和外观的一致性。高羊茅是最耐旱和最耐践踏的冷季型草坪草之一，耐阴性中等。耐粗放管理。

【使用特点】高羊茅耐践踏，适宜的范围很广，但由于叶片粗糙，限制了其应用，一般用作运动场、绿地、路旁、小道、机场以及其他低质量的草坪。由于其建坪快，根系深，耐贫乏土壤，所以能有效地用于斜坡防固。高羊茅与草地早熟禾的混播产生的草坪质量比单播高羊茅的高，高羊茅与其他冷季型草坪草种子混播时，其重量比不应低于 60% ～ 70%。在温暖潮湿地带，高羊茅常与狗牙根的栽培种混播用作一般的绿地草坪或与巴哈雀稗混播用作运动场草坪。

2. 紫羊茅（*F. rubra*）

别名红狐茅、匍匐紫羊茅。

【形态特征】多年生草本植物。须根发达，具横走根状茎，具短的匍匐茎；秆基部斜生或膝曲，丛生，分枝较紧密，高 40 ～ 70cm，基部红色或紫色；叶鞘基部红棕色并有枯叶纤维，分蘖叶的叶鞘闭合。叶片线形、光滑柔软、对折内卷；圆锥花序狭窄，稍下垂，长 9 ～ 13cm，每节有 1 ～ 2 分枝。小穗先端带紫色，含 3 ～ 6 小花。颖果长 2.5 ～ 3.2mm，宽 1mm，千粒重 0.73g。

【生态习性】适应性强，喜凉爽湿润气候。抗寒、抗旱、耐酸、耐贫瘠均较强，适于温暖湿润气候和海拔较高的干旱地区生长。其适应性和抗低温性均不如草地早熟禾和剪股颖。在 -30℃能安全越冬，pH 值 5.5 ～ 6.5 的沙质土壤上生长良好。紫羊茅可形成细致、高密度、整齐的优质草坪。草色中绿至暗绿，地上部分生长速度比大多数冷季型草坪草慢，根状茎的生长速度比草地早熟禾慢。

紫羊茅耐阴性比大多数冷季型草坪草强，在较弱的光强下生长良好，但耐湿性较高羊茅差。以富含有机质的沙质黏土和干燥的沼泽土上生长最好。紫羊茅抗热性差，38 ～ 40℃时植株枯萎，有休眠现象。春秋季生长较快。

紫羊茅寿命长，耐践踏和低修剪，覆盖力强。修剪高度 2cm 仍能恢复生长。该草春季返青早，秋季枯黄晚。

【使用特点】紫羊茅是世界应用最广的冷季型草坪草之一。由于寿命长、色泽好、绿期长、耐践踏、耐遮阴等优点，因而被广泛应用于机场、运动场、庭园、花坛、林下等处，是一种优良的观赏性草坪草。在寒冷潮湿地区，常与草地早熟禾混播，以提高草地早熟禾的建坪速度。

（四）剪股颖属（*Agrostis*）

剪股颖属草坪草由于匍匐生长，是所有冷型草坪草中最能忍受连续低修剪的，其修剪高度可达 0.5cm，甚至更低。适于寒冷、潮湿和过渡性气候。常用于草坪的是匍匐剪股颖、细弱剪股颖和绒毛剪股颖。

1. 匍匐剪股颖（*A. stolonifera*）

别名匍茎剪股颖、本特草（图 2-4）。

【形态特征】多年生草本植物。茎基部平卧地面，具长达 8cm 左右的匍匐枝，有 3 ～ 6 节，节上可生不定根，直立部分 20 ～ 50cm；叶鞘无毛，稍带紫色。叶舌膜质，长圆形，长 2.5 ～ 3.5mm，背面微粗糙。叶片线形，两面具小刺毛，长 5.5 ～ 8.5cm，宽 3 ～ 4mm；圆锥花序卵状长圆形，带紫色，老后呈紫铜色，长 11 ～ 20cm，宽 2 ～ 5mm，每节具

图 2-4　匍匐剪股颖

2 ～ 5 分枝。小穗长 2mm，二颖等长。外稃顶端钝圆，基盘两侧无毛，内稃较外稃短；颖果卵形，长约 1mm，宽约 0.4mm，黄褐色。

【生态习性】匍匐剪股颖喜冷凉湿润气候，耐寒、耐热、耐瘠薄、耐低修剪，耐阴性也较强，但在阳光充足条件下生长更好。耐践踏性中等。由于匍匐茎横向蔓延能力强，能迅速覆盖地面，能形成密度很大的草坪。但由于匍匐茎节上不定根入土较浅，因而耐旱性稍差。匍匐剪股颖对土壤要求不严，在微酸至微碱性土壤上均能生长，以雨多肥沃的土壤生长最好，对紧实土壤的适应性很差。春季返青慢。

【使用特点】适应性强、用途广、品质好、耐盐碱性较强，耐频繁低修剪，在低修剪下，匍匐剪股颖可形成美丽、细致的草坪，是用做高尔夫球场果岭和发球区、草地网球场、草地保龄球场等精细草坪的首选草种，也可用于庭院、公园等养护水平较高的绿地。但由于其具有侵占性很强的匍匐茎，所以很少与草地早熟禾等冷季型草坪草混播。

2. 细弱剪股颖（*A. tenuis*）

适宜我国北方湿润带和西南部分地区生长。

【形态特征】多年生草本，具短的根状茎。秆丛生，具 3 ～ 4 节，基部膝曲或弧形弯曲，上部直立，细弱，直径约 1mm。叶鞘一般长于节间，平滑。叶片窄线形，质厚，长 2 ～ 4cm，宽 1 ～ 1.5mm，干时内卷，边缘和脉上粗糙，先端渐尖。圆锥花序近椭圆形，开展。小穗紫褐色，穗梗近平滑。基盘无毛。

【生态习性】广泛应用于寒冷潮湿地区。抗低温性较好，但不如匍匐剪股颖，春季返表相对慢，抗热和抗水性较差，耐阴性一般，不耐践踏。低修剪下可形成细质、稠密的草坪。茎和叶子柔嫩、纤细，节间短而低，生长矮小，耐低修剪。须根系，生长较浅。适应的土壤范围较广，但在肥沃、潮湿、pH 值 5.5～6.5 的细壤上生长最好。

【使用特点】细弱剪股颖常与其他一些冷季型草坪草混播，用作高尔夫球道和发球台草坪，有时也用于高尔夫球场果岭及其他一些高质量、细质的草坪。

3. 绒毛剪股颖（*A. canina*）

适宜我国的东北和华北潮湿地带和西南偏冷地区生长。

【形态特征】多年生草本，具根状茎。秆丛生，直立或基部鞘倾斜上升。叶鞘无毛，上部叶鞘短于节间。叶片线形，宽 2～5mm，长 7～20cm，扁平或先端内卷成锥状，微粗糙。圆锥花序尖塔形或长圆形，疏松开展。基盘两侧有长 0.2mm 的短毛。

【生态习性】主要用于寒冷潮湿地区。能形成像针一样细的最细致的草坪。直立生长，植株密度很高，均一性强，可形成一个柔软绒毛状的草坪面。匍匐茎的生长速度比细弱剪股颖慢，比匍匐剪股颖快，植株生长速度较慢，根部生长很快，但分解很慢。抗热和抗旱性比其他剪股颖强，耐阴性也较好，但其柔软、多汁的组织易于萎蔫。适于酸性、贫瘠的土壤，但不适于通气性差、排水不好的土壤。土壤 pH 值 5～6 为宜。

【使用特点】主要用于低修剪的高尔夫球场果岭和保龄球球场以及其他细致的装饰性草坪。

除了以上冷型草坪草种外，还有一些草种如无芒雀麦（*Bromus inermis*）、梯牧草（*Phleum pratense*）、碱茅（*Puccinellia distans*）、扁穗冰草（*Agropyron cristatum*）等。

二、常见的暖季型草坪草草种及其品种

暖季型草坪草广泛分布在温暖湿润的热带及亚热带地区。因耐寒性差，在北方地区越冬困难。野牛草和日本结缕草是暖季型草中较为抗寒的草种，因此，它们的分布区可向北延伸到较寒冷的辽东半岛。暖季型草坪草属于画眉草亚科和黍亚科，目前常用的暖季型草坪草种有十几个，分别属于野牛草属、结缕草属、狗牙根属、地毯草属、蜈蚣草属、雀稗属、钝叶草属、画眉草属、狼尾草属等 9 个属。

（一）野牛草属（*Buchloe*）

野牛草属仅有 1 个种即野牛草（图 2–5）。20 世纪 50 年代引入我国栽培，现在人们已逐渐把它用作风景秀丽而又不需过分维护的草坪，在华北、东北、内蒙古等北方地区广泛种植。

野牛草（*B. dactyloides*）

【形态特征】多年生草本，具匍匐茎，秆高 5～20cm，较细弱；叶线形，长 10～20cm，

宽 1 ～ 2mm，两面疏生细小柔毛，叶色绿中透白，色泽美丽；雌雄同株或异株，雄花序 2 ～ 8 枚，长 5 ～ 15mm，排列成总状。雄小穗含 2 花，无柄，成两行覆瓦状排列于穗轴的一侧。雌小穗含 1 花，大部分 4 ～ 5 枚簇生呈头状花序，花序长 7 ～ 9mm。通常种子成熟时，自梗上整个脱落。

【生态习性】该草适应性强，喜光，亦耐半阴，耐土壤瘠薄，具较强的耐寒能力，在我国东北、西北有积雪覆盖下，在 –34℃能安全越冬。耐热性极强，极耐旱，在 2 ～ 3 个月严重干旱情况下，仍不致死亡。该草与杂草竞争力强，具一定的耐践踏能力。耐碱性强，也耐水淹，但不耐阴。适宜的土壤范围较广，但最适宜的土壤为细壤。

图 2-5　野牛草

【使用特点】最适宜用于温暖和过渡带的半干旱、半潮湿地区。因具有植株低矮，枝叶柔软，较耐践踏，繁殖容易，生长快，养护管理简便，抗旱、耐寒等优点，目前已为我国北方栽培面积较大的一种草坪草，广泛用于工矿企业、公园、机关、学校、部队、医院及居住地绿化覆盖材料。由于它抗二氧化硫、氟化氢等污染气体能力较强，因此也是冶炼、化工等工业区的环境保护绿化材料。同时由于耐旱性强，管理粗放，非常适宜作固土护坡材料。

野牛草的缺点是绿色期较短，其雄花伸出叶层之上，破坏草坪绿色的均一性，耐阴性差，不耐长期水淹，枝叶不甚稠密，耐践踏性差等，在一定程度上影响了更广泛的利用。

（二）结缕草属（*Zoysia*）

结缕草属草坪草是当前广泛使用的暖季型草坪草之一，有 10 个种，分布于非洲、亚洲和大洋洲的热带和亚热带地区。我国现只有 5 个种和变种。其中，最常使用的是日本结缕草、沟叶结缕草、细叶结缕草、中华结缕草和大穗结缕草等。

1. 日本结缕草（*Z. japonica*）

别名结缕草、老虎皮、锥子草、崂山草、延地青（图 2-6）。

【形态特征】多年生草本，具发达的根状茎，植株低矮，较粗糙。属深根性植物，须根一般可深入土层达 30cm 以上。坚韧的地下

图 2-6　日本结缕草

根状茎及地上匍匐枝，于茎节上产生不定根。植株直立，茎高 12 ～ 15cm；茎叶密集，叶片革质，常具柔毛，长 3cm，宽 2 ～ 3mm，具一定的韧度，叶舌不明显；总状花序穗状，长 2 ～ 4cm，宽 3 ～ 5mm。小穗卵圆形，呈紫褐色。种子细小，成熟后易脱落，外层附有蜡质保护物，不易发芽，播种前需进行处理以提高发芽率。

【生态习性】适应性强，长势旺盛，喜光、抗旱、抗热和耐贫瘠。抗寒性在暖型草坪草中表现得较突出。但不能在夏季太短或冬季太冷的地方生存。喜深厚肥沃排水良好的沙质土壤。在微碱性土壤中亦能正常生长。入冬后草根在 –30 ～ –20℃能安全越冬，气温 20 ～ 25℃生长最盛，30 ～ 32℃生长速度减弱，36℃以上生长缓慢或停止，但极少出现夏枯现象。在 10 ～ 12.8℃之间开始褪色，整个冬季保持休眠。秋季高温而干燥可提早枯萎，使绿色期缩短。

日本结缕草易于形成单一连片、平整美观的草坪，抗杂草能力强。由于根茎发达，叶片粗糙而坚硬，故耐磨、耐践踏，且抗病虫害能力强，但不耐阴，匍匐茎生长较缓慢，蔓延能力较一般草坪草差。因此，草坪一旦出现秃斑，则恢复较慢。

【使用特点】需要中等养护水平，其植株低矮、坚韧耐磨、耐践踏、弹性好，在适宜的土壤和气候条件下，可形成致密、整齐的优质草坪。广泛应用于温暖潮湿和过渡地带，在园林、庭园、高尔夫球场、机场、运动场和水土保持地广为利用，是较理想的运动场草坪草和较好的固土护坡植物。

2. 细叶结缕草（*Z. tenuifolia*）

别名天鹅绒草、台湾草。

【形态特征】多年生草本，呈丛状密集生长，高 10 ～ 15cm，秆直立纤细。具地下茎和匍匐枝，节间短，节上产生不定根。须根多浅生；叶片丝状内卷，长 2 ～ 6cm，宽 0.5mm，总状花序顶生，穗轴短于叶片，故常被叶所覆盖。花果期 6 ～ 7 月，花期短。花穗长 1cm，宽 1.5mm，小穗具 1 朵花，穗状排列。种子少，成熟时易于脱落，故采收困难。

【生态习性】喜光，不耐阴，在强光下生长良好，与杂草竞争力极强；但耐湿、耐寒性较日本结缕草差。夏秋生长茂盛，深绿色，能形成单一草坪，在华南地区夏、冬两季不枯黄。在华东地区于 4 月初返青，12 月初霜后枯黄。在西安、洛阳等地，绿色期可达 185d 左右。

【使用特点】因细叶结缕草色泽嫩绿，草丛密集，杂草少，外观平整美观，具弹性，易形成草皮，故常栽于花坛内作封闭式花坛草坪或用作塑造草坪造型供观赏，但需精心管护。又因其耐践踏，故也用于医院、学校、宾馆、工厂等的绿地作开放型草坪。也可植于堤坡、水池边、假山石缝等处，起到固土护坡，保持水土和绿化的作用。

3. 沟叶结缕草（*Z. matrella*）

别名马尼拉草、半细叶结缕草。

【形态特征】多年生草本，具横走、细弱的根茎。叶片质硬，且内卷，上面有沟，长约 3cm，宽 1 ～ 2mm，顶端尖锐。其叶片质地和植株密度介于日本结缕草和细叶结缕草之间。叶鞘长于节间，叶舌短而不明显，顶端撕裂；总状花序细柱形，小穗黄褐色或略带紫色。

【生态习性】品质好、耐践踏、抗性强、耐寒性介于日本结缕草和细叶结缕草之间，而分布的北界比细叶结缕草更靠北。在北京地区越冬时会出现冻害。其他生态习性与细叶结缕草相近。

【使用特点】因抗病性和抗杂草性较强，耐低修剪，弹性和耐践踏性好，质地优良，颜色深绿，广泛应用于庭园绿地、公共绿地和运动场草坪，也是很好的水土保持草种。

4. 中华结缕草（*Z. sinica*）

别名青岛结缕草。

【形态特征】多年生草本，具横走根茎。秆直立，高 13 ~ 30cm，茎部常具宿存枯萎的叶鞘。叶鞘无毛，长于或上部者短于节间，鞘口具长柔毛。叶舌短而不明显；叶片淡绿或灰绿色，背面颜色较淡，长可达 10cm，宽 1 ~ 3mm，无毛。质地较坚硬，扁平或边缘内卷。总状花序穗形，小穗披针形或卵状披针形，黄褐色或略带紫色。花果期 5 ~ 10 月。

【生态习性】基本与日本结缕草相同，只是其种子颗粒的平均大小要较结缕草大。

【使用特点】草丛密度较日本结缕草稍大。叶片也较窄，耐践踏性好，可作为运动场、庭园草坪。由于采收时，很难区分日本结缕草和中华结缕草，因此，在生产中使用时大多是这两个种混在一起。

5. 大穗结缕草（*Z. macrostachya*）

产于山东、江苏和浙江等沿海地带；生于山坡或平地的沙质土壤或海滨沙地上。

【形态特征】多年生草本。具横走根茎。直立部分高 10 ~ 20cm，多节，基部节上常残存枯萎的叶鞘；节间短，每节具 1 至数个分枝。叶鞘无毛，鞘口具长柔毛。叶舌不明显。叶片线状披针形，质地较硬，常内卷，长 1.5 ~ 4cm，宽 1 ~ 4mm。总状花序紧缩呈穗状，基部常包藏于叶鞘内。小穗黄褐色或略带紫色。花果期 6 ~ 9 月。

【生态习性】基本与日本结缕草相同。但其耐盐碱性极强，在海水漫过的地方还可以生长。

【使用特点】因生长强健，管理粗放，耐践踏性强，可用作足球场、赛马场等运动场草坪，也可用水土保持、护堤和固沙草坪。因极耐盐碱性，在盐碱地上具有广泛的应用价值，应大力推广。

（三）狗牙根属（*Cynodon*）

狗牙根属草坪草是最具代表性的暖季型草坪草，广泛分布于欧洲、亚洲的热带及亚热带地区。用作草坪草的一般是普通狗牙根和杂交狗牙根。

1. 普通狗牙根（*C. dactylon*）

别名百慕达草、绊根草（上海）、爬根草（南京），如图 2-7。

图 2-7　普通狗牙根

【形态特征】多年生草本，具根状茎和匍匐枝，茎秆细而坚韧，节间长短不一，匍匐枝可长达1m，并于节上产生不定根和分枝，故又名"爬根草"；叶扁平线条形，长3.8～8cm，宽1～2mm，先端渐尖，边缘有细齿，叶色浓绿。叶舌短小，具小纤毛；穗状花序3～6枚指状排列，分支长3～4cm。小穗排列于穗轴一侧，绿色，有时略带紫色，含1花，颖近等长。种子成熟易脱落，具一定的自生能力。

【生态习性】适合于世界各温暖潮湿和温暖半干旱地区，极耐热和抗旱，但抗寒性差，也不耐阴。在新疆乌鲁木齐市有栽培，在有积雪的情况下能越冬。因根系浅，具少量须根，所以遇干旱气候容易出现匍匐茎嫩尖成片枯萎。耐践踏，喜排水良好的肥沃土壤中生长，在轻度盐碱地上也生长较快，且侵占力强，在适宜的条件下常侵入其他草坪地生长。

【使用特点】一般采用单播，但由于种子不易采收，故多采用营养繁殖。因耐践踏，再生力很强，适宜建植运动场草坪，在因比赛践踏的草坪，如能在当晚立即灌水，1～2d后即可恢复；若及时增施氮肥，即可很快投入使用。我国华北、西北、西南及长江中下游等地广泛用该草建植草坪，或与其他暖季型草坪草及冷季型草坪草如高羊茅等混合铺设球场。因覆盖力强，也是很好的固土护坡材料。另外，秋季在其草坪中可补播（交播）冷季型草坪草，如黑麦草、紫羊茅等来缓和因冬季休眠而造成的褪色。

2. 杂交狗牙根（*C. dactylon×C. transvadlensis*）

又称天堂草，是近年来人工培育的杂交草种，由普通狗牙根（*C. dactylon*）与非洲狗牙根（*C. transvadlensis*）杂交后，在其子一代的杂交种中分离筛选出来的，是美国杂交狗牙根梯弗顿（Tifton）系列的简称。该草具有根茎发达、叶丛密集、低矮、茎略短等优点，匍匐生，可以形成致密的草皮。耐寒性弱，冬季易褪色。耐频繁的低修剪，有些品种可耐6mm的修剪。践踏后易于修复。在适宜的气候和栽培条件下，能形成致密、整齐、密度大、侵占性强的优质草坪。它不仅具有一定的耐寒性，病虫害少，而且能耐一定的干旱，十分适合于在华中地区生长。常用在高尔夫球场果岭、球道、发球台等以及足球场、草地网球等体育场。杂交狗牙根没有商品种子出售，一般用营养繁殖，国外可直接向草种供应商购买商品化种茎。国内多采用将草皮切碎后撒放坪面，覆土压实后浇水，保持湿润来进行建坪。

（四）地毯草属（*Axonopus*）

地毯草属约有40个种，大都产于热带美洲。我国有2个种，其中用于草坪草最广泛的是地毯草。

地毯草（*A. compressus*）

别名大叶油草（图2-8）。

【形态特征】多年生草本，植株低矮，具长匍匐茎。秆扁平，节上密生灰白色柔毛，

图2-8 地毯草

高8～30cm；叶片柔软，翠绿色，短而钝，长4～6cm，宽8mm左右；总状花序，长4～6cm，较纤细，2～3枚近指状排列于枝顶。小穗长2～2.5mm，排列三角形穗轴的一侧。种子长卵形。

【生态习性】适于热带、亚热带地区较温暖的地方。喜光，较耐阴，再生力强，耐践踏但不耐寒，不耐盐，抗旱性比大多数暖季型草坪草差。对土壤要求不严，适宜在潮湿、沙质或低肥沙壤土上生长，但在水淹条件下生长不好。由于匍匐茎蔓延迅速，每节均能产生不定根和分蘖新枝，因此侵占力极强，容易形成稠密平坦的草层。耐寒性较差，易由于霜冻而使叶尖或半片叶子呈现枯黄，但春季返青早且速度快。夏季干旱无雨时，叶尖易干枯。

【使用特点】可形成粗糙、致密、低矮、淡绿色的草坪，可用于庭园草坪和践踏较轻的草坪，在广州常用它与其他草种混合铺设运动场草坪。在成都用作休息活动草坪。由于能耐酸性和较贫瘠的土壤，为优良的固土护坡植物。

（五）蜈蚣草属（*Erenochloa*）

蜈蚣草属中仅假俭草用作草坪草。

假俭草（*E. ophiuroides*）

别名蜈蚣草、苏州草（上海）（图2-9）。

【形态特征】多年生草本，植株低矮，高10～15cm，具贴地生长的匍匐茎。茎秆直立，线形叶基生，革质，先端略钝，长2～5cm，宽1.5～3mm，生于茎顶的叶多退化，常退化成一小尖头着生于叶鞘上；秋冬抽穗开花。总状花序顶生，花穗绿色，微带棕紫色，直立或略弯曲，扁平而纤细，具长柄。穗长4～6cm，单生于枝顶。小穗具短柄，紧贴于穗轴，呈覆瓦状排列，长约4mm。花穗较其他草多，花期时一片棕黄色。种子入冬前成熟。

【生态习性】适应性较强，在轻黏土、酸性土、微碱性土中均能生长。叶较粗糙，生长较缓慢，有短而粗的匍匐茎，节间较短且多叶，形成的草坪相对稠密、低矮。喜光、耐旱、耐寒、耐贫瘠，适宜重剪，较细叶结缕草耐阴湿。在排水良好，土层深厚而肥沃的土壤上生长茂盛。由于根系较少，耐践踏性较弱。其耐淹性、耐盐性和耐碱性较差。

图2-9　假俭草

【使用特点】假俭草是我国南方栽培较早的优良草坪草种之一。由于株体低矮、茎叶密集、成坪后平整美观，绿期长，且具有抗二氧化硫等有害气体及吸附尘埃的功能，抗病虫害能力也较强，因而被广泛用于庭园草坪，也是优良的固土护坡植物。因其生长较慢，耐践踏性相对较弱，故一般不用作运动场草坪。

（六）雀稗属（*Paspalum notatum*）

本属约 300 个种，分布于全世界的热带与亚热带、热带，美洲最丰富。我国有 16 个种，以前大部分被用作牧草，近几年才开始用于草坪建植，其中用的最为广泛的是巴哈雀稗、海滨雀稗。

1. 巴哈雀稗（*P. notatum*）

别称百喜草，在低的栽培水平下，巴哈雀稗是优秀的暖季型草坪草。

【形态特征】多年生草本。具粗壮、木质、多节的根状茎。秆密丛生，高约 80cm。叶鞘基部扩大，长 10～20cm，长于其节间，背部压扁成脊，无毛；叶舌膜质，极短，紧贴其叶片基部有一圈短柔毛。小穗卵形，平滑无毛，具光泽。

【生态习性】巴哈雀稗茎秆直立，叶片坚硬，边缘有明显的茸毛，叶片是草坪草中最宽的叶片之一，形成的草坪较粗糙。它靠短的、扁平的匍匐茎和根茎来蔓生，根系粗糙，分布广而深。适于在温暖潮湿的气候区生长，不耐寒，低温保绿性较好。耐阴性强，极耐旱，干旱过后其再生性很好。适应的土壤范围很广，从干旱沙壤到排水差的细壤均可生长。尤其适于海滨地区的干旱、粗质、贫瘠的沙地，适于 pH 值为 6.0～7.0 的土壤。耐盐，但耐淹性不好。

【使用特点】巴哈雀稗形成的草坪质量较低，故适于种在低质量、贫瘠地区的土壤上，尤其适于用在路旁、机场和类似低质量的草坪地区。

2. 海滨雀稗（*P. vaginatum*）

别名夏威夷草（图 2-10）。广泛分布在整个热带和亚热带地区，南非、澳大利亚的海滨和美国得克萨斯州至佛罗里达州的沿海都有野生，以能适应各种非常恶劣的环境而闻名。

【形态特征】多年生草本，具匍匐茎和根状茎，叶片颜色深绿，宽度变化很大，总状花序穗形 2 枚，延伸长度 10～65mm。

【生态习性】主要分布在热带和亚热带地区，生于海滨，性喜温暖。染色体数为 20。抗寒性较狗牙根差。在地温 10℃能打破冬眠，并且返青比狗牙根提前 2～3 个星期。耐阴性中等。耐水淹性强，在遭受涨潮的海水、暴雨和水淹或水泡较长时间后，仍然正常生长。耐热和抗旱性强。耐瘠薄土壤，适应的土壤范围很广，从干旱的沙地到湿渍的黏地，特别适合于海滨地区和含盐的潮汐湿地、沙

图 2-10 海滨雀稗

地或潮湿的沼泽地、淤泥地。不同品种适应的土壤pH值可达3.6～10.2。具有很强的抗盐性，被认为是最耐盐的草种之一，甚至可以用海水进行灌溉。抗病虫害，但在高养护过程中也需要进行除草灭虫防病等管理措施。

【使用特点】因耐频繁低修剪，修剪高度可达3～5mm，可以用于高尔夫球场的果岭、球道、发球台和绿地区。可种植在海滨的沙丘地区，用做水土保持。也常用于受盐碱破坏的土地和受潮汐影响的土壤改良地区。

【常见品种】Adalayd（阿达雷德）、Futurf（福特福）、Tropic Shore（热带海滩）、FSP-1、FSP-2、Salam（萨拉姆）等。

（七）钝叶草属（*Stenotaphrum*）

本属约7或8个种，分布于太平洋各岛屿以及美洲和非洲。我国有2个种，产于南部海岸沙滩、草地或林下。最常用作草坪的种是钝叶草。

钝叶草（*S. helferi*）

原产印度，是一种使用较广泛的暖季型草坪草，近几年来在我国南方已有引种，坪用性状良好（图2-11）。

图2-11　钝叶草

【形态特征】多年生草本。叶折叠式，叶鞘压缩，有突起，疏松，顶端和边缘处有纤毛，叶舌极短，顶端有白色短纤毛，无叶耳。叶片常扁平，4～10mm，宽长5～17cm，顶端微钝，具短尖头，基部截平或近圆形，两面无毛。叶片和叶鞘相交处有一个明显的缢痕及有一个扭转角度。其直立茎和匍匐茎都很扁平，花序主轴扁平呈叶状，具翼，长10～15cm，宽3～5mm，边缘微粗糙，穗状花序嵌于主轴的凹穴内。穗轴三棱形，小穗互生，卵状披针形内稃厚膜质，略短于外稃，具2脉；第2外稃草质，有微毛的小尖头，边缘包卷内稃。

【生态习性】适于在温暖潮湿、气候较热的地方生长，是常用的暖季型草坪草中最不抗旱的。在低温下褪色，变成棕黄，休眠以度过整个冬天。其冬季保绿性能和春季返青性能不如结缕草。在温暖潮湿、气候较热的地方，可以全年保持绿色。抗旱性较好，但不如狗牙根、结缕草和巴哈雀稗。就其耐阴性而言，它是很优秀的暖季型草坪草。适宜的土壤范围很广，但最适于在温暖潮湿的有机土壤上生长。适宜的土壤pH值为6.5～7.5。喜排水好、潮湿、肥沃、沙质的土壤，耐盐。

【使用特点】钝叶草主要用于温暖潮湿气候较温暖地区的庭园草坪和不要求细质的草坪，可以广泛用于荫地，也是用于商品草皮生产的最主要的暖季型草坪草之一，但不常用于运动场。

【常见品种】Bitter blue（深蓝）、Floratine（弗罗里丁）、Forafam（佛拉发姆）等。

（八）画眉草属（*Eragrostis*）

本属 100 余种，分布于全世界的热带和温带地区。我国约 19 种 2 个变种，目前用作草坪草的仅有弯叶画眉草。

弯叶画眉草（*E. curvula*）

一般作为草坪草或水土保护植被，适于我国南亚热带或热带地区生长（图 2-12）。

【形态特征】多年生草本，秆成密丛，高 9 ～ 120cm，下部可分枝，叶片细长、粗糙、内卷如丝状，长达 40cm。圆锥花序开展，分枝单生或基部近于轮生。颖披针形，先端渐尖。染色体数目变化较大，通常为 20 ～ 80。花果期 4 ～ 9 月。

【生态习性】主要分布于热带及亚热带地区，多生长于沙质坡地、农田、路边荒地以及植被受到破坏的地段，有时成片生长。耐淹性、耐热性、抗旱性都较强，具有很强的再生能力，因此较耐践踏。适应的土壤 pH 值 5.0 ～ 7.0，耐盐碱能力一般。对土壤肥力要求较低，管理较粗放，适合于各种贫瘠土壤。

【使用特点】可与狗牙根、巴哈雀稗等混播作护坡草坪或作高速公路草坪；或作水土保持植被用于水土流失严重的地方，也可用于管理粗放的一般草坪地带。

图 2-12 弯叶画眉草

第三节 草坪草生态区划

根据年平均气温、年平均降水量，1 月和 7 月月平均气温、月平均相对湿度 6 项气候指标，可将中国草坪气候分为 9 个气候带。其分区标准见表 2-3。

表2-3　中国草坪草气候生态区划指标及分区标准

区域代码	气候带	年平均温度（℃）	年平均降水量（mm）	月平均温度（℃）		月平均湿度（%）	
				1月	7月	1月	7月
Ⅰ	青藏高原带	−14.0～9.0	100～1170	−23.0～−8.0	−3.0～19.0	27～50	33～87
Ⅱ	寒冷半干旱带	−3.0～10.0	270～720	−20.0～−3.0	2.0～20.0	40～75	61～83
Ⅲ	寒冷潮湿带	−8.0～10.0	265～1070	−20.0～−6.0	9.0～21.0	42～77	72～80
Ⅳ	寒冷干旱带	−8.0～11.0	100～510	−26.0～−6.0	2.0～22.0	35～65	30～73
Ⅴ	北过渡带	−1.0～15.0	480～1090	−9.0～2.0	9.0～25.0	44～72	70～90
Ⅵ	云贵高原带	3.0～20.0	610～1770	−8.0～11.0	10.0～22.0	50～80	74～90
Ⅶ	南过渡带	6.5～18.0	735～1680	−3.0～7.0	14.0～29.0	57～84	75～90
Ⅷ	温暖潮湿带	13.0～18.0	940～2050	1.0～9.0	23.0～34.0	69～80	74～94
Ⅸ	热带亚热带	13.0～25.0	900～2370	5.0～21.0	26.0～35.0	68～85	74～96

注：引自韩烈保，1999。

（一）青藏高原带（Ⅰ）

青藏高原带包括西藏全部、新疆南部、甘肃南部、青海大部分、云南西北部、四川西北部。该区自然环境复杂，气候寒冷，生长期短，日照充足，雨量较少。这里草坪业发展较晚，经济较落后，仅有极个别地方种植了为数不多的足球场草坪和一般绿地草坪。该区适于种植的草坪草种主要是耐寒抗旱的冷季型草坪草，如草地早熟禾、紫羊茅、羊茅、高羊茅、匍匐翦股颖、多年生黑麦草、白三叶等。

（二）寒冷半干旱带（Ⅱ）

寒冷半干旱带包括大兴安岭东西两侧的山麓、科尔沁草原大部分，太行山以西至黄土高原，面积广阔，涉及我国青海、甘肃、宁夏、辽宁、吉林、黑龙江、陕西、山西、河南、河北、内蒙古等11个省（自治区）的部分县（区）。该区是温带季风半湿润半干旱气候的过渡区。本区特点是光照充足，昼夜温差大，空气湿度小，冬季十分干燥。所有草坪必须保证有水灌溉，不灌水则难以建植草坪。其次是土壤多呈碱性，而且地下水矿化度高。据统计，在这一地区可以种植的草坪草有紫羊茅、羊茅、高羊茅、草地早熟禾、粗茎早熟禾、加拿大早熟禾、多年生黑麦草、匍匐翦股颖、野牛草、白三叶等，表现最好是紫羊茅和草地早熟禾。

（三）寒冷潮湿带（Ⅲ）

寒冷潮湿带包括东北松辽平原、辽东山地和辽东半岛。涉及黑龙江、吉林、辽宁三省大部地区、内蒙古通辽市东部。该区生长季节雨热同季，对冷季型草坪草生长十分有利。适于

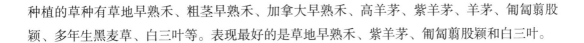

种植的草种有草地早熟禾、粗茎早熟禾、加拿大早熟禾、高羊茅、紫羊茅、羊茅、匍匐翦股颖、多年生黑麦草、白三叶等。表现最好的是草地早熟禾、紫羊茅、匍匐翦股颖和白三叶。

（四）寒冷干旱带（Ⅳ）

寒冷干旱带是我国西北部的荒漠、半荒漠及部分温带草原地区，包括新疆大部分地区、青海少部分地区、甘肃的夏河县、碌曲县和玛曲县及以南地区、陕西榆林地区大部分地区、内蒙古自治区绝大部分、黑龙江（嫩江县和黑河市一线以北的地区）。本区干旱少雨，土壤瘠薄，在水分条件有保证的情况下，这一带的草坪建植和管理技术以及适宜种植的草坪草基本上与寒冷半干旱带的一致。

（五）北过渡带（Ⅴ）

北过渡带包括华北平原、黄淮平原、山东半岛、关中平原及秦岭、汉中盆地。涉及甘肃部分地区、陕西中部、山西部分地区、河南、河北大部分、山东、安徽部分地区、湖北省的丹江口市、老河口市和枣阳市的北部。该区夏季高温潮湿，冬季寒冷干燥，该区冷季型草和暖季型草均能种植，前者越夏困难，后者枯黄早，绿期短。因此，必须有高的管理水平才能建植良好草坪。适合这一地区的草坪草种有草地早熟禾、粗茎早熟禾、加拿大早熟禾、高羊茅、多年生黑麦草、匍匐翦股颖、细弱翦股颖、日本结缕草、中华结缕草、细叶结缕草、野牛草、薹草等。

（六）云贵高原带（Ⅵ）

云贵高原带是除四川盆地的广大西南高原，一般海拔1000～2000m，包括云南和贵州大部分地区、广西北部数地区、湖南西部、湖北西北部、陕西南部、甘肃南部、四川及重庆部分地区。本区冬暖夏凉，气候温和，雨热同季，草坪草全年生长绿期300d以上，适宜本区的草坪草如草地早熟禾、粗茎早熟禾、加拿大早熟禾、高羊茅、紫羊茅、多年生黑麦草、一年生黑麦草、匍匐翦股颖、白三叶、结缕草、中华结缕草、野牛草、狗牙根、假俭草、马蹄金等。

（七）南过渡带（Ⅶ）

南过渡带包括长江中下游地区和四川盆地，具体包括四川及重庆市大部分地区、贵州的少数地区、湖北大部分地区、河南南部、安徽和江苏的中部。本区长江中下游地区气候特点是夏季高温、秋季有伏旱、冬季有寒流侵袭。四川盆地冬季比较温和，夏秋雨量充足，适合于本区的草坪草种类较多，但也和北过渡带一样，没有一种草坪草是最适合本区种植的。目前常用的有草地早熟禾、粗茎早熟禾、一年生早熟禾、中华结缕草、结缕草、高羊茅、多年生黑麦草、匍匐翦股颖、白三叶、细叶结缕草、沟叶结缕草、狗牙根、马蹄金等。

（八）温暖潮湿带（Ⅷ）

温暖潮湿带包括长江以南至南岭的广大地区，具体包括湖南大部分地区、湖北少部分地区、广西极少部分地区、江西绝大部分地区、福建、浙江、上海、安徽南部及江苏少部分地区。该区一年四季雨水充足，气候温和，四季分明，地区经济发达，草坪业比其他地区发展迅速，尤其是近几年，这一地区的草坪草基本上形成了规模性的产业。这一地区草坪草种的选择与南过渡带基本相似，只是暖季型草更为合适。

（九）热带亚热带（Ⅸ）

热带亚热带包括海南、台湾及广东、广西、云南部分地区。本区雨水充足，空气湿度大，四季区分不明显水热资源十分丰富，气候条件非常适合草坪草的生长发育。适合本区种植的草坪草大多是暖季型的如狗牙根、结缕草、假俭草、地毯草、钝叶草和马蹄金等。

第四节　草坪草种

目前我国草坪草种子90%左右都是由国外进口，而我国有着丰富的草坪草种质资源，目前在世界范围内广泛使用的草坪草种，绝大部分在我国都有其野生种的分布。

目前，美国是世界上最大的草坪草种供应国。位于美国西北部的爱达荷、华盛顿和俄勒冈是美国草坪草种子的主要生产区，该区域生产的种子量占美国生产总量的90%左右。丹麦也是全世界的草坪草种子出口大国，其最大的草坪公司——丹农公司的草坪草种子产量占欧洲总量的83%。

国内常见的进口草种主要分蓝标和白标两种，白标种子未经认证（Certification），而蓝标种子是通过了审定认证程序，经过对原种纯度、种植情况、种子收获、清选、包装及种子检验等系列过程的严格监督，在全部符合要求后，蓝色标签成为该批种子的合格证。蓝标种子一方面可保证用户买到标称的品种，即基因纯度，另一方面对净度、发芽率、杂草和其他作物种子含量等提出了必须达到的最低标准，如美国俄勒冈州的蓝标草地早熟禾种子：发芽率和净度分别不低于80%和95%，杂草和其他作物种子含量分别不高于0.3%和0.5%。欧洲的蓝标种子也有相应的质量标准，另外欧洲只允许销售经审定认证的种子，不能销售白标种子。

国外还有质量高于蓝标级别的草种销售，这类种子的净度更高，其他作物种子更少，特别是杂草种子非常少，监管和检验程序更严格，种子价格也高于蓝标种子，主要用于高尔夫球场和草皮农场等对杂草很敏感的草坪。这类种子在美国叫草皮质量种子（Sod quality seed），欧洲叫草坪质量种子（Turf quality seed）。为获得高质量种子，种子生产时的田间监控按照更高的标准执行，种子收获后的检验在不同阶段重复三次，净度检验的检验种子量是常规检验的十倍。

一、经典草坪草品种举例

草坪草品种选育的研究工作在欧美已经有几百年的历史，选育出的草坪草品种数量庞大。表 2-4 为常见草坪草品种及特性，以供参考。

表 2-4　常见草坪草品种及特性

种名	品种名	颜色及质地	抗逆性	抗病性	品种特点
草地早熟禾	美洲王	深绿色，质地细，密度大	抗寒性极好，抗旱和耐热性良好，耐阴极好	极抗叶斑病、较抗茎锈病和叶锈病、镰刀枯萎病、币斑病和秆黑粉病	耐践踏性强，生长低矮，适宜草皮生产，可用于高尔夫球发球台和球道、其他运动场、公园等高质量草坪
	橄榄球 2 号	深绿色，质地细	耐寒、抗旱、耐湿热	抗褐斑病、夏季斑病和叶斑病	耐低热修剪，耐阴性强，低养护水平下表现良好
	纳苏	中等绿色，中等粗质地，中等密度	抗旱	较抗叶斑病、对币斑病、红丝病、镰刀菌斑、叶锈病、茎锈病抗性中等	中矮生长习性，返青早，耐低养护管理
粗茎早熟禾	康门	淡黄绿色，叶片柔软，叶色明亮	耐热性、耐践踏性、抗寒性都很差	易染币斑病	春季返青早，在遮阴处不能与草地早熟禾共存
	手枪	深绿，质地细	抗寒较强，耐阴	抗币斑病，对条锈病、叶斑病也有较好的抗性	生长低矮，补播效果极好
	达萨斯	淡绿色，叶纤细	耐阴性较强，不耐热和干旱，耐霜冻	抗病性较强	绿期长，苗期生长好，是很好的补播品种
高羊茅	艾瑞 3 号	深绿色，密度高	耐阴性好	高抗褐斑病，粉雪霉病、秆锈病	幼苗生长旺盛，草地建植快、密度高
	安瓦体	深绿色，质地细	抗旱性强，能在 pH 值 4.7～8.5 的土壤上生长	抗褐斑病，对夏季褐色斑块的抗性极强	耐低修剪，修剪频率低，根系深
	小野马	极深绿，质地粗	抗旱与耐热极强	抗病性较好，但夏季极端温度与湿度下可能发生褐斑病和腐霉枯萎病，一旦气候适宜，症状很快消失	具有较深的根系。低生长习性，春秋季生长较其他品种缓慢
紫羊茅	皇冠	叶片纤细，草坪密度高	持久性强	抗红丝病	在恶劣条件下能保持很好的绿色，损伤后可迅速恢复
	绿洲	淡绿色，叶片极细，草坪密度高	抗寒性强	抗蠕虫病，易染红色线虫病	低温下保绿性强，春季返青好
	派尼	叶片纤细，致密	抗寒、耐阴	抗锈病、红丝病和雪霉病	常用于遮阴地的绿化，也用于低养护地带的绿化

（续）

种名	品种名	颜色及质地	抗逆性	抗病性	品种特点
匍匐翦股颖	帕特	亮丽深绿色，质地细	耐热性强，越夏性突出	抗病性强，尤其对秃斑病的抗性强	春季返青早，冬季色泽好，对北方和过渡带气候具有广泛的适应性
	凯托	深绿色，叶纤细，质地细	抗寒性强，良好的抗旱性和耐热性	抗币斑病、褐斑病和腐霉枯萎病	生长低矮、综合抗性强，是高尔夫果岭区的专用草坪草品种
	北岛	深绿色，中细质地	抗寒性强，抗热性极差	抗红丝病、褐斑病和币斑病	低温保绿性和春季返青好
细弱翦股颖	高地	深蓝绿色、中等质地	抗旱性强	易染褐斑病	适于贫瘠土壤
	继承	叶片纤细	一般	一般	生长缓慢、耐低修剪，与高羊茅混播效果好
	霍菲亚	中等深绿色、中细质地	抗旱、抗寒	易染褐斑病	半直立生长，不易形成枯草层，适于贫瘠性的粗壤
绒毛翦股颖	克林斯顿	深绿色，质地细	抗热性、抗旱性强	抗币斑病，易染铜斑病	草坪密度高，生长力强
	德拉太夫	中等深绿色、细质地	不抗低温	易染蠕虫菌病	植株密度中等，垂直生长速度快
	SR7200	深绿色，质地细	耐贫瘠、抗旱性强、耐阴性强	极抗褐斑病、币斑病和铜斑病	适合在酸性土壤上生长，缺肥条件下仍能保持色泽
多年生黑麦草	爱神特	深绿、亮泽	耐寒	抗病虫能力强	草坪密度高，生长低矮，种子活力强、出苗快、即使在不利条件下也能迅速成坪
	百宝	叶片纤细、淡绿色	抗旱、抗寒，耐践踏	抗秆锈病	生长缓慢，适合各种用途的草坪建植
	矮生	叶片纤细、深绿色	耐寒、抗旱，耐阴	抗虫性强，抗叶斑病和各种锈病	生长缓慢，耐修剪
狗牙根	日盛Ⅱ	中粗质地，中等绿色	抗寒性增强	抗病性强	生活力顽强，耐低养护管理，与普通狗牙根相比，春季返青早，秋季休眠晚
	金字塔	质地细，叶色深	抗逆性强	抗病虫能力好	能形成非常稠密规则的草坪，用于高尔夫球场发球台、球道和障碍区
	矮天堂	质地细，深绿色	低温保绿性差，极耐寒	易受草皮蛴螬的伤害	植株低矮，生长缓慢，耐低刈，用于果岭，需中等栽培条件
	绿宝石	中等深绿色，质地细	不耐寒，耐阴性一般	易染币斑病	草坪密度高，生长低矮，成坪速度慢
结缕草	米德威斯特	深绿色，质地中粗	耐寒性强，低温保绿性和春季返青好	抗病性好	中低密度，生长稀疏，匍匐茎节间长，水平蔓生和成坪速度快
	梅耶	中等深绿色，质地中等	耐寒，较耐践踏和抗旱，春季返青和耐阴性中等	易染币斑病和线虫病	草坪密度中等，叶不很坚硬，生长较旺盛

注：引自孙彦，2017。

二、审定通过的草坪草品种概况

自 1987 年草品种审定委员会成立以来，我国草品种审定工作取得了丰硕的成果。截至 2021 年年底，全国草品种审定委员会共审定通过了 475 个草品种，其中育成品种 178 个，引进品种 144 个，地方品种 53 个，野生栽培品种 100 个，共包括草坪草品种 39 个，品种信息见表 2-5。绝大多数为引进品种的野生栽培品种，其中代表我国草品种选育能力的育成品种仅 10 个，形成规模化产业化的品种更少，而杂交、生物技术等在草坪草育种中还未取得重大突破。

表 2-5　全国草品种审定委员会审定通过的草坪草品种名录（截至 2021 年年底）

属	种名	品种名称	登记年份	申报单位	申报者	品种类别	适应区域
地毯草属	华南地毯草	华南地毯草	2000	中国热带农业科学院热带牧草研究中心	白昌军等	野生栽培品种	长江以南无霜或少霜，年降水量 775mm 以上的热带、亚热带地区
狗牙根属	狗牙根	兰引 1 号草坪型	1994	甘肃省草原生态研究所	张巨明等	引进品种	长江以南地区
		川南	2007	四川农业大学、四川省燎原草业科技有限责任公司	张新全等	野生栽培品种	西南及长江中下游地区
		喀什	2001	新疆农业大学	阿不来提等	野生栽培品种	我国南方和北方较寒冷、干旱、半干旱平原区
		南京	2001	江苏省中国科学院植物研究所	刘建秀等	野生栽培品种	长江中下游地区
		新农 1 号	2001	新疆农业大学	阿不来提等	育成品种	我国南方和北方较寒冷、干旱、半干旱平原区
		新农 2 号	2005	新疆农业大学	阿不来提等	育成品种	我国南方和北方较寒冷、干旱、半干旱平原区
		阳江	2007	江苏省中国科学院植物研究所	刘建秀等	野生栽培品种	长江中下游及以南地区
		邯郸	2008	河北农业大学	边秀举等	野生栽培	河北保定、沧州以南的冀中南平原及河南、山东平原地区以及类似地区
		保定	2008	河北农业大学	边秀举等	野生栽培	河北保定、沧州以南的冀中南平原及河南、山东平原地区以及类似地区
		新农 3 号	2009	新疆农业大学	阿不来提等	育成品种	适宜用于我国北方暖温带及亚热带，干旱、半干旱平原区城乡绿化、生态建设及人工草地建设
狗牙根属	杂交狗牙根	苏植 2 号非洲狗牙根 - 狗牙根杂交种	2012	江苏省中国科学院植物研究所	刘建秀、郭海林、陈静波、宗俊勤、郭爱桂	育成品种	我国及长江中下游地区以南地区
		关中	2017	江苏省中国科学院植物研究所	刘建秀、郭海林、宗俊勤、陈静波、汪毅	野生栽培品种	适宜在京津冀平原及以南地区用于草坪建植

（续）

属	种名	品种名称	登记年份	申报单位	申报者	品种类别	适应区域
狗牙根属	杂交狗牙根	川西	2017	四川农业大学、成都时代创绿园艺有限公司	彭燕、刘伟、凌瑶、李州、徐杰	野生栽培品种	适宜在我国西南地区及长江中下游中低山、丘陵、平原地区用于草坪建植
		桂南	2020	中国热带农业科学院热带作物品种资源研究所、海南大学	黄春琼、刘国道、罗丽娟、王文强、杨虎彪	野生栽培品种	适用于长江中下游及以南地区作为景观绿化和水土保持草坪建植
黑麦草属	多年生黑麦草	凯蒂莎	2007	北京克劳沃草业技术开发中心	刘自学等	引进品种	北方较湿润的地区、西南和华南海拔较高地区
		顶峰	2002	百绿（天津）国际草业有限公司	陈谷等	引进品种	我国北方地区种植，兰州以西地区不能安全越冬
		托亚	2004	北京林业大学	韩烈保等	引进品种	我国东北平原南部、西北较湿润地区、华北、西南海拔较高地区以及北方沿海城市
		杰特	2014	云南林业大学		引进品种	适宜在长江流域及以南的冬闲田和南方高海拔山区种植
		图兰朵	2015	凉山彝族自治州畜牧兽医研究所、四川省金种燎原种业科技有限责任公司	王同军、姚明久、傅平、卢寰宗、李鸿祥	引进品种	适宜长江流域及以南地区，海拔 800～2500m，降水量 700～1500mm，年平均气温 < 14℃ 的温暖湿润山区种植
		肯特	2015	贵州省草业研究所、贵州省畜牧兽医研究所	陈燕萍、尚以顺、杨菲、孔德顺、李鸿祥	引进品种	适宜长江流域及以南，海拔 800～2500m，降水量 700～1500mm，年平均气温 < 14℃ 的温暖湿润山区种植
		杰特	2014	云南省草山饲料工作站		引进品种	适宜在长江流域及以南的冬闲田和南方高海拔山区种植
		剑宝	2015	四川省畜牧科学研究院、百绿（天津）国际草业有限公司	梁小玉、季杨、易军、邬建辉、周思龙	引进品种	适宜我国西南、华东、华中温暖湿润地区种植
		格兰丹迪	2015	北京克劳沃种业科技有限公司	苏爱莲、侯湃、刘昭明、王圣乾	引进品种	适宜在我国南方山区种植，尤其在海拔 600～1500m，降水量 1000～1500mm 的地区生长
	多花黑麦草	川农 1 号	2016	四川农业大学、四川金种燎原种业科技有限责任公司、贵州省草业研究所	张新全、马啸、黄琳凯、吴佳海、姚明玖	育成品种	适宜于长江流域及其以南温暖湿润的丘陵、平坝和山地等地区种植
		甘农 1 号	2020	甘肃农业大学	杜文华、田新会、孙会东、宋谦、郭艳红	育成品种	适宜于青藏高原地区种植
		安第斯	2020	四川农业大学	张新全、杨忠富、黄琳凯、李鸿祥、冯光燕	引进品种	适宜在我国西南、华中、华东地区种植

（续）

属	种名	品种名称	登记年份	申报单位	申报者	品种类别	适应区域
小黑麦属	小黑麦	冀饲3号	2018	河北省农林科学院旱作农业研究所	刘贵波、游永亮、赵海明、李源、武瑞鑫	育成品种	适宜黄淮海地区种植
		牧乐3000	2018	克劳沃（北京）生态科技有限公司	苏爱莲、侯湃、陈志宏、齐晓	育成品种	适宜黄淮海地区种植
		甘农2号	2018	甘肃农业大学	杜文华、田新会、孙会东、赵方媛、蒲小剑	育成品种	适宜海拔1200～4000m、年均温1.1～11.0℃、降水量350～1430mm干旱半干旱雨养农业区和灌区种植
翦股颖属	匍匐翦股颖	粤选1号	2004	仲恺农业技术学院、中山大学、中山伟胜高尔夫服务有限公司	陈平等	育成品种	长江流域及其以南地区，年降水量在800mm以上的亚热带、南亚热带地区
		兰引3号	1995	甘肃省草原生态研究所	张巨明等	引进品种	长江以南地区
结缕草属	结缕草	辽东	2001	辽宁大学生态环境研究所	董厚德等	野生栽培品种	在南北纬42°30′范围内的湿润和半湿润气候区可建成雨养型草坪。在中国除青藏高原、新疆和大兴安岭北部外，全国大部分地区均可种植
		青岛	1990	山东青岛市草坪建设开发公司、青岛市园林科学研究所	董令善等	野生栽培品种	全国各地
		上海	2008	上海交通大学	胡雪华等	野生栽培品种	长江中下游及以南地区
		广绿	2018	华南农业大学	张巨明、曹荣祥、邓铭、李龙保、刘天增	育成品种	适宜长江流域以南的热带、亚热带地区用于草坪建植
		苏植5号	2018	江苏省中国科学院植物研究所	宗俊勤、郭海林、陈静波、李建建、李丹丹	育成品种	适宜长江中下游及以南地区用于草坪建植
	青结缕草	胶东	2007	中国农业大学青岛海源草坪有限公司	王赟文等	野生栽培品种	河北、山东、四川盆地、长江中下游过渡带、华南热带亚热带地区
	半细叶结缕草	华南	1999	中国热带农业科学院	白昌军等	地方品种	长江以南的热带、亚热带地区
	杂交结缕草	苏植1号	2009	江苏省中国科学院植物研究所	刘健秀等	育成品种	用于长江三角洲及以南地区的观赏草坪、公共绿地、运动场草坪以及保土草坪的建植
	杂交结缕草	苏植3号	2015	江苏省中国科学院植物研究所	郭海林、宗俊勤、静波、刘建秀、郭爱桂	育成品种	适宜北京及以南地区作为观赏草坪、公共绿地、运动场草坪以及水土保持草坪建植
	杂交结缕草	苏植4号	2020	江苏省中国科学院植物研究所、中国科学院华南植物园	郭海林、陈静波、宗俊勤、刘建秀、简曙光	育成品种	适宜于我国北京及以南地区等地作为观赏草坪、公共绿地、运动场草坪以及保土草坪建植

（续）

属	种名	品种名称	登记年份	申报单位	申报者	品种类别	适应区域
蜈蚣草属	假俭草	华南	2014	华南农业大学农学院	张巨明、李志东、黎可华、解新明、刘天增	野生栽培品种	我国热带、亚热带地区
		赣北	2019	江苏省中国科学院植物研究所	陈静波、宗俊勤、郭海林、刘建秀、李玲	野生栽培品种	适宜于我国长江中下游及以南地区种植
蜈蚣草属	假俭草	渝西	2021	江苏省中国科学院植物研究所	宗俊勤、刘建秀、郭海林、陈静波、王晶晶	野生栽培品种	适宜在我国长江中下游及以南地区用于景观绿化和水土保持草坪建植
羊茅属	高羊茅	北山1号	2005	北京大学	林忠平等	育成品种	我国华北、东北及西部各省区
		可奇思	2004	北京林业大学	韩烈保等	引进品种	我国华北、西南、西北较湿润地区，内蒙古东南部，东北平原南部，华中及华东的武汉、杭州、上海等地
		美洲虎3号	2006	北京克劳沃草业技术开发中心、北京格拉斯草业技术研究所	刘自学等	引进品种	华北、西北、西南、华中大部分地区
		黔草1号	2005	贵州省草业研究所、贵州阳光草业科技有限公司、四川农业大学	吴佳海等	育成品种	我国长江中上游中低山、丘陵、平原及其他类似地区
		维加斯	2007	四川省草原科学研究院、百绿国际草业（北京）有限公司	白史且等	引进品种	西南、华中以及华北、西北和东北较湿润地区
		凌志	2000	荷兰百绿种子集团公司中国代表处	陈谷等	引进品种	中国北方及温暖湿润地区
		沪坪1号	2008	上海交通大学	何亚丽等	育成品种	长江中下游地区
		水城	2009	贵州省草业研究所、贵州阳光草业科技有限公司、四川农业大学	吴佳海等	野生栽培品种	我国云贵高原、长江中上游及类似生态区
		都脉	2019	四川农业大学	张新全、聂刚、黄琳凯、黄婷、李鸿祥	引进品种	适宜在云贵高原及西南山地丘陵区种植
	苇状羊茅	特沃	2018	云南省草山饲料工作站、四川农业大学、云南农业大学	吴晓祥、黄琳凯、李鸿祥、聂刚、姜华	引进品种	适宜西南地区年降水量450mm以上，海拔600～2600m地区种植

（续）

属	种名	品种名称	登记年份	申报单位	申报者	品种类别	适应区域
野牛草属	野牛草	京引	2003	北京天坛公园、中国农业大学	牛建忠等	野生栽培品种	北京及其气候条件相类似的地区
		中坪1号	2006	中国农业科学院北京畜牧兽医研究所	李敏等	育成品种	我国温暖带和北亚热带地区
早熟禾属	草地早熟禾	康尼	2004	北京林业大学	韩烈保等	引进品种	我国东北、西北、华北大部分地区及西南高海拔地区
		菲尔金	1993	甘肃农业大学	曹致中等	引进品种	耐寒性强，适宜于我国北方地区种植
		肯塔基	1993	甘肃农业大学	贾笃敬等	引进品种	冷地型草坪草品种，适宜我国北方各省区种植，在云贵高原和西藏等地区表现也好
		午夜	2006	北京克劳沃草业技术开发中心、北京格拉斯草业技术研究所	刘自学等	引进品种	我国北方大部分地区以及西南部分地区
		瓦巴斯	1989	中国农业科学院畜牧研究所、北京市园林局	李敏等	引进品种	东北、华北、西北、华东、华中等大部分地区
雀稗属	海滨雀稗	苏农科1号	2021	江苏省农业科学院畜牧研究所	钟小仙、刘智微、钱晨、吴娟子、顾洪如	育成品种	适宜在长江中下游及以南地区用于绿地、运动场草坪建植和盐碱地改良
		广星	2021	华南农业大学、广州星太体育场地设施工程有限公司	张巨明、刘天增、谢新春、李龙保、王旭盛	育成品种	适宜在我国长江中下游以南的热带、亚热带地区用于草坪建植
冰草属	根茎冰草	白音希勒	2018	内蒙古农业大学草原与资源环境学院、正蓝旗牧草种籽繁殖场	张众、云锦凤、石凤翎、李树森、王伟	野生栽培品种	适宜内蒙古中、东部及周边地区种植
鸭茅属	鸭茅	英特思	2018	北京草业与环境研究发展中心、百绿（天津）国际草业有限公司	孟林、毛培春、周思龙、邰建辉、田小霞	引进品种	适宜云南、贵州、四川等温凉湿润地区种植

第五节　草坪草种相对特性

草坪草种不同，其相对特性也不同，了解不同草坪草种的特性对于草坪建植、养护管理有重要的参考意义。常见草坪草种相对特性比较详见表2-6。

表 2-6　常见草坪草种相对特性比较

特性		暖季型草种	冷季型草种
建植速度	快↓慢	狗牙根	多年生黑麦草
		钝叶草	高羊茅
		地毯草	细羊茅
		百喜草	匍匐翦股颖
		结缕草	细弱翦股颖
		假俭草	草地早熟禾
叶片质地	粗糙↓细致	地毯草	高羊茅
		钝叶草	多年生黑麦草
		百喜草	草地早熟禾
		假俭草	细弱翦股颖
		结缕草	匍匐翦股颖
		狗牙根	细羊茅
植株密度	高↓低	狗牙根	匍匐翦股颖
		结缕草	细弱翦股颖
		钝叶草	细羊茅
		假俭草	草地早熟禾
		地毯草	多年生黑麦草
		百喜草	高羊茅
耐寒性	高↓低	结缕草	匍匐翦股颖
		狗牙根	草地早熟禾
		百喜草	细弱翦股颖
		假俭草	细羊茅
		地毯草	高羊茅
		钝叶草	多年生黑麦草
耐热性	高↓低	结缕草	高羊茅
		狗牙根	匍匐翦股颖
		地毯草	草地早熟禾
		假俭草	细弱翦股颖
		钝叶草	细羊茅
		百喜草	多年生黑麦草
耐旱性	高↓低	狗牙根	细羊茅
		结缕草	高羊茅
		百喜草	草地早熟禾
		钝叶草	多年生黑麦草
		假俭草	细弱翦股颖
		地毯草	匍匐翦股颖

（续）

特性		暖季型草种	冷季型草种
耐阴性	高↓低	狗牙根	细羊茅
		结缕草	细弱翦股颖
		百喜草	高羊茅
		钝叶草	匍匐翦股颖
		假俭草	草地早熟禾
		地毯草	多年生黑麦草
耐土壤酸性	高↓低	地毯草	高羊茅
		假俭草	细羊茅
		狗牙根	细弱翦股颖
		结缕草	匍匐翦股颖
		钝叶草	多年生黑麦草
		百喜草	草地早熟禾
耐淹性	高↓低	地毯草	高羊茅
		假俭草	细羊茅
		狗牙根	细弱翦股颖
		结缕草	匍匐翦股颖
		钝叶草	多年生黑麦草
		百喜草	草地早熟禾
耐盐性	高↓低	狗牙根	匍匐翦股颖
		结缕草	高羊茅
		钝叶草	多年生黑麦草
		百喜草	细羊茅
		地毯草	草地早熟禾
		假俭草	细弱翦股颖
合适的修剪高度	高↓低	狗牙根	高羊茅
		结缕草	细羊茅
		钝叶草	多年生黑麦草
		假俭草	草地早熟禾
		地毯草	细弱翦股颖
		百喜草	匍匐翦股颖
修剪质量	高↓低	钝叶草	草地早熟禾
		狗牙根	细弱翦股颖
		假俭草	匍匐翦股颖
		地毯草	高羊茅
		结缕草	细羊茅
		百喜草	多年生黑麦草

（续）

特性	暖季型草种	冷季型草种
需肥量 高→低	狗牙根	匍匐翦股颖
	钝叶草	细弱翦股颖
	结缕草	草地早熟禾
	假俭草	多年生黑麦草
	地毯草	高羊茅
	百喜草	细羊茅
感病性 高→低	钝叶草	匍匐翦股颖
	狗牙根	细弱翦股颖
	结缕草	草地早熟禾
	地毯草	细羊茅
	百喜草	多年生黑麦草
	假俭草	高羊茅
形成枯草层的可能性 高→低	狗牙根	匍匐翦股颖
	钝叶草	细弱翦股颖
	结缕草	草地早熟禾
	假俭草	细羊茅
	地毯草	多年生黑麦草
	百喜草	高羊茅
耐磨性 高→低	结缕草	高羊茅
	狗牙根	多年生黑麦草
	百喜草	草地早熟禾
	钝叶草	细羊茅
	地毯草	匍匐翦股颖
	假俭草	细弱翦股颖
再生恢复力 高→低	狗牙根	匍匐翦股颖
	结缕草	草地早熟禾
	钝叶草	高羊茅
	假俭草	多年生黑麦草
	地毯草	细羊茅
	百喜草	细弱翦股颖

注：引自 A.J. Turgeon, Turfgrass Management, Revised Edition, 1985。

第三章　城市公共草坪养护管理

草坪要保持良好的外观和使用功能就离不开养护管理。灌溉、修剪和施肥是草坪养护的三大基本管理措施。另外，草坪的养护管理还包括表施细土、覆盖、碾压、通气、交播等措施。不同使用目的的草坪养护管理措施大体一致，主要区别仅在于相关措施的频率、强度和精细化程度。

第一节　修　剪

修剪是草坪养护管理中最基本的一项作业。修剪具有控制草坪草高度、保持草坪平整、刺激基部分蘖、防止草坪草因开花结实而衰退、改善草坪草基部叶片光照条件等作用。另外，修剪还可以起到抑制病害，驱逐地上害虫，防止大型杂草侵入草坪的作用。但是，草坪修剪也会导致草坪草根系浅层化而导致抗逆性下降。同时修剪会对草坪草茎、叶造成损伤，使病害的发生与传播更容易、更迅速。因此，要做到科学修剪、适度修剪，既要保证草坪景观和功能的正常发挥，同时也要保障草坪的健康。

一、修剪高度

草坪草修剪应遵循 1/3 原则。杜绝修剪高度超过草坪草高度的 1/2 及以上。

各类草坪草耐修剪的能力是不同的，草坪的使用目的也是不同的，因此，草坪留茬高度不能一概而论，草坪草的适宜留茬高度应依草坪草的生理、形态学特征和使用目的来确定，以不影响草坪正常生长发育和功能发挥为原则。一般来说，生长季内，暖季型草坪草修剪高度为 2.0～4.0cm，冷季型草坪草修剪高度为 4.0～7.0cm。从理论上讲，当草坪草的实际高度达到适宜修剪高度的 1.5 倍时，就应该修剪。

在干旱、高温、低温、遮阴等胁迫情境下，可以适当减少修剪次数，提高草坪留茬高度 2～3cm。交播草坪播种时，相应暖季型草坪修剪高度应在 2.5cm 以下；交播草坪在冷暖季型草坪演替期修剪高度应在 3.5cm 以下。在生长季早期和晚期，也应适当提高暖季型草坪草的修剪高度。但在春季生长季开始之前，则应将草坪草剪低，以清除草坪上的枯枝落叶，有利于草坪的返青。

确定草种适宜的修剪高度是十分重要的，它是进行草坪修剪作业的直观依据，常见草坪草的适宜修剪高度见表3-1。

表3-1　常见草坪草的标准留茬高度

冷季型草种	修剪高度（cm）	暖季型草种	修剪高度（cm）
匍匐翦股颖	0.6～1.3	普通狗牙根	1.5～4.0
细弱翦股颖	1.3～2.5	杂交狗牙根	0.6～2.5
草地早熟禾	2.5～5.0	结缕草	1.5～5.0
粗茎早熟禾	3.0～6.0	野牛草	2.5～5.0
细叶羊茅	3.5～6.5	地毯草	2.5～5.0
紫羊茅	2.5～5.0	假俭草	2.5～5.0
高羊茅	3.5～7.0	巴哈雀稗	2.5～5.0
多年生黑麦草	3.5～6.0	钝叶草	4.0～7.5

注：引自孙吉雄，韩烈保，2015。

二、修剪时期及次数

草坪的修剪时期与草坪草的生长相关，一般而论，冷季型草坪修剪从3月上旬草坪草恢复正常生长起至12月下旬草坪草停止生长后止；暖季型草坪修剪从3月下旬草坪草开始返青时起至11月中下旬草坪草停止生长后止。南北方气候不同，修剪时期可根据实际情况适当调整。

当草坪高度达到额定修剪高度的1.3～1.4倍时应修剪。正常情况下，生长季内草坪7～10d修剪1次；交播草坪在冷暖季型草坪交替期可适当缩短修剪间隔，以促进冷、暖季型草坪演替。

通常，在草坪草旺盛生长的季节，草坪每周需修剪1～2次；在气温较低、干旱等条件下及草坪草缓慢生长的季节则每7～10d修剪一次。对于生长过高的草坪，一次修剪到标准留茬高度的做法是有害的。这样修剪会使草坪地上光合器官失去太多，过多地失去地上部和地下部贮藏的营养物质，致使草坪变黄、变弱，因此生长过高的草坪不能一次修剪到位，而应增加修剪次数，逐渐修剪到留茬高度。

草坪出现病害、干旱、践踏等原因造成草坪生长受到影响时，可适当延长生长期，以促使草坪恢复。下雨天、病害蔓延期等不利于草坪修剪的情况严禁修剪。

三、修剪方式

草坪修剪主要有两种方式，即机械修剪和化学修剪。

1. 机械修剪

机械修剪即通过机具来完成草坪的修剪作业。

2. 化学修剪

化学修剪即利用某些植物生长调节剂喷洒在草坪上，延缓草坪地上部的生长，在一定程度上代替机械修剪。

四、修剪要求与质量

1. 修剪要求

（1）草坪修剪前应清除草坪上的硬、杂物等；在设置喷灌喷头、景观灯、草地音响等的地方应做好标志，避免碰撞。

（2）割草机刀片应锋利；修剪高度一致；修剪后的草坪光滑、清洁、平整，不应出现明显纹理、漏剪、秃斑（刀片割到草根或土壤）等。

（3）修剪草坪应在灌溉前进行，地表未干不宜修剪。

（4）病害流行期不宜进行修剪，以免病害加速传播。

（5）草坪自然高度高于修剪高度 1.5 倍时，仍应按照 1/3 原则间隔 2 ～ 3d 分次修剪，逐步降低修剪高度。

（6）修剪后草屑应及时清出草坪。

2. 修剪方向

同一草坪，每次修剪应避免以相同方向进行，即要防止在同一起点，同一方向的多次重复修剪，否则，草坪草将趋于瘦弱和发生"纹理"现象（草叶趋向于一个方向的定向生长），使草坪不均衡生长。

3. 修剪质量管理

（1）铲皮。铲皮就是草坪被剪草机铲去了大部分地上茎叶，甚至只留下茎基及地下部分。通常是由于草坪不平整或剪草高度不当所致。旋刀式剪草机比往复式剪草机更易引起铲皮。出现此种现象时，应先分析原因，如剪草机行驶不稳，可调高刀片，并通过高位修剪来提高均匀度；剪草过程中不要下压手柄，在剪草机行驶穿过草坪时不要进行推、拉动作。有时因剪草机操作不当会出现草坪修剪后呈现波状起伏，坪面不齐的现象，此时应按剪草机使用说明书要求操作剪草机和进行剪草作业。

（2）黄梢。剪草后叶子伤口发黄是一个普遍性问题，最直接的原因是剪草机刀片钝，使草坪草创面大而毛糙所致。因此，定期打磨刀片是有效的预防方法。另外在草湿时剪草也会引起黄梢。

（3）草坪肋骨状。草坪修剪后在草坪上形成高草与低草横布于剪草带的现象，这是由于剪草机负荷太重、刀片旋转太慢所致。解决的办法：①采用汽油机为动力的剪草机；②避免在草太长（多剪几次）、剪草留茬太低（升高刀片）、草太短时剪草。

（4）纹理（搓板）状。草坪修剪后在草坪上留下宽而规则的皱褶横列于剪草带上的现象。其状若波浪，波幅 15～30cm。这是总在同一方向剪草所致。解决办法是每次剪草时应有计划地变换剪草方向。如果草坪已产生搓板状坪面，则应在秋季进行高茬修剪，直到坪面恢复平整为止。

五、草坪化学修剪

化学修剪，也称药物修剪，是指利用植物生长调节物质控制草坪草生长，达到减少草坪修剪的目的，从而降低养护管理成本的一种化学控制方法。草坪化学修剪也使高速公路边绿化带、陡坡、河岸等地的草坪修剪简单、安全、易操作，具有广阔的应用前景。化学修剪的优点在于快速、经济、安全、方便，可以在减少养护费用的前提下，获得整齐、均一、观赏及功能效果良好的理想草坪；同时，对草坪草的颜色、分蘖及根系等产生一定影响，提高草坪草抗逆性（抗旱性、抗寒性、耐热性、抗病性、耐阴性等），增强其对逆境的适应性。

草坪化学修剪的药剂种类很多，最常用的是植物生长延缓剂，但有些只延缓植物分生组织的生长，不抑制顶端部分的生长；有些可以抑制草坪草顶端分生组织伸长，导致顶端优势丧失。植物生长延缓剂，如多效唑、矮壮素、乙烯利、缩节胺、丁酰肼、嘧啶醇等，其作用主要是抑制植物体内赤霉素的合成，延缓分生组织生长，但不抑制顶端部分的生长，这种作用可以被外源赤霉素逆转；植物生长抑制剂，如抑长灵、青鲜素（MH）等，其主要作用是抑制草坪草顶端分生组织的细胞分裂和分化，导致顶端优势丧失，外源生长素可以逆转这种抑制效应，但外施赤霉素则无效。

当然，草坪化学修剪是一门技术性很强的管理措施，施用不当，不仅发挥不了药效，还可能对草坪造成伤害。特别是在一些高质量草坪上，某些生长调节剂连续使用能引起草坪根系变浅，叶片变黄稀疏；被生长抑制剂抑制的草坪对病害和杂草等逆境的抗性差，并缺乏恢复力；混播草坪由于不同草种对药物的反应不同，常常破坏草坪的均一性。

六、草坪修剪操作不当的几种形式

以下是几种常见的草坪修剪操作不当的例子（图 3-1 至图 3-12）：

图3-1 草坪修剪不及时、草坪草过高

图3-2 草坪修剪不及时、草坪草下部叶片因郁闭枯黄

图3-3 割草机刀片不锋利造成草坪叶片撕伤

图3-4 草坪修剪时太湿

图3-5 草坪修剪留茬太低

图3-6 割草机刀片左右高低不平

图3-7 草坪修剪不彻底、留边

图3-8 草坪修剪不彻底、留缝

图 3-9　草坪未在同一天修剪完毕

图 3-10　草屑未及时清除

图 3-11　割草机刀片铲皮

图 3-12　草坪秋季修剪不到位，导致草坪草结籽

第二节　施　肥

营养是草坪草生长发育和其他一切生命活动的基础。草坪生长发育需要养分，草坪在修剪过程中也有养分的损失，因此，为维持草坪的良好外观和坪用特性就必须施肥。而氮肥可使草坪增绿，草坪草叶片油绿；磷肥可促进草坪草根系的生长；钾肥可增强草坪草的抗性。草坪施肥不足，造成草坪生长抗性差，生长不良或退化；但是，草坪施肥过量，多余的肥料会随水流失，不仅造成肥料的浪费，而且引起地表水环境恶化，甚至污染地下水。因此，草坪养护中科学施肥至关重要。

草坪草的健康生长需要适量的碳（C）、氢（H）、氧（O）、氮（N）、磷（P）、钾（K）大量营养元素和钙（Ca）、镁（Mg）、硫（S）中量营养元素，以及铁（Fe）、锰（Mn）、铜（Cu）、锌（Zn）、硼（B）、钼（Mo）、氯（Cl）微量营养元素。这些营养元素在草坪生长发育过程中各具不可替代的作用。

碳、氢、氧主要来自空气中的 CO_2 和 H_2O，碳和氢存在于草坪草所有的有机化合物中，氧存在于大部分的有机物中，因此又被称为基本营养元素。其他13种元素主要来自土壤，被称为矿质元素，是草坪草营养生理的主要研究对象。其中草坪草对氮、磷、钾的需要量比其他10种矿质元素都要大，称为主要元素。草坪草需要最多的矿质元素是氮，其次是钾，磷列第三。氮可以促进草坪草生长并保持健康色泽，但是氮也是最易损失的矿质元素，因此草坪施肥方案中，氮的用量最大，施肥量也通常以氮的用量为基础。磷、钾养分的丰缺常与草坪质量及草坪对逆境的抗性有关。钙、镁、硫被称为次要元素，他们的需要量小于氮、磷、钾。虽然草坪草对各个元素的需要量不一样，但它们都同等重要，缺一不可。对于多数土壤来说，一般不需要施用微量元素（铁除外），只是在土壤测试或草坪草表现出微量元素缺乏时才施用，否则可能会产生伤害。

另外还有一些元素不是所有植物所必需的，但却是某些植物的必需元素，或对某些植物的生长发育有益。例如，禾本科植物含硅（Si）较多，因此虽然硅不是大量元素，但对于众多的禾本科草坪草来说，施用硅肥可以提高耐践踏性及抗逆性，从而提高草坪质量。同样，钠（Na）对某些盐生作物是必需的，因此对于极耐盐的草坪草种（品种），施用钠肥可能有利于增加其耐盐性，促进其生长。

草坪草的必需元素化学符号、主要吸收形式、在植物体内含量等见表3-2。

表 3-2 草坪草的必需元素（含有益元素）

元素		化学符号	吸收形式	在干物质中的含量	适宜含量范围	发生缺少的可能性	可移动性
大量元素	碳	C	CO_2	45%	—	有时	—
	氢	H	H_2O	6%	—	有时	—
	氧	O	CO_2，O_2	45%	—	有时	—
	氮	N	NO_3^-，NH_4^+	2.0%～6.0%	2.8%～3.5%	普遍	可移动
	磷	P	$H_2PO_4^-$，HPO_4^{2-}	0.10%～1.0%	0.20%～0.55%	有时	可移动
	钾	K	K^+	1.0～3.0	1.5%～3.0%	有时	可移动
中量元素	钙	Ca	Ca^{2+}	0.30%～1.25%	0.50%～1.25%	很少	不可移动
	镁	Mg	Mg^{2+}	0.15%～0.50%	0.15%～0.50%	有时	可移动
	硫	S	SO_4^{2-}	0.15%～0.60%	0.2%～0.60%	有时	可移动性差
微量元素	铁	Fe	Fe^{2+}，Fe^{3+} 螯合态铁	10～500mg/kg	50～100mg/kg	普遍	不可移动
	锰	Mn	Mn^{2+}，螯合态锰	20～500mg/kg	20～100mg/kg	有时	不可移动
	锌	Zn	Zn^{2+}，$Zn(OH)^+$	20～70mg/kg	20～55mg/kg	很少	可移动性差
	铜	Cu	Cu^{2+}，$Cu(OH)^+$ 螯合态铜	10～50mg/kg	5～20mg/kg	很少	可移动性差
	钼	Mo	MoO_4^{2-}，$HMoO_4^-$	1～8mg/kg	1～4mg/kg	很少	可移动性差
	硼	B	H_3BO_3，BO_3^{3-}	5～50mg/kg	5～60mg/kg	很少	可移动性差
	氯	Cl	Cl^-	100～2000mg/kg	200～400mg/kg	从不	可移动
有益元素	钠	Na	Na^+	<0.50%	—	—	可移动
	硅	Si	H_2SiO_4	1%～3%	—	—	不可移动

注：引自张志国，2004，有改动。

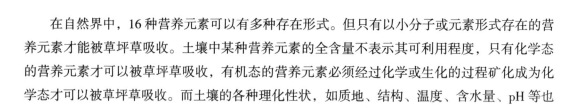
在自然界中，16 种营养元素可以有多种存在形式。但只有以小分子或元素形式存在的营养元素才能被草坪草吸收。土壤中某种营养元素的全含量不表示其可利用程度，只有化学态的营养元素才可以被草坪草吸收，有机态的营养元素必须经过化学或生化的过程矿化成为化学态才可以被草坪草吸收。而土壤的各种理化性状，如质地、结构、温度、含水量、pH 等也影响各营养元素的有效性。

一、氮　素

（一）氮素对草坪草的作用

草坪对氮素的需求比所有其他营养元素都要多得多。氮素对大多数草坪草的很多方面有着重要的影响，如叶色、地上部的生长、根茎植物的分蘖率、根的生长、根茎和匍匐茎的生长、碳水化合物的积累、抗高温性、耐旱性、耐寒性、耐磨性、枯草层积聚、再生潜能等。一般而言，随着氮素的增加，草坪草的叶色逐渐变绿。在适宜量的氮素水平下，氮素的增加可以促进地下部的生长和地上部的分蘖，可以促进根、根茎和匍匐茎的生长和碳水化合物的积累。

（二）氮素缺乏与过量

植株叶片随着氮素水平的降低，逐渐失去绿色，症状最先发生在老叶上。叶片首先表现在下部叶片均匀失绿，严重时呈淡黄色并提早脱落；根系比正常的色白而长，根量少。当氮素严重缺乏时，整个植株生长受到阻碍，株形矮瘦，分蘖或分枝少，所有的叶片变得枯黄、生长迟缓、逐渐落叶，枯枝以及整个植物体的枯萎，导致叶片稀疏。

但氮素过量，会引起草坪草地上部分疯长，叶片柔弱，形成大量枯草层，从而造成草坪排水不畅、通气差，增加草坪草发病几率，使草坪草根系生长受到抑制，致使草坪耐用性差、草坪草早熟，增加草坪修剪次数。

（三）氮素在草坪草体内含量

植物体内的氮素含量在不同植物间差异很大，常见植物体内全氮含量为干物质的 0.3% ～ 5%。禾本科植物一般干物质含氮量在 1% 左右。叶片含氮量一般在 2% 左右，比茎秆、根部高。自从施用氮肥以来，病原物对氮肥的作用产生了相应的适应性；不同的氮水平对植物的代谢和植物结构等方面也会产生不同的影响，从而使得植物对某一病害变得更易或更难感染。例如，在高氮水平下，植物的细胞壁薄，组织多汁，碳水化合物含量很低，使得它易感染腐霉枯萎病、褐斑病；相反，在低氮水平下，导致植物生长变慢，叶片衰老变薄，植株削弱，使其易感染币斑病、锈病、红丝病。

（四）常用氮肥种类

常用氮肥主要有碳酸氢铵、硫酸铵、硝酸铵、尿素、氨水、氯化铵等。

（五）常见草坪草年需纯氮肥量

不同养护水平的草坪需氮肥量不同，低培育管理的草坪，每年至少补给氮素 5g/m^2（相当于尿素 12g/m^2）；高者可达 50～75g/m^2（相当于尿素 111～167g/m^2）或更多。常见草坪草的年需氮量见表 3-3。

表 3-3　常见草坪草年需纯氮肥量

冷季型草坪草		暖季型草坪草	
草坪草名称	生长季内需纯氮肥量 [g/(cm^2·a)]	草坪草名称	生长季内需纯氮肥量 [g/(cm^2·a)]
匍匐翦股颖	20～30	狗牙根	20～40
草地早熟禾	20～30	钝叶草	15～20
细弱翦股颖	15～25	结缕草	15～25
绒毛翦股颖	15～25	巴哈雀麦	10～25
普通早熟禾	15～20	地毯草	10～15
高羊茅	15～20	假俭草	5～15
黑麦草	15～20	野牛草	5～10
粗茎早熟禾	10～20		
小糠草	10～20		
加拿大早熟禾	10～15		
紫羊茅	10～15		

注：引自张志国，2004。

（六）氮肥施用时间

草坪施肥时间受草坪草的生长周期和草坪草不同生长时期内对氮素反应的影响。典型的暖季型草坪草的生长周期与冷季型草坪草有很大的区别。这些生长周期的变化取决于草种、气候以及当年特殊的天气情况。一般来说，冷季型草坪草在早春和雨季要求高的营养水平，因此，最重要的施肥时间是晚夏和深秋。而暖季型草坪草则在夏季需肥量较高，最重要的施肥时间是春末，第二次施肥时间宜安排在夏天，初春和晚夏施肥亦有必要。

在日常养护中还应根据草坪的营养状况及时补充氮素。草坪的氮素水平可借用农作物叶色比色卡来判断。在实际工作中"1、3叶片比色法"更实用，尤其诊断禾草的氮素水平更灵验些。禾草茎或枝（蘖）端之未展或未全展叶编为0号，依次第一全展定长叶编为1号，第二叶编2号，第三叶编3号。

（七）氮肥施用方法

肥料的均匀分布是施肥作业的基本要求。最好的方法是将肥料均分成两份：一份按南北方向撒施；一份按东西方向撒施。选择在雨前进行或撒后浇水，可使肥料溶解并渗到土壤中去。大面积草坪的施肥可使用专用撒肥机进行。

草坪不能忍受土壤中高浓度的速效氮素含量，因为草坪的根对氮素很敏感，很容易被烧死。过多速效氮可以导致草坪地上部分旺长，其结果不仅增加了对修剪的要求，而且过长的草坪不耐踩踏，也易于染病。因此，氮肥总量的 1/2 应该施用缓效氮肥，缓效氮肥对草坪草的刺激既长久又均一，能稳定地、持续不断地释放出氮素供草坪根系吸收，这样既不会造成草坪旺长，烧根烧苗，也不会造成肥料的淋失浪费、污染环境，从而确保草坪能健壮生长。

有机肥纯氮含量不足 50%，不属于缓效肥，结合培土平整草坪地面，每年至少施一次有机肥。若有特别需要，可以 2 ～ 4 次 / 年。有机肥的施用量应占全年施氮量的 1/2 左右。

二、磷 素

（一）磷素对草坪草的作用

磷在植物体内起着重要的作用。它不但是细胞质遗传物质的组成元素，在植物新陈代谢过程中，磷还起到能量的传递（以 ATP 形式）和储存作用。大量的磷集中在幼芽、新叶、根顶端生长点等代谢活动旺盛的部位。因此，在草坪草生长过程中，有效磷供应充足会促进草坪草根系和根茎的生长，使草坪草生长迅速，分蘖增多，提高草坪的抗寒、抗旱和抗践踏能力。

（二）磷素缺素症状

由于磷和钾一样，是植物体内易于移动的物质，当磷供应不足时，磷由老叶向新叶移动，使磷缺乏症首先在草坪草老叶出现，老叶生长受阻并显现出暗绿色，随着磷素的继续缺乏，老叶片由暗绿色逐渐变为紫红色。当磷素缺乏初期，草坪草根系生长受影响不大，但是当草坪草的光合作用受到缺磷限制时，草坪草根系生长明显减缓。从外形看，植株矮小，叶片窄细，分蘖少。缺磷对新建草坪草的根系影响更大。绝大多数土壤中，全磷含量（P）为 0.02% ～ 0.10%。在草坪建植过程中，如果土壤基质含磷量低（<5mg/kg）时，草坪草在苗期即可表现出缺素症状。

（三）磷素在草坪草体内含量

在草坪草植株体内磷含量范围一般为 0.10% ～ 1.00%（干重），其适宜范围为 0.20% ～ 0.55%。当草坪草体内含磷量在 0.2% 以下时，被认为磷素缺乏；当草坪草叶片组织中磷含量为 0.08% 时，植株缺磷症状已相当明显。而超过 1.00% 时被认为是磷素过量。草坪草吸收磷的量低于氮和钾。而且，不同草坪草在磷吸收上差异较大，草地早熟禾含量最高，而地毯草、海滨雀稗、狗牙根相对较低。

（四）常用磷肥种类

常见磷肥有天然磷肥，如海鸟粪、兽骨粉和鱼骨粉；化学磷肥如过磷酸钙、钙镁磷肥等。

（五）草坪绿地推荐施磷量

根据土壤测试所确定的各种草坪的推荐施磷量参见表 3–4。

表 3–4　根据土壤速效磷测试确定的草坪绿地推荐施磷量

土壤速效磷水平 （P_2O_5, mg/kg）	土壤供磷水平	推荐施磷量［P_2O_5, kg/（hm^2·年）］		
		一般养护草坪	高养护草坪	新建草坪
0～5	很低	150	200	250
6～10	低	100	150	200
10～20	中	50	100	150
20～50	高	0	0～50	50～100
>50	很高	0	0	0

注：新建草坪每次施磷（P_2O_5）量不能高于 100kg/hm^2。引自张志国，2004。

（六）磷肥施用时间

磷肥施用时间受草坪草种类、土壤理化性质、气候条件等影响。草坪整个生长季节均应有充足的磷供应。通常情况下，草坪磷肥的施用时期主要在草坪建植、返青、根系减少或土温较低时。

具有冬季休眠期的暖季型草，在返青时浅施磷肥，有助于暖季型草坪草返青和根系的再生长。春季施磷可避免缺磷的发生，晚冬或早春（冷季型草）和仲春（暖季型草）是重要的施磷时期。在热带气候下，尤其是砂土或有效磷含量低的土壤，磷肥应在季风到来之前或之后施用。

当草坪草根系减少或根系遭受线虫、病害、虫害侵害时。如晚夏时，冷季型草可能失去大量的根，在这一时期施磷有助于草坪草维持温暖天气下的生理活性和低温时根系的再生。

无论是新草坪还是老草坪更新，草坪启动肥非常重要。

除以上的特殊施磷时期以外，在磷固定强的土壤、生育期较长、砂土或贫瘠土壤、冬季覆播、季风发生季节、盐渍土壤等情况下，都应分期施用磷肥。

（七）磷肥施用方法

磷肥以颗粒状施用优于粉状的效果，主要是粒状减少了磷的固定。一般情况下，启动肥不宜撒施，而应混施在根区，但成熟草坪磷肥可以表施。另外，在建坪时，有机肥与磷肥混合施于根区，有利于提高磷的有效性。酸性土壤上，调节土壤 pH 至 6.0 ～ 7.0，有助于提高磷的有效性。

氮肥、磷肥配合施用是提高磷肥肥效的重要措施之一。特别是在中、低肥力水平的土壤上，氮肥、磷肥配合施用效果十分明显。同时水溶性磷肥与有机肥配合施用，可减少磷的固定，有利于保持较多、较长的有效性。

此外，长期修剪移走草屑，会降低土壤有效磷水平。因而需要有规律地进行土壤测试以监测土壤的有效磷供应水平。

三、钾　素

（一）钾素对草坪草的作用

草坪草对钾素吸收仅次于氮。钾素是草坪草的重要营养物质之一。钾不是草坪植物体内有机化合物的组成成分，但它几乎直接或间接的参与植物生命活动的每一过程。钾生理功能主要表现在钾对植物结构、组成、代谢、生长发育及抗逆性方面。钾能促进碳水化合物及蛋白质合成、促进光合作用及光合产物运输，增加草坪草生长量，提高草坪的抗性如抗病能力、耐干旱、耐高温、抗冻性和耐盐等。

（二）钾素缺素症状

草坪植物缺钾时，植物体内代谢紊乱、失调，在外观上出现不正常的症状，由于植物体内钾的再利用能力强，所以一般病征在生长后期才逐步表现出来。症状是从老叶逐渐向上扩展，如新叶也表现缺钾症状，表明草坪植物已严重缺钾。禾本科草坪草缺钾初期，全部叶片呈蓝绿色，叶质柔弱，并卷曲，以后老叶的尖端及边缘变黄，变成棕色以致枯死，叶片像烧焦状。其他观赏草坪植物缺钾一般先始于叶尖和叶缘处，首先出现黄绿色晕斑，严重时变成红铜色或棕褐色枯死斑点，且叶发软，叶尖下勾，叶片边缘向下卷曲，叶面凹凸不平；严重时，叶肉部分将会呈现黄色，叶缘干枯、残破。症状往往先出现于下部叶片，逐渐向上发展，中部叶片发展最快。这种症状还会因过多的氮，特别是铵态氮而加重，同时草坪草易发生倒伏现象。

（三）钾素在草坪草体内含量

大多数草坪植物叶片中钾的临界含量以干物质计算在 0.7% ～ 1.5% 之间。

（四）常用钾肥种类

常用的钾肥有氯化钾、硫酸钾、硫酸钾镁肥、钾石盐、钾镁盐、光卤石、硝酸钾、窑灰钾肥等。

（五）常见草坪草年需纯钾肥量

表 3-5 为运动场草坪年推荐钾素施用范围，对普通绿地草坪和庭院草坪来说可减少30% ～ 50% 施用。

（六）钾肥施用时间

草坪的不同生长发育期对钾的需求量也有差异。如禾本科草坪植物在分蘖期需钾量较多，其吸钾量为禾本科植物总需钾量的 50% ～ 60%，其他时期对钾的需求量相对较少。暖季性草坪对钾的吸收高峰在春夏；冷季性草坪对钾的吸收高峰期为秋春。所以要根据草坪草的不同生育期来施用钾肥。一般草坪植物苗期为钾的临界期，因此钾肥一般用于基肥。追肥应在钾肥最大效率期前施入，这样才有良好的施钾效果（表 3-5）。

由于钾对草坪草的抗性至关重要，因此，当草坪草受到干旱、低温、炎热、践踏等胁迫时或之前施用。草坪草返青后钾素供应非常重要，特别是对冬季休眠的暖季型草坪草来说，如果钾素供应不足，可能引起返青后根系死亡的问题。

表 3-5　运动场草坪年推荐钾素施用范围

土壤类型与土壤测试范围	生长季节	
	5 ～ 11 个月	12 个月或暖季型草 + 冬季覆播（kg K₂O/100m²）
砂土，少量淋洗，细质土壤中含有高岭石、铁铝氧化物和其他高度风化的黏土矿物		
极低	1.5 ～ 3	2 ～ 3.5
低	1 ～ 2.5	1.5 ～ 3
中等	0.5 ～ 2	1 ～ 2.5
高	0 ～ 1	0.5 ～ 1.5
极高	0	0
细质土壤中含有适量的 2：1 黏土矿物，固钾能力较强		
极低	2 ～ 3.5	2.5 ～ 4
低	1.5 ～ 3	2 ～ 3.5
中等	0.5 ～ 1	1 ～ 1.5
高	0 ～ 0.5	0 ～ 1
极高	0	0

注：对普通绿地草坪和庭院草坪施用量应减少 30% ～ 50%。引自张志国，2004。

对砂性土壤来说，经过较长时间的下雨，钾素淋失严重，需要及时补充。

（七）钾肥施用方法

不同草坪植物或不同品种之间对钾的需求量也不完全一样。在氮、磷等肥料供应较低的条件下，钾素营养的问题并不突出，但是，如果氮和磷的供应增加，则钾的供应就会变得相对不足。特别是在我国南方地区和沙质土壤上，钾的淋溶作用强烈，土壤钾素供应能力较低，不少草坪草由于钾素供应不足而影响到整个草坪质量的提高，甚至生长不正常。因此草坪植物的钾素营养已成为当前草坪生产和管理中需要研究的重要问题之一。

由于影响钾肥肥效因素比较多，钾肥的施用效果会受到一定的影响。因此，为了提高钾肥的肥效，总的要求为少量多次。

钾肥的肥效，只有在氮、磷比较充足的情况下，增施钾肥，并保持一定比例，才能充分发挥钾肥肥效。正常情况下，N：K 按 1：0.75 施用效果较好。

四、中量元素

草坪草生长发育所必需的钙、镁、硫等营养元素，其含量低于大量元素（氮、磷、钾），但高于微量元素，通常将它们列为中量元素。草坪要保持较高的质量水平，维持一定的钙、镁、硫营养水平是必要的。随着我国环境建设的发展，草坪面积日益增加，钙、镁、硫营养越来越引起植物营养学家的重视。合理施用钙、镁、硫肥，为草坪草提供相应营养，可促进草坪健康生长，保证草坪较高的景观水平。

钙、镁、硫肥很少单独施用，通常是在施用氮、磷、钾肥时一并施入到土壤中。

（一）钙　素

钙在草坪草中含量一般占干重的 0.5% ~ 1.25%。钙主要分布于草坪草的茎叶中（特别是老叶含钙量高于嫩叶），根部较少。

石灰是最主要的钙肥，包括生石灰、熟石灰、碳酸石灰三种。此外，某些含钙化肥或工业废渣，也可作钙肥施用。

（二）镁　素

镁在草坪草中含量一般占干重的 0.11% ~ 0.7%，不同草坪草含量有差异。草地早熟禾平均 0.4%，紫羊茅平均为 0.29%，匍匐翦股颖平均为 0.7%。

常用的镁肥有硫酸镁、氯化镁、硝酸铁、氧化镁、钾铁肥等，可溶于水，易被草坪草吸收。白云石、菱镁矿、钙镁磷肥、光卤石等也含有镁，微溶水，肥效较慢。磷酸镁铵微溶于水，硅酸镁不溶于水。螯合镁肥，肥效缓慢。此外，有机肥料中也含有镁。海水也是一种镁源。

（三）硫 素

硫在草坪草中含量一般占干重的 0.1%～0.5%，平均为 0.25% 左右。禾本科草本植物需硫较少。一般茎叶中含硫较根部高。

常用的硫肥：①石膏，主要有生石膏、熟石膏、磷石膏三种。②硫磺，即元素硫，施入土壤微生物氧化为硫酸盐后，可被植物吸收利用。③其他含硫肥料，硫酸铵、过磷酸钙、硫酸钾等化学肥料，都含有硫，做磷、钾肥施用时可以同时补偿硫。多数硫酸盐肥料为水溶性，但硫酸钙微溶于水。④其他硫源，大气中的硫也是草坪草的主要硫源之一，它来自工矿企业和燃料所排放的废气，主要形态是 SO_2。如土壤供硫不足，草坪草可直接从大气中吸收部分硫素。

五、微量元素

草坪生长发育所必需的微量元素主要有 Fe、Mn、Zn、Cu、Mo、B、Cl 等。对于草坪的正常生长发育，微量元素与大量元素具有相同的重要性。当草坪缺乏某种微量元素时，草坪的生长发育就会受到明显影响。据报道，常见到草坪缺铁症，但很少见到缺锌、铜、铝、硼和氯的症状。

目前，草坪草微量元素的施用已很普遍，微量元素对促进草坪植物的生长与发育具有显著效果。植物叶片组织中铁含量一般在 100～500mg/kg；植物组织中含锰量一般在 20～500 mg/kg；草坪组织中含锌量通常为 20～70mg/kg；草坪叶片中铜含量通常为 10～50mg/kg；草坪草中硼含量小于 5～10mg/kg 时缺乏，10～60mg/kg 时则充足。草坪草很少会出现缺硼，但很容易发生硼中毒，特别是在干旱地区含硼和钙高的土壤中或者灌溉水中硼含量高时；钼在植物组织中的正常含量是 1～4mg/kg；草坪草组织含氯量一般在 1000～6000mg/kg，但是，对于大多数植物来讲，缺乏的临界含量仅为 200～400mg/kg。

在草坪管理中，微量元素肥料施用方法主要有施入土壤（土施）和叶面喷施（叶施）两种。不同的施用方法是由不同的目的所决定的，而且也有不同的效果。

（1）施入土壤。直接施入土壤中的微量元素肥料，主要是用作基肥、种肥或追肥。它们一般能满足草坪植物在整个生育期对微量元素的需要。因此，土壤施用微肥可隔年施用一次。但是，由于微肥用量较少，施用时必须均匀。为了保证施用均匀，可施用含微量元素的大量元素肥料。如含硼过磷酸钙、含某种微量元素的复（混）合肥料等。也可把微量元素肥料混拌在有机肥料中施用。

（2）叶面喷施。这是施用微量元素肥料既经济又有效的方法，因而在草坪管理中也是最常见的施用方法。叶面喷施肥料的用量，应随草坪品种及土壤供肥水平等因素而定。

六、土壤反应

土壤反应是指土壤酸性或碱性的程度，通常用 pH 值来表示。绝大多数草坪草适宜生长的土壤 pH 值为 5.5 ～ 7.5，当 pH 值 ≤ 5.5 或 pH 值 ≥ 7.5 时均会影响草坪草的正常生长，应使用石灰、硫磺等调节剂加以改良，不宜再施用加剧土壤过酸或过碱的肥料。

大多数草适宜生长的 pH 值范围通常轻微偏酸性，因为所有必需营养元素在这个区间内都是可利用的化学形式。当土壤 pH 值在 6.5 左右时，可供植物利用的每种营养物质的有效量达到最大。主要草坪草适宜的 pH 值参见表 3-6。

表 3-6　主要草坪草适宜的 pH 值

草坪草种	适宜 pH 值	草坪草种	适宜 pH 值
普通狗牙根	5.7 ～ 7.0	一年生早熟禾	5.5 ～ 6.5
改良狗牙根	5.7 ～ 7.0	草地早熟禾	6.0 ～ 7.0
巴哈雀稗	6.5 ～ 7.5	普通早熟禾	6.0 ～ 7.0
野牛草	6.0 ～ 7.5	加拿大早熟禾	5.5 ～ 6.5
地毯草	5.0 ～ 6.0	一年生早熟禾	6.0 ～ 7.0
假俭草	4.5 ～ 5.5	多年生黑麦草	6.0 ～ 7.0
结缕草	5.5 ～ 6.8	细羊茅	5.5 ～ 6.8
沟叶结缕草	5.5 ～ 7.5	苇状羊茅	5.5 ～ 7.0
钝叶草	6.5 ～ 7.5	细弱翦股颖	5.5 ～ 6.5
格兰马草	6.5 ～ 8.5	匍匐翦股颖	5.5 ～ 6.5
冰草	6.0 ～ 8.0	绒毛翦股颖	5.0 ～ 6.0
猫尾草	6.0 ～ 7.0	无芒雀麦	6.0 ～ 7.5
海滨雀稗	3.6 ～ 10.2	碱茅	6.5 ～ 8.5

注：引自孙彦，2017。

七、土壤检测与草坪组织检测

土壤检测是草坪建植管理必要的环节，如 N、P、K、Ca、Mg、S 含量，以及土壤 pH 值。新建植的坪床土壤应该每年检测 1 次，并连续检测几年。草坪成坪并成熟后，土壤的检测时间间隔 2 ～ 3 年。然而，如果草坪质量突然变差，应该迅速进行土壤检测，当检测到有问题的草坪土壤时，与该土壤邻近的健康草坪的土壤样本也要采集测试，以作为对照。

为了更好地进行草坪养护管理，草坪建植后也会采集草坪植株进行营养物质的检测，通过分析从草坪草植株上剪下的草叶来测定草坪植物中每种元素的含量，称为组织检测或叶片检测。叶片测试结果能够用来决定植物的营养需求、根系吸收养分的能力，以及土壤中有效养分的含量。目前组织检测变得很流行，因为它是目前评价有效养分最精确的方法。

八、土壤改良

草坪改良是在原有草坪基础上，针对存在的问题加以改良，使草坪恢复生机的过程。

（一）完全改良

完全改良就是将草坪生长的坪床基质全部改良更新。完全改良土壤本身花费较高，通常只有在需要高质量要求的运动草坪或小区域范围内才会采用。完全改良并非一定要把原有土壤清除更换，大多数时候只需把原有坪床土壤结构、肥力、pH值等进行调节改良即可。

（二）部分改良

对于普通绿化，草坪土壤改良往往并不需要完全改良，仅需把需要改良的区域进行改良即可。运动场草坪如果资金有限或土壤问题不太严重，也可以采用部分改良。部分改良通常不需要移除原有土壤，部分改良较完全改良价格低廉很多。

（三）酸性土壤改良

酸性土壤的改良通常采用含有钙或镁的石灰材料。钙和镁能中和酸性，提高土壤pH值，同时也是植物需要的营养成分，还有助于改善土壤结构。最常见的石灰材料是碳酸钙；在镁元素含量低的土壤中，可以使用白云石灰岩。在坪床土壤具体添加石灰石或白云石灰岩的量，还要经过土壤测定来最终确定，不能超量，避免土壤碱性。

（四）碱性土壤改良

我国干旱或半干旱区，土壤可能是由于含过量的钠、钙和镁等元素，pH值通常在7.5～8.5，呈中度碱性；另外灌溉水源可能含有钠、钙和镁，也会导致土壤碱性。土壤pH值偏碱时，铁、锰、铜、锌、硼等微量元素处于草坪植物难以利用的状态，需进行改良。碱性土壤改良可施用硫磺、硫酸钙、元素硫、硫酸铝、硫酸铵和硫酸铁等。在一些高尔夫球场将多种硫化物加入到灌溉水源中来中和土壤碱性。硫磺对草坪草有伤害，所以施用时一定小心，施用硫磺后应立即浇水。石膏比硫磺更广泛地应用于碱性土壤的改良，石膏作用速度更快，也相对安全。

（五）盐渍土改良

我国沿海城市以及一些干旱与半干旱地区土壤具有高盐分，这些盐通常是由钠、钙、镁形成的氯化物和硫酸盐。降水量高的地区大量的雨水会把过量的盐从根区淋溶至土层深处，但在年降水量低于 51cm 的地区，往往对植物造成盐害。草坪草植物多数时间喜欢中性或弱酸土壤，钠盐含量高，pH 值往往呈碱性。另外，土壤含盐量过高，盐与碱会同时胁迫，对草坪草危害很大。因此在盐渍地建植草坪时，所选择的草坪草一定要耐盐碱，如碱茅、海滨雀稗、结缕草、狗牙根、匍匐翦股颖、高羊茅等。在盐渍化土壤中成功建植草坪，日常养护过程中也需通过灌溉将过量的盐分过滤至土壤深层。运动场坪床土壤一般为改良土壤，建植时不需要把盐分过滤至土壤深层，但春季返盐期下层盐分容易上移至根层，为了减少后期养护费用，应用耐盐草种是明智的选择。

九、叶面施肥

草坪施肥通常是肥料撒入土壤，然后由草坪草根系吸收。但由于草坪草叶片也具有吸收功能，人们也会采用往草坪草叶片喷施含肥料的溶液，使养分从叶片进入草坪草体内，这种情况被称作叶面营养，或根外营养。叶面营养是一种见效快、效率高的施肥方式。在草坪草遭遇缺素时，叶面施肥更是立竿见影。同时叶面施肥可防止养分在土壤中被固定，对微量元素特别有效。在干旱条件下，由于缺乏土壤有效水分，土壤养分有效性降低，肥料难以发挥作用，叶面施肥可以迅速满足草坪草需求。

Fe 和 Mn 常采用叶面施肥的方式施用。即使土壤中不缺 Fe，Fe 和 N 混合喷施也是常采用的方法，其主要效果是增绿。在叶面施肥的同时还可以添加一些生物活性物质或农药，起到一举多得的效果。

作为一种有效的辅助施肥手段，叶面施肥并不能代替土壤施肥，但以下情况常采取叶面施肥：①在高胁迫条件下保持草坪草最佳的营养水平，常用含 N、K、Fe、Mn 等营养元素进行叶面施肥。②在砂性土壤或高降雨的地区，K、N、Mg 易被淋溶，常采用叶面施肥来提高肥料利用率。③高尔夫球场果岭上的 N 肥施用常采用少量多次的方法进行施肥，叶面施肥是较好的方法。④当草坪草根系生长不良或不健康时，常采用叶面施肥法。⑤微量元素缺乏时采用叶面施肥的方法不仅效果快，肥料利用率也高。⑥季节性影响也会导致短期的养分缺乏。如暖季型草坪草根系的春季换根、早春翦股颖的缺 P 及冷湿春季结缕草的缺 Fe 等，采用叶面施肥可快速补充相关营养元素。

叶面营养也有其局限性，如：叶面施肥虽然见效快，但肥效短；溶液浓度过高时会引起烧苗；叶面营养液浓度往往较低，喷施的养分总量不多，当草坪草严重缺肥时，并不能起到解决根本问题的作用；肥料附着在叶片上，易被雨水、灌溉等淋洗；由于日晒等原因干燥后，养分不能被尽快吸收；某些营养元素（如钙、锰等）在韧皮部中向下运输受到限制，喷施的效果不一定好。因此叶面营养不能代替根部营养，只能是一种辅助的施肥方式。

第三节　灌　溉

水是草坪草植物体的重要组成部分。没有水，草坪草不能生长；没有灌溉，就不可能获得优质草坪。鲜活草坪草植株的含水量可达其鲜重的80%～95%。灌溉的目的就是为了满足草坪正常需水。

草坪灌溉养护工作的总体要求就是满足需要，不浪费水源。我国大部分大、中城市水资源严重缺乏，城市生活用水与生态用水的矛盾日益尖锐。而现行的城市生态绿地灌溉技术落后，尤其是草坪水分管理技术落后，灌溉水利用率很低，造成绿地灌溉水的大量浪费。目前，不少城市仍有许多草坪是采用"人工＋塑料软管"的模式进行灌溉的；即使有些安装了喷灌的草坪，也未能达到智能化控制，仍采取人工手动开关的模式，灌溉时间完全由工人凭感觉控制；部分喷灌设置成摆设，疏于保养、维修；而喷灌喷水不到位、喷到园路的现象比比皆是。因此，科学灌溉既能保持草坪健康，又能节约水资源、人力。

一、灌溉时间

因高温、干旱等因素造成草坪草叶片出现萎蔫、失去光泽，或其正常生长受到影响时，应进行灌溉。草坪灌溉时间的确定需要丰富的管理经验，要求对草坪草和土壤条件进行细心观察和认真评价。草坪灌水时间的确定有以下几种方法：

（一）植株观察法

有经验的草坪管理者常依据草坪出现的缺水症状来判断灌水时间。当草坪草缺水时，草坪草表现出不同程度的萎蔫，进而失去弹性和光泽，变成青绿色或灰绿色，甚至草坪叶片出现卷曲时，就需要尽快灌水。此外，也可以比较阳光下与遮阴下草坪叶片的光泽，若不缺水，二者叶片亮度一致。

（二）土壤观察法

当土壤表层变为白色时就应当警惕草坪缺水。用小刀或土壤钻分层取土，当土壤干至5～10cm时，草坪就需要浇水。

（三）仪器测定法

草坪土壤的水分状况可用张力计测定。张力计是利用负压计测定土壤水分，是从能量角度研究土壤水分运动的实用手段，是反映土壤墒情状况、指导灌溉的最佳仪器设备。张力计测得的土壤水张力就是土壤对水的吸力。土壤湿度愈大，对水的吸力就愈小；反之则大。当土壤湿度增大到所有空隙充满水时，土壤水张力将降为零。换言之，此时土壤含水量达到了饱和。

（四）蒸发皿法

在阳光充足的地区，可用蒸发皿来粗略判断土壤蒸发散失的水量。除大风区外，蒸发皿的失水量大体等于草坪因蒸散失去的耗水量。因此，在生产中常用蒸发系数来表示草坪草的需水量。典型草坪草的需水范围为蒸发皿蒸发量的 50% ～ 80%。在主要生长季节，暖季型草坪草的蒸发系数为 55% ～ 65%，冷季型草坪草为 65% ～ 80%。

二、灌溉频率

草坪灌水频率无严格的规定。一般认为，在生长季内，在普通干旱情况下，每周浇水 1次；在特别干旱或床土保水性差时，则每周需灌水 2 次或 2 次以上；在凉爽的天气则可减至每 10d 灌水 1 次。草坪灌水一般应遵循允许草坪干至一定程度再灌水的原则，这样可以向土壤中带入空气，并刺激根系向床土深层扩展。部分运动场、新植（铺）草坪、不连片的小块草坪、特别干旱的天气或其他特殊情况和要求的草坪甚至每天都需要灌溉。

灌溉频率过低、灌溉量过少或过多，都不利于草坪草根系的健康生长。灌溉频率高，根系生长较为柔弱、根系不发达；灌溉频率低，虽然根系具有一定的抗旱性，但根系往往容易受损。

三、灌溉量

草坪最主要的功能是环境保护和美化。草坪草的生长量只是草坪发挥功能的一个前提，并不是草坪管理的目标。因此，确定草坪需水量或灌水量的标准是草坪质量及其功能的维持。很多情况下如绿地草坪、水土保持草坪等，允许存在一定的干旱胁迫，这也正是草坪节水的潜力所在。

20 世纪 80 年代末，众多草坪工作者的努力使草坪蒸散研究有了重要进展。德克萨斯 A&M 大学的草坪水分研究及其他大量的相关研究已经基本阐明了美国广泛分布的 16 种常用草坪草的最大日蒸散量（表 3–7）。这些研究结果显示，暖季型草坪草和冷季型草坪草相比普遍具有较低的日蒸散量。暖季型草坪草的夏季平均日最大蒸散量为 3.0 ～ 10.0mm/d，而冷季型草坪草的夏季平均日最大蒸散量为 2.7 ～ 12.6mm/d。而密度大、生长缓慢的杂交狗牙根、结缕草、野牛草和假俭草的日最大蒸散量则更低，草地早熟禾、高羊茅、一年生早熟禾、多年生黑麦草和匍匐翦股颖的日最大蒸散量相对较大。

表 3-7 草坪草夏季日平均蒸散量

草坪草种		夏季日平均蒸散量（mm/d）
冷季型草种	暖季型草种	
	野牛草	5.0～7.0
	杂交狗牙根	3.1～7.0
	假俭草	3.8～9.0
	普通狗牙根	3.0～9.0
	结缕草	3.5～10.0
硬羊茅		7.0～8.5
邱氏羊茅		7.0～8.5
紫羊茅		7.0～8.5
	美洲雀稗	6.0～8.5
	海滨雀稗	6.0～8.5
	钝叶草	3.3～8.1
多年生黑麦草		6.6～11.2
	地毯草	8.8～10.0
	狼尾草	8.5～10.0
高羊茅		2.7～12.6
匍匐翦股颖		5.0～10.0
一年生早熟禾		>10.0
草地早熟禾		>10.0
多花黑麦草		>10.0

注：引自 Carrow，1995。

在特定气候条件下，维持一定的草坪质量和功能所需的最小灌水量称为草坪最适灌溉量。确定草坪最适灌溉量应以实际测定的草坪蒸散量为基础，也可以用下式计算：

$$ET_a = k_c \cdot ET_o \tag{3-1}$$

式中：ET_a——草坪最适灌溉量；

ET_o——草坪潜在蒸散量，即草坪在供水完全充足条件下的蒸散量；

k_c——草坪草的作物系数，即实际蒸散量与潜在蒸散量的比值。一般暖型草坪草 k_c 为 0.5～0.7，冷型草坪草 k_c 为 0.6～0.8。

在没有条件通过实验确定草坪最适灌溉量和潜在蒸散量，或无资料表明某地区草坪草的作物系数的情况下，草坪灌水量多通过经验确定。即在一般条件下，草坪草在生长季内的干旱期，为保持草坪鲜绿，每周需补充 3～4cm 水分；在炎热和严重干旱的条件下，旺盛生长的草坪每周约需补充 6cm 或更多的水分。

四、灌溉方式

草坪灌溉应采用节水灌溉方式，目前主要有滴灌和喷灌。

地下滴灌直接将水送到草坪草根部，水分蒸发损失小，不影响地面景观，可以减少单位面积用水量 50% ~ 70%，大大提高了水的利用率，是草坪绿地中具有发展潜力的节水灌溉技术。但是，滴灌系统对灌溉水质有较高的要求，水源必须经过严格的过滤，否则易堵塞滴头。

喷灌是当前最主要的草坪绿地灌溉方式。喷灌具有灌水均匀，可增加空气湿度、改善小气候环境，能淋洗草坪叶片、保持草坪鲜嫩等优点。但是，喷灌受风的影响比较大，在干旱气候条件下喷洒水滴在空气中的漂移、蒸发损失较大，影响灌溉水的利用效率。适于草坪的喷灌系统有移动式、固定式和半固定式三种类型。

无论是喷灌还是地下滴灌，都有一定的适用条件，而草坪类型很多，尤其是乔、灌、草、花相结合的多层次城市园林绿地，对灌溉系统的要求也不尽相同。根据不同植物对水量的需求，应打破喷灌、地下滴灌等方法的界限，在喷灌区域中将滴渗灌技术相结合，使草坪的地面及基层具备雨水积蓄和保水功能，将地上灌、地面灌、浅层灌、深层灌结合起来，形成多层次灌溉系统，以满足草坪植物群落多元化的要求。

五、灌溉技术要点

（1）初建草坪，苗期最理想的灌水方式是微喷灌。出苗前每天灌水 1 ~ 2 次，保持土壤表层 2 ~ 3cm 湿润。随幼苗生长发育逐渐减少灌水次数，增加灌水量。

（2）高温季节以清晨或上午浇水为佳。寒冷冬季则以中午稍暖之时为宜。

（3）灌水可与施肥作业相配合，施肥后立即灌水。

（4）如草坪土壤干硬坚实，应于灌水前进行打孔通气，利于水分下渗。

（5）在冬季严寒少雪、春季土壤墒情差的地区，入冬前必须灌好封冻水。封冻水应在地表刚刚出现冻结时进行，灌水量较大；在次春土地开始融化、草坪草开始萌动时灌好返青水。

（6）宜选用清洁的地下水、地表水或中水，不应使用未经处理的污水。

六、节水灌溉

节水灌溉是城市生态可持续发展的重要方面，从草坪管理角度来看，在达到灌溉目的的前提下，利用综合管理技术减少草坪灌水量，具有十分重要的现实意义。下列草坪管理措施有助于草坪节水：

（1）提高修剪高度。在旱季，将草坪修剪高度提高 2 ~ 3cm，可以降低土壤水分蒸发，并提高草坪草抗旱性。

（2）减少修剪次数，减少因修剪伤口而造成的水分损失。

（3）在干旱季节应少施氮肥。过多的氮促进草坪草的营养生长，加大对水分的消耗，而施用磷、钾肥则能增加草坪草的耐旱性。

（4）进行垂直修剪，破除过厚的枯草层，改善床土的透水性，促进根系的深层生长。

（5）少用除草剂，避免对草坪草根系的伤害。

（6）选择耐旱的草种及品种。

（7）床土制备时应增施有机质和土壤改良剂，提高床土的持水能力。

第四节　交　播

草坪草的大部分是禾本科的草本植物，尽管禾本科植物是世界上分布最为广泛的植物，但是能够用作草坪草的草本植物却只有几十种而已，这是因为草坪植物必须具备耐低修剪、抗践踏和连续地面覆盖群落等特性。按照草坪草对气候的适应性草坪专家将草坪植物分为暖季型草坪草和冷季型草坪草。冷季型草坪草亦称冷地型草坪草，最适生长温度为 15～25℃，适宜在我国黄河以北地区种植，冷季型草坪草具有耐寒性强、绿期长、叶形优美、质量优良的优点。暖季型草坪草亦称暖地型草坪草，最适生长温度为 26～32℃，主要分布在我国长江流域以南的广大地区，暖季型草坪草具有抗病虫害强、抗热性强、抗逆性强、管理粗放、成坪速度快等优点。我国南北过渡气候带地区主要是指长江中下游地区，如上海、江苏、浙江、安徽、湖南、湖北、江西等省份，这些地区四季分明，冬季寒冷，一般有 1～2 个月的气温会低至 0℃以下；夏季酷暑炎热，高于 35℃以上的极端高温天气一般长达 20d 以上。在这些地区冷、暖季型草坪都能生长，又都存在一定的问题。在我国南北过渡气候带地区暖季型草坪草的绿期较短，仅有夏季一个生长高峰期，冬季就进入枯黄休眠期，而冷季型草坪草正好相反抗热性差夏季会出现一个短期的半休眠现象。因此为了解决这一问题，获得一个四季常绿的草坪，就需要交播。

一、交播时间

交播宜在 9 月下旬至 11 月中旬进行。

二、草种选择

草种可选用生长力强、成坪迅速、耐热性差、寿命短的多年生黑麦草、早熟禾或高羊茅等。

三、交播前坪床处理

（一）修　剪

为了促进新播草坪草顺利生长，原有暖季型草坪狗牙根、结缕草等修剪高度应在 2.5cm 以下。

（二）通　气

通气方法包括打孔取芯土、划破或穿刺草皮、垂直切割、松耙等。打孔取芯土时打孔深度 6～10cm，芯土孔径 0.6～1.8cm，孔间距 10～15cm。划破或穿刺草皮时以"V"形刀具刺入草皮，划破深度 7～10cm，穿刺深度 ≤ 3cm。垂直切割时使用专用垂直切割器具进行作业，切割深度 ≥ 5cm。松耙时可使用手动弹齿式耙或机引弹齿耙进行，深度以除去枯草层、划破表土即可。

（三）土壤平整

对于不平坦的坪床应进行土壤平整，对于草坪上的异物应当清除。

（四）有害生物防治

播种前应进行一次全面的有害生物防治，包括草坪病害、虫害、杂草及其他有害生物，尤其是地老虎、斜纹夜蛾、草地螟、蛴螬等的防治。

（五）施肥与 pH 值调节

所施肥料应富含草坪草生长所必需的氮、磷、钾等常量元素和钙、镁、硫、铁等大量元素；一般选用农家肥或以植物残体为主要原料的堆肥，施用量约 1.0kg/m²。绝大多数草坪草适宜生长的土壤 pH 值为 5.5～7.5，当 pH 值 ≤ 5.5 或 pH 值 ≥ 7.5 时均会影响草坪草的正常生长，应使用石灰、硫磺等调节剂加以改良，不宜再施用加剧土壤过酸或过碱的肥料。

（六）浇　水

播种前一天应浇水，以 5～10cm 土层饱和为度。

四、播　种

（一）播　量

多年生黑麦草和高羊茅的播种量宜为 20～30g/m²，早熟禾的播种量宜为 6～10g/m²，其他交播草种的播量可根据实际情况确定。

（二）播种与分区

播种可人工撒播或者采用播种机。播种时事先用绳子把坪床分割成小的区块，避免播种时漏播或者重叠。

（三）扫　种

播种后应用竹扫帚、耙等工具轻抚坪床，确保草籽落地。

（四）覆　土

草籽落地后，可进行覆土，选择与坪床土壤一致，或壤土、沙或土壤改良材料与有机质的混合物对种子进行覆盖，厚度约1cm。

（五）覆　盖

可用无纺布等透水透气材料进行覆盖。

五、苗期养护

（一）浇　水

播种后应每天进行1～2次浇水，保持坪床湿润且不积水。

（二）去除覆盖物

待种子发芽后约1周，对覆盖物如无纺布等进行去除。

（三）首次修剪

交播草坪成坪后可进行首次修剪，首次修剪时应采用刀片锋利的手推式割草机进行修剪。

（四）碾　压

首次修剪后第2d，若天气晴好，可对幼苗进行碾压，防止幼苗过于直立生长，促进根系生长及分蘖。

（五）有害生物防治

苗期应做好有害生物防治，包括草坪病害、虫害、杂草及其他有害生物。此阶段应重点防治酢浆草、天胡荽、车前、一年生早熟禾等。

（六）施　肥

苗期可施用速效肥尿素、无机复合肥等，促进幼苗生长；施用量 2 ～ 5g/m²。

六、冷、暖季型草坪演替期养护

我国南北过渡带地区冷、暖季型草坪演替期一般为 3 ～ 6 月。

（一）修　剪

交播草坪在冷暖季型草坪演替期修剪高度应在 3.5cm 以下。

（二）浇　水

无降雨情况下每周灌溉 1 次，每次灌溉应以 5 ～ 10cm 土层饱和为度，以促进暖季型草坪草快速生长。

（三）施　肥

此阶段不宜施肥，避免冷季型草坪生长过旺，导致暖季型草坪草竞争优势减弱。

（四）化学药剂促进冷、暖季型草坪演替

有条件的养护单位可以使用选择性除草剂对冷季型草坪进行灭杀，从而促进暖季型草坪快速演替。

七、交播养护技术关键

在暖季型草坪上交播冷季型草坪种子后，破坏了原有暖季型单一草种草坪的植物群落结构，因此需要通过人为措施不断调节两种类型草坪植物的生长矛盾，使它们在不同空间（冬季暖季型草坪休眠的根状茎或匍匐茎在下层，而冷季型草的茎叶形成上层的绿色覆盖层）、不同时段形成互补，使草坪达到最佳的景观和生态效果。

暖季型草返青期管理是交播技术的关键。越冬前播种黑麦草，取得冬绿效果，只是完成了交播的前半部分，只有在翌年春季完成了冷、暖季型草坪顺利交替交播才算成功。暖季型草在冬季枯黄期与新加入的冷季型草群落对光、热、水、肥、气的需求不存在矛盾，但在 3 ～ 5 月，当暖季型草开始返青时，交播的冷季型草坪生长也是最旺盛的时候，这时两者的竞争矛盾日益尖锐。冷季型草冬绿效果只是作为暖季型草坪的补充，暖季型草坪返青时，冷季型草的使命已经完成。因此返青期的管理宗旨就是逐渐消除交播的冷季型草坪草，促进暖季型草返青，始终保持草坪良好的绿色面貌。

第五节 其他辅助养护措施

草坪基本的养护管理工作主要包括：有规律地修剪；及时地浇水；合理地补充肥料；秋季交播等。此外，还应根据实际做好相应的辅助工作，如：表施细土与覆沙、碾压、覆盖、通气、拖平、添加湿润剂、草坪着色、退化草坪更新、切边、保护体设置、封育等。

一、表施细土与覆沙

草坪表施细土可以填平坪床表面的小洼坑、建造理想的根系土壤层、为草坪补充养分、防止草坪的徒长和利于草坪的更新。

（一）材料要求

（1）应与原床土无大差异，一般是壤土、沙、土壤改良材料与有机质的混合物。

（2）土壤材料应细腻、干燥，不含有杂草种子、病菌、害虫等有害物质。

（3）沙应为不含碱的河沙或山沙。

（4）有机质应采用腐熟的有机肥或良质泥炭。

（二）施用时间与频率

（1）应在草坪草萌芽前或秋季最后一次修剪后进行。

（2）施用次数依草坪利用目的和草坪草生长特点不同而异，一般来说每年施用1次。

（三）施土量与方法

（1）每次表施细土厚度不应大于0.5cm。

（2）施土前应先行剪草。

（3）对于絮结严重的草坪，应先进行梳草再施土。

（4）若有施肥措施应在施肥后进行。

（5）施土可用机械撒施，施后用草皮刷拖平。

（四）覆 沙

运动场草坪或其他有特定要求的草坪需要定期覆沙。草坪覆沙厚度一般为3～6mm，覆沙有助于减少枯草层，使草坪地面更加平整；覆沙有助于排水，增强草坪抗性，使草坪更具有运动效果。覆沙主要以粗沙、中沙为主，细沙及黏粒、粉粒含量小于20%。覆沙时也可以混合有机肥、土壤调节剂等其他材料。

二、碾 压

碾压能增强草坪分蘖能力和促进匍匐枝的生长，抑制匍匐枝的浮起，使草坪变密，抑制杂草的侵入，对坪床表面作一定程度的修整。

（一）碾压时间

（1）草坪铺植后、幼坪第一次修剪后应进行碾压。

（2）生长季需草坪叶丛紧密平整时可进行碾压。

（3）需要在草坪表面形成花纹图案时也可通过碾压来实现。

（4）春季解冻后为促进草坪生长紧密可进行碾压。

（二）碾压工具

草坪碾压可以用碾压机进行。碾压磙用钢板卷成空心筒，结构简单，使用者可以自制。一般采用装水或沙子的铁桶进行碾压，桶内水或者沙子的重量可以依草坪生长状况、碾压次数、碾压目的而调节。一般在建坪时为修整床面宜选择较重的磙子（200kg）；由播种产生的幼苗则宜轻压（50～60kg）；成熟草坪碾压时也应选择较轻的磙子。

（三）碾压要求

（1）土壤黏重、水分过多时不宜碾压。

（2）草坪较弱时不宜碾压。

（3）如果为修整床面宜次少压重，如果是碾压幼苗则宜轻压。

（4）对于草坪中的低洼地，应填平或垫起后再碾压。

三、覆 盖

覆盖的作用在于减少侵蚀、增温、保墒等，为幼苗萌发和草坪提前返青提供一个适宜的小环境。常见的有草坪播种后覆盖和冬季低温时覆盖。

（一）草坪播种后覆盖

草坪出苗覆盖主要利用白色或绿色无纺布，在晚秋和早春低温播种时，稳定土壤和固定种子，以抵抗风和地表径流造成的侵蚀；缓冲地表温度波动，保护已萌发种子和幼苗免遭温度变化而引起的危害；减缓灌溉或降水时水流的冲击能量，减少地表板结，使土壤保持较高的渗透速度；减少地表水分蒸发，提供一个较湿润的小生境。

（二）草坪冬季覆盖

冬季低温、干旱、冰雪覆盖以及可越冬的草坪病害是造成草坪草越冬率低下的主要原因。并且受到春季"倒春寒"等恶劣天气的影响，草坪草细胞在短时间内反复冰冻和解冻，造成细胞失水，最终致使草坪草死亡。这些因素都使得草坪在春季的返青率下降，影响草坪的整体质量。为此，在冬季草坪进入枯黄期后，在草坪上直接铺设覆盖物，有利于提高土壤温度，减少土壤水分蒸发，让草坪在春季得以提前返青，提高草坪草的返青率，得到高质量的草坪。

四、通 气

通气可以改良草坪的物理性状和其他特性，加快草坪有机质层分解，提升土壤呼吸和水肥渗透能力，促进草坪根系及地上部生长发育。

（1）通气应在春季草坪返青后及秋季草坪交播时进行。

（2）通气方法包括打孔取芯土、划破或穿刺草皮、垂直切割、松耙等。

（3）打孔取芯土时打孔深度 6～10cm，芯土孔径 0.6～1.8cm，孔间距 10～15cm。

（4）划破或穿刺草皮。以"V"形刀具刺入草皮，划破深度 7～10cm，穿刺深度 ≤ 3cm。

（5）垂直切割。使用专用垂直切割器具进行作业，切割深度 ≥ 5cm。

（6）松耙。可使用手动弹齿式耙或机引弹齿耙进行，深度以除去枯草层、划破表土即可。

五、拖 平

空心打孔作业和表施细土后，通过拖平可粉碎浮在草坪表面的土块，然后将其均匀拖平分散到草坪草植株间，并能刷掉粘在草叶上的土壤，便于剪草或其他作业的进行。拖平与补播相结合有助于提高种子的发芽率和幼苗成活率。草坪修剪前拖平，还可把匍匐在地上的杂草枝条带起来，便于修剪。拖平应在适度干燥时进行。

六、添加湿润剂

湿润剂是一种颗粒类型的表面活化剂或表面活性因子。湿润剂可以减小水的表面张力，提高水的湿润能力。施用湿润剂不但能改善土壤与水的可湿性，还能减少水分的蒸发损失。在草坪草定植后能减少降水的地表径流量，减少土壤侵蚀，防止干旱和冻害的发生，提高土壤水分和养分的有效性，促进种子发芽和草坪草的生长发育。但是，若施用量过多或在异常的天气下施用，当湿润剂黏在叶子上时，会对草坪草产生危害作用。因此，不但要注意施用量和时期，而且在施用后应和浇水等措施紧密结合。由于湿润剂危害性的大小因植物种类而异，所以在一个新的草坪上施用新的湿润剂时，首先应进行小面积的试验。

七、草坪着色

草坪休眠枯黄或由于病害而褪色时可通过草坪着色使草坪草变绿；或当人们需要草坪达到某种特殊颜色时，可通过草坪着色使草坪的颜色变得合乎人们的要求。黏到草坪草叶上的颜料一旦干燥就能长时间存在而不掉，因此，喷颜料的时间应在雨后，而不要在临下雨前进行。在使用一种新的颜料之前，必须进行小面积的试验。

八、退化草坪更新

草坪在长期使用过程中，因各种原因造成草坪稀疏，生长力减弱，草坪严重退化以致草坪质量达不到第三等级标准或正常功能无法发挥，但坪床坡度及平整性良好、无需施入土壤改良剂及基肥，此时可对草坪进行更新。草坪更新是在无需进行坪床粗平整和土壤改良的情况下，杀死现存草坪，并重新种植新草坪草的一项作业。

草坪更新的最佳时间因草坪草种而异。冷季型草坪草在夏末秋初播种最佳，暖季型草坪草则在生长季初期、土壤温度足够高时进行播种。在采取更新措施前，应弄清草坪退化的原因，对症下药，制定正确、切实可行的更新方案。草坪更新的程序通常包括：标出更新地块，铲除原有退化草皮，耕作土壤，紧实坪床，播种或铺设草皮。

九、切　边

任何一块草坪都会有边界，如草坪与道路、草坪与建筑物等的边界。如果草坪边界与周围环境相交的部位非常零乱，就会影响草坪的美观效果。为了保持草坪边缘线形的整齐、流畅和美观，应对草坪进行切边，即使用剪刀、铲子或专用草坪切边机等工具，沿边线切断匍匐、蔓伸到草坪边界以外的根、茎、枝、叶。

十、保护体设置

为缓和草坪践踏强度，增加草坪的承压力和耐水冲击能力，防止草坪因机械损伤产生枯萎现象，可在草坪表层床土内设置强化塑料等制成的片状、网状、瓦楞状的保护体，以增强草坪的抗压性。在草坪表面设置保护体也能起到良好的抗压和抗水蚀作用。在草坪保护体设置时，使用较为广泛的是三维植被网。

十一、草坪开放与封育

（一）草坪开放

草坪开放可以为市民、游客提供一个亲近大自然的休憩场所。适度的践踏可以在一定程度上抑制虫害、杂草的发生，并可促进草坪草直立茎的分蘖，形成低矮致密的草坪。近年来，进行开放的草坪区域越来越多了。草坪开放时应注意以下几方面：

（1）公园、广场、小区、校园等公共草坪可根据草坪草生长状况、养护水平、天气情况、市民游客数量等进行开放。

（2）草坪开放应适时、适地、适量、轮流开放。

（3）以下情况不宜进行草坪开放：新播（铺）草坪、喷药后、雨雪天气、病虫害流行期、返青期、草坪生长状况不佳及其他不适宜草坪开放的情况。

（4）草坪开放期间应加强草坪养护管理。

（二）封　育

草坪如果受到过度践踏、高强度使用就会迅速衰败。在一定时间内限制草坪的使用，使草坪草得以休养生息，恢复到良好状态的养护措施叫封育。封育的实质是开放草坪的计划利用。

在草坪极度退化的地段，仅靠封育来恢复草坪是困难和不经济的，因此应与其他的养护管理措施相配合，如与通气、施肥、表施细土、补播等配合使用，使草坪尽快恢复。

第六节　特殊草坪的养护管理

一、庇荫草坪

由于建筑、构筑物、雕塑、树木等的庇荫，使草坪区块中部分草坪接收阳光照射受到了限制。即使是最耐阴的植物，为了健康生长每日也必需有一定的直射光照。每天 8：00 ～ 18：00，如果没有至少 2h 的直射光照，庇荫区的草坪生长就会受到影响。而在完全庇荫的地方，现有草坪草通常很难生存，最好引种其他类型的植物。

（一）各种各样的庇荫

一些落叶树种，如柳树、无患子、悬铃木等可以让部分阳光通过叶冠到达草坪。另一些树种，如雪松、广玉兰等，则因其致密的叶冠而完全荫庇了阳光。一些草坪距离建筑物较近、或者在建筑物的西边、北边或东边，建筑物会在一天中的一段时间遮挡阳光，造成草坪阳光不足。一些构筑物、雕塑等修建在草坪中，也会对草坪造成庇荫。其中，对草坪影响最大且最常见的是生长在草坪中的树木的庇荫。

（二）庇荫草坪养护要点

（1）选择耐阴的草坪品种，如：紫羊茅、黑麦草、高羊茅等。

（2）对树木定期进行修剪，抽空树冠，让阳光多照射下来是庇荫草坪养护的重要措施。

（3）定期清理过多的地表树根，减少树根与草坪竞争水肥。

（4）必要时可沿树根做一个圆形的树穴，树穴大小通常以树木胸围长度为树穴半径，树穴内可铺设一些陶粒、松鳞等覆盖物。

（5）树冠投影下应定期除苔藓、藻类。

（6）树冠投影下的草坪可以适当提高留茬高度。

（7）秋季或春季应及时清除树木落叶。

（8）必要时应进行草坪更新。

二、坡地草坪

在坡地上建植和养护草坪比一般地形要困难得多。陡峭坡地上草坪的成功建植取决于种植前土壤的适当准备、适宜草种的选用、种植的合适季节和注意雨水对新建区的冲刷。对较陡坡地，宜采用喷播或铺设草皮的方式建坪。

（一）坡地草坪的播种与铺设

坡地铺设草皮的最佳季节在北方是初秋，在南方则为初夏。坡地草坪播种所选草种应具有根系深、耐旱性强的特性。播种建植时，播种后应覆盖特殊的网眼状粗麻布或结实的无纺布，以减少雨水冲刷侵蚀和防止地表水分的蒸发。这些覆盖物可用短桩以一定间隔进行固定。草坪草幼苗能透过网眼长出来，这些留下来的纤维物品腐烂后，即变成土壤腐殖质的一部分。当草坪草生长到可以修剪的高度时，就可移走短桩。

（二）坡地草坪的管理

对于较陡坡地，其草坪的养护管理较平坦地区要困难得多，需要更频繁的浇水，而且水应缓慢灌入，以便有渗透的时间，使水不流失。调整喷水设施，让水以同一速度被草坪草吸收；当水湿润土壤达15cm深时应停止浇水。斜坡上部往往是遭受干旱最严重的地区，浇水时要特别注意。坡地草坪修剪高度应高于平地草坪，一般为4.5cm或更高，但不宜高于7.5cm，否则会导致草坪稀疏而不能持久。

三、临时草坪

在永久草坪建植前，若由于季节或其他不良土壤条件（如土壤质地、交通践踏等）不能播种，常常需要一种临时草坪草来覆盖这些地区。对这类需要，在温度足够草坪草生长的条件下，几周内就能生产一个良好的绿色草坪。多年生黑麦草、紫羊茅、高羊茅等草坪草可满足这类临时草坪的需要。

临时草坪建植前只需撒施一定量的全价肥料（如果需要，也可撒入一定量的石灰），并将它们用适当的耕作机械埋入地表十几厘米深处。播种时播量为 $10 \sim 30g/m^2$，播后耙匀。为使种子迅速发芽和生长，应经常性地浇水。草坪草长到 10cm 高时开始修剪，但修剪高度不能低于 5cm。这类草坪草不耐修剪，如果留茬不当，它们将很快退化并死亡。

一年生黑麦草生长期最短，故它通常在只需覆盖 2 ～ 3 个月的地区使用，不过其生长速度快。多年生黑麦草和高羊茅种子萌发迅速，幼苗生长快，如果需要也能持续两年或更长时间。在南方的夏季，无论是荫蔽区内还是日照区内，高羊茅可能是临时草坪最好的选择。

第四章 城市公共草坪病害防治

草坪草在其生长发育的过程中需要一定的外界条件,如阳光、温度、水分、营养、空气等。如果这些环境条件不适宜,或者遭受有害生物的侵染,使其新陈代谢受到干扰或破坏,内部生理机能或外部组织形态改变,生长发育就会受到明显的阻碍,甚至导致局部或整株死亡,这种现象就称为草坪病害。

第一节 草坪病害发生机制、过程及防治方法

一、草坪草病害发生的机制

引起草坪病害的各种原因称为病原。根据病原的不同,可将草坪病害发生的原因分为两大类:由不适宜的环境条件引起的病害,称为非侵染性病害;由有害生物的侵染而引起的病害,称为侵染性病害。

非侵染性病害的发生,决定于草坪和环境两方面的因素。例如在草坪草生活环境中,土壤内缺乏草坪草必需的营养,或营养元素的供给比例失调;土壤中盐分过多;水分或多或少;温度过高或过低;光照过强或不足;环境污染产生的一些有毒物质或有害气体等,这些因素都会影响草坪草正常的生长发育。虽然草坪草对外界各种不良因素具有一定的适应性,但如果这些不良因素作用的强度超过了草坪草适应的范围时,草坪草就会生病。这类病害引起的原因,不是由生物因子引起的,是不能传染的,所以又称为非侵染性病害,或者叫做生理性病害。生理性病害各个因素间是互相联系的,病害发生的原因较为繁杂,给防治增加了困难,需要不断学习和摸索经验加以解决。

侵染性病害的发生,是由生物因素引起的。引起草坪病害的生物称为病原物,主要包括真菌、细菌、病毒、类病毒、类菌质体、线虫等。这些病原物尽管差异很大,但作为草坪草的病原物,却具有某些共同特征。它们绝大多数对草坪草都具有不同程度的寄生能力和致病能力;具有很强的繁殖力;可以从已感病的植株上通过各种途径,主动地或借助于外力传播

到健康植株上；它们在适宜的环境条件下生长、发育、繁殖、传播，周而复始，逐步扩大蔓延，有时发展速度是非常快的。由于这类病害对草坪草造成的威胁性最大，需要及时作好预防和防治工作。

二、草坪草病害的病状与病征

凡是植物病害都有病状，但并非都有病征。真菌引起的病害病征比较明显，病毒和植原体等由于寄生在植物细胞和组织内，在植物体外无表现，因而它们引起的病害无病征。非侵染性病害也无病征。多数线虫引起的病害无病征。

植物病害的症状既有一定的特异性又有相对稳定性，因此它是诊断病害的重要依据之一。同时，症状反映了病害的主要外观特征，许多植物病害是以症状来命名的。因而我们认识和研究病害一般从观察症状开始。

（一）病状类型

1. 变色

发病部位失去正常的绿色或表现异常的色泽称为变色。变色主要表现在叶片上。全叶变为淡绿色或黄绿色的称为褪绿，全叶发黄的称为黄化，叶片变为黄绿相间的杂色称为花叶或斑驳。如羊茅、冰草、黑麦草等的黄矮病，翦股颖、早熟禾、羊茅的花叶病。

2. 坏死

受害部位的细胞和组织死亡称为坏死。坏死在叶片上常表现为叶斑和叶枯。叶斑根据其形状不同，有圆斑、角斑、条斑、轮纹斑、网斑等。如黑麦草网斑病、狗牙根环斑病。叶斑还可以有红褐色、灰色、铜色等不同的颜色。如翦股颖赤斑病、铜斑病。叶枯是指叶片较大面积的枯死。如黑麦草黑孢霉叶枯病、草坪草雪霉叶枯病。

3. 腐烂

发病部位较大面积的死亡和解体称为腐烂。根、茎、叶等植株的各个部位都可发生腐烂，幼苗或多肉的组织更易发生。腐烂可分为干腐、湿腐和软腐。如组织的解体很快，腐烂组织不能及时失水则形成湿腐；腐烂组织中的水分能及时蒸发而消失则形成干腐。根据腐烂发生的部位，可分别称为芽腐、根腐、茎腐、叶腐等。如草坪草的雪腐病、翦股颖全蚀病引起的根系腐烂等。

4. 萎蔫

草坪草因病而表现失水状态称为萎蔫。萎蔫可由各种原因引起，比如根部腐烂、茎基坏死或根的生理功能失调都可引起植株萎蔫。但典型的萎蔫是指植株根和茎部维管束组织受病原物侵害造成导管阻塞，影响水分运输而出现的萎蔫，这种萎蔫一般是不可逆的。萎蔫可以是全株的或是局部的，如匍匐翦股颖的细菌性萎蔫病。

5. 畸形

由植株或部分细胞组织的生长过度或不足引起。可表现为全株或部分器官的畸形。有的植株生长得特别快而发生徒长，有的植株生长受抑制而矮化。如病毒引起的多种草坪草的黄矮病。

（二）病征类型

1. 霉状物

病部产生各种霉层，主要由真菌的菌丝体、孢子梗和孢子组成。其颜色、形状、结构、疏密程度因真菌类群不同变化很大。可分为黑霉、灰霉、霜霉、青霉、赤霉等。如禾本科杂草的霜霉病。

2. 粉状物

由某些真菌相当数量的孢子密集在一起形成的，颜色有黑粉、白粉等。如翦股颖、早熟禾、狗牙根等多种草坪禾本科杂草的白粉病，早熟禾、梯牧草的黑粉病。

3. 锈状物

由病原真菌中的锈菌的孢子在病部密集形成的黄褐色锈状物，如翦股颖的叶锈病。

4. 点（粒）状物

某些病原真菌在病部产生的黑色、褐色小点，如子囊壳、分生孢子器、分生孢子盘和子座等，多为真菌的繁殖体。如一年生早熟禾、匍匐翦股颖的炭疽病。

5. 线（丝）状物

病原真菌的菌丝体互相纠结在起，或菌丝体和繁殖体的混合物在病部产生的线状结构。如羊茅、早熟禾等草坪草的白绢病。

三、草坪草病害的致病过程

草坪草病害发生的过程始于病原物侵入寄主植物。这个过程发生在细小的孢子或菌核萌发出来的芽管或菌丝在植株表面生长，一段时间后，通过气孔、水孔、皮孔、茎叶的修剪末端、其他伤口或通过细胞壁侵入到寄主植株体内。在植株体中，真菌可以形成菌丝体，菌丝在植株体内可以释放出毒素，使植物细胞失去完整结构以致最终死亡。此外，伴随真菌的摄养和生长，植物也会因营养物质发生转移而使组织遭到破坏。病原物在寄主植物体内的定植，就表明该植物已经被侵染，经过几天或几周的潜伏期后，开始出现病征。大多数真菌通过有性或无性孢子繁殖，随后开始侵染相同的或邻近的植株或被风、水、昆虫等其他媒介带到很远的异地去侵染其他植物。适宜病害产生的环境条件将促进大量的连续传染，此时将导致对草坪草有严重危害的流行病的发生。在不适宜的条件下，有些病原物能以厚壁孢子或菌核等形式的休眠体保存下来，待环境条件转为适宜时，再开始萌发和继续侵染植物体。

四、病害防治方法

某种病害的发生及流行，必须具备 3 个基本条件，即必须具有大量的感病的寄主植物、致病力强的病原物和适宜的环境条件，这 3 个条件缺一不可。因此，用任何减小寄主感病性、控制病原物或改变环境条件，使之不适宜病害发生的方法都能有效地防治病害。

病害防治方法多种多样，各类防治法各有其优缺点，需要互相补充和配合，进行综合防治，方能更好地控制病害。在综合防治中，应以农业防治为基础，因地制宜，合理运用药剂防治，生物防治和物理防治等措施。

（一）农业防治

农业防治是病害防治的根本措施。其方法有如下几种：

1. 选用抗病品种

此法是防治病害最经济、最有效的方法。品种抗病能力主要是由于形态特征或生理生化上的原因形成的。有些植物含有植物碱、单宁、挥发油等，对许多病菌有抑制或杀灭作用。

2. 合理修剪

合理修剪不仅有利于草坪草生长发育，使之高低适宜，益于使用，而且有利于通风透光，生长健壮，提高抗病能力。结合修剪可以同时清除病害严重部位的带病植株、枯草层等，减少病原菌的数量。但也要注意因修剪造成的伤口，常常又是多种病菌侵入的门户，因此需要用喷药或涂药等措施保护伤口不受侵染。同时，剪草机的刀片必须锋利，以使修剪造成的伤口尽量的小。

3. 调节播种期

许多病害因温度、湿度及其他环境条件的影响而有一定的发病期，并在某一时期最为严重，如果提早或延后播种期，可以避开发病期，达到减轻危害的目的。

4. 及时除草

杂草丛生，不仅与草坪草争夺养分，影响通风透光，使植株生长不良，杂草还是病菌繁殖的场所，一些病毒病也常以杂草为寄主。因此，及时清除杂草，是防治病害的必要技术措施。除下的草，可以腐烂作肥料用，或晒干作燃料用。

5. 深耕细耙

适时深耕细耙可以将地面或浅土中的病菌或残茬埋入深土层，还可将原在土中的病菌翻呈地面，受光照、温度、湿度的影响而使其死亡。

6. 消灭害虫

病毒及一些病菌是靠昆虫传播的，例如软腐病、病毒病等是由蚜虫、介壳虫、叶蝉、蓟马等害虫传播的，故消灭害虫也可以防止或减少病害的传播。

7. 及时处理被害株

发现病株要及时拔掉深埋，或烧毁。同时对残茬及落地的病叶、枯叶等，应及时清除烧掉。冬季应对草圃进行彻底清扫。

8. 病害发生地的处理

温室或草圃如果发生病害时，应及时将健康植株与病株隔离。并对温室进行彻底消毒。同时也要对草圃内的土壤进行消毒。

9. 加强水肥管理

合理的水肥管理，可促进草坪草生长发育良好，提高抗病能力，起到防病作用。反之浇水过多，施氮肥过多，易造成枝叶徒长，组织柔嫩，就会降低抗病性。

多施混合有机肥料，可以改良土壤结构，促进根系发育，提高草坪草抗病性。但是如所施的有机肥，未经充分腐熟，肥料中混入的病源菌（如立枯病菌等），可以加重病害的传播。因此必须使用充分腐熟的肥料。

草坪的水分状况和灌溉制度，直接影响病害的发生与发展，排水不良是引起草坪草根部腐烂病的主要原因，并引起病害的蔓延，故在低洼或排水不良的土地上种植草坪，需设置排水系统。盆栽草坪也应注意选用排水良好的培养土或在盆底设排水层。及时排除积水和进行中耕，可以大大减轻病害的危害。

（二）生物防治

生物防治就是利用有益微生物或其代谢产物来防治植物病害。按其作用可分为颉颃作用、寄生作用、交叉保护作用、抗菌素抑菌或杀菌作用等。

生物杀菌控制剂包括有些细菌如阴沟肠杆菌（*Enterobacter clocace*）和真菌如哈茨木霉菌（*Trichoderma harzianum*），可以显著降低有些病害的发生，如币斑病（Dllar spot, *Sclerotinia homeocarpa*）、褐斑病（Brown patch）等。例如，BioWorks 公司的 TurfShield© PLUS 生物杀菌剂是在美国环保署注册并在有机材料评估研究所通用材料上的，包含两种活性物质：哈茨木霉菌的 T-22 菌株和绿木霉菌的 G-41 菌株。此产品可以保护草坪草免受币斑病、腐霉菌（*Pythium*）、丝核菌（*Rhizoctonia*）［包括褐斑病和大斑病（Large patch）］以及镰孢菌病［如镰刀枯萎病（Fusarium blight），镰刀菌斑病（Fusarium patch）］的侵害。另外，有机物如菜籽柏等也被报道，可以作为杀菌剂降低币斑病的发生。

生物防治是病害防治的一个新领域，它具有高度的选择性，对人、畜及植物一般无毒，对环境污染少，无残毒等优点，因而有着广泛的发展前景，是今后草坪病害防治的发展方向之一。

（三）药剂防治

利用化学药剂防治草坪病害，从当前我国实际情况来看，仍然是一项重要措施。

化学杀菌剂根据它们在植物体内的移动性可分为 3 类：叶面保护型、叶面穿透型和系统型。

1. 叶面保护型

（1）芳香烃类。包括地茂散 / 氯苯甲醚、磺胺乙噻二唑和五氯硝基苯 / 喹硫磷。这类杀菌剂影响 DNA 的合成并抑制呼吸相关酶的活性。另外，氯苯甲醚和磺胺乙噻二唑还抑制细胞膜的发育，而喹硫磷限制壳质素的形成。

（2）二硫代氨基甲酸盐类。包括二硫四甲秋兰姆 / 福美双 / 双硫胺甲酰、代森锰和代森锰锌。福美双会干扰细胞的呼吸，而代森锰和代森锰锌抑制真菌细胞内酶的活性。

（3）腈。包括百菌清 / 四氯异苯腈。这类杀菌剂主要与谷胱甘肽作用，从而破坏真菌细胞对代谢功能的调节。

2. 叶面穿透型

（1）二甲酰亚胺类。一般认为是叶面穿透型杀菌剂，但是在一定程度上比大多数叶面穿透型杀菌剂移动性更好。包括异菌脲杀菌剂 / 扑海因和烯菌酮 / 农利灵。这类主要通过抑制某些呼吸相关酶的活性来干扰真菌的呼吸。

（2）苯醌外部抑制剂。对灰霉病和菌核病效果好。包括嘧菌酯、吡唑醚菌酯和肟菌酯。这类通过抑制真菌细胞色素 a 与 c 之间的电子传递来抑制线粒体的呼吸。

3. 系统型

（1）苯并咪唑类化合物。为木质部移动系统型杀菌剂。现有的有甲基托布津 / 甲基硫菌灵。这类杀菌剂抑制 DNA 的合成，干扰细胞核的分裂。

（2）酰亚胺。为木质部移动系统型杀菌剂，包括氟酰胺和啶酰菌胺。这类杀菌剂主要是通过抑制某些呼吸相关酶的活性来干扰真菌的呼吸。其中，啶酰菌胺作为新型烟酰胺类杀菌剂，是线粒体呼吸链中琥珀酸辅酶 Q 还原酶抑制剂，主要用于防治白粉病、灰霉病、各种腐烂病、褐腐病和根腐病等，对孢子的萌发有很强的抑制能力，且与其他杀菌剂无交互抗性。

（3）去甲基作用抑制剂。为木质部移动系统型杀菌剂，包括两个亚类：三唑类，如环唑醇 / 环菌唑、灭特座 / 叶菌唑、腈菌唑 / 迈克尼、丙环唑 / 丙唑灵、三唑酮 / 粉锈宁和灭菌唑；嘧啶类，氯苯嘧啶醇 / 异嘧菌醇 / 乐必耕。这类杀菌剂通过抑制固醇的合成来限制真菌的细胞膜合成。DMI 杀菌剂在结构上和 B– 类的植物生长调节剂很相似，如氟嘧醇和多效唑。因此，DMI 杀菌剂一般都有植物生长调节的功效，而这些植物生长调节剂一般有杀菌剂的效用。

（4）苯酰胺类。也是木质部移动系统型杀菌剂，包括甲霜灵。这类杀菌剂主要通过干扰 RNA 模板复合体，抑制核糖体 RNA 的合成。

（5）膦酸盐 / 酯。为双向内吸移动系统型，也就是可以同时在木质部向上移动以及韧皮部向下移动，也是唯一真正意义上的系统型杀菌剂。现在有乙膦酸 / 福赛得和膦酸钾。这类杀菌剂进入植物细胞后会降解为亚磷酸盐，然后起杀菌剂的作用。

五、病害药剂防治注意事项

药剂防治病害，首先要做好预防性喷药，防止病菌入侵。一般地区可在早春各种草坪草将要进入生长旺盛期以前，确切的说，在草坪草临发病之前喷适量的广谱保护性杀菌剂如代森锰锌、波尔多液等1次，以后每隔2周喷一次，连续喷3～4次。这样就可以防止多种真菌或细菌性病害的发生。一旦发病，要及时喷药防治。因病害种类不同，所用的药剂种类也各异。

在药剂的使用中，为了能获得良好的防治效果，应该注意以下事项：

（一）药剂的使用浓度

用药剂喷雾时，往往需用水将药剂配成或稀释成适当浓度。浓度过高会造成药物的浪费，浓度过低则无效果。触杀型杀菌剂使用量为 $0.05 \sim 0.14 g/m^2$；多菌灵喷雾用 50% 可湿粉剂的 $1000 \sim 1500$ 倍液；代森锌喷粉使用量 $4.5 \sim 10.5 g/m^2$，喷雾用 60% 可湿粉的 $400 \sim 600$ 倍液；福美双喷洒使用 $500 \sim 800$ 倍液；克菌丹喷洒使用 50% 可湿粉的 $300 \sim 600$ 倍液。一般在病害发生前为预防目的而喷施的杀菌剂，其用药量可参考使用说明书中的用药量的下限，而发生病害后为防治病害，其用量药可适当加大。

（二）喷药时间和次数

喷药的时间过早会造成浪费或降低防效，过迟则大量病原物已侵入寄主，即使喷内吸型杀菌剂，收效也不大，因此应根据病害的发病规律和当时的环境条件或根据短期预测及时的在没有发病或没有普遍发病以前喷药保护。一般在草坪草叶片干燥时，喷药效果好。结缕草的冠腐病和根腐病主要发生在中春和初秋，所以应在这个时期前喷药。草地早熟禾的白粉病在春天和秋天寒冷潮湿、多云的天气时易发生，所以这时要进行喷药防治。

防治狗牙根、结缕草和高羊茅的锈病时，在叶片上出现淡黄色的斑点时就要进行喷药。在防治匍茎翦股颖的核盘菌线斑病时，最好是在叶片上出现银币状小斑点就进行喷药。狗牙根的春季死斑病应在初春进行防治。喷药次数主要根据药剂残效期的长短而定，一般隔7～10d喷一次，共喷2～5次。喷药后短时间内下雨则应补喷。喷药应考虑对环境的影响，避免造成环境污染。

（三）喷药量

喷药量要适宜，过少就不能对植株各部都周密地加以保护，过多则造成浪费。应根据病害发病过程和不同的草坪品种，选择适宜的喷药量。喷药要求雾点细，喷洒均匀。如人工喷雾，就要求喷雾器有足够的压力，对植株应保护的各部分包括叶片的正面和反面都应该被喷到。

（四）防止抗药性的产生

许多杀菌剂在同一地区或同一种草坪上连续使用一段时间后，病原菌群体内由于其固有的差异，基因发生突变或重组等就对之产生了抗药性，使防治效果显著降低。例如有报道说，草地早熟禾的白粉病原用量 1000mg/mL 的苯来特、噻苯唑、甲基托布津就可以有效防治，但是近年使用以上药量就无效了。所以应当尽可能混合施用或交替使用各种杀菌剂，以防止抗药菌丝的产生和发展，而不要长期在同一草坪上使用单一的药物。

第二节　草坪常见病害及防治

一、褐区病

【病原】褐区病主要是由立枯丝核菌（*Rhizoctonia solani*）〔（属半知菌亚门丝孢纲无孢目丝核菌属，有性阶段为丝核薄膜革菌（*Pellicularia filamentosa*）〕引起的一种真菌病害。

【诊断方法】褐区病是所有草坪病害中最具破坏性种类之一，别名丝核菌枯萎病、立枯丝核疫病，英文名 Brown patch、Large patch、Rhizoctonia blight。世界分布，可以侵染所有草坪草，其中尤以冷季型草坪禾草受害最重，造成草坪植株死亡，使草坪形成大面积秃斑，极大地破坏草坪景观（图 4-1、图 4-2）。

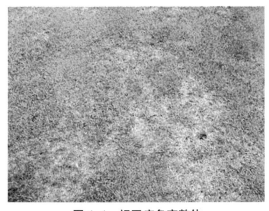

图 4-1　褐区病危害整体

图 4-2　褐区病危害细部

该病主要侵染植株的叶、鞘、茎，引起叶腐、鞘腐和茎基腐，根部往往受害很轻或不受害。单株受害叶片、叶鞘或茎秆，出现梭形、长条形的不规则病斑，病斑内部青灰色水浸状，边缘红褐色，以后病斑变成黑褐色，腐烂死亡（图 4-3、图 4-4）。草坪上开始发病时，常出现大小不等的近圆形枯草斑，条件适合时，病情发展很快，枯草斑直径可从 0.01m 扩展到 1～2m。病斑中心的病株可以恢复，使枯草斑多呈"蛙眼"状，即中央绿色，边缘呈枯黄色环带（图 4-5）。在清晨有露水或高湿时，枯草圈外缘（与枯草圈交界处）出现由萎焉的新病株组成的暗绿色至黑褐色的由病菌的菌丝形成的浸润圈，即"烟圈"。这种现象只是在叶片很湿或空气湿度很高时才可能出现。"烟圈"由已枯萎和新近感病的叶片组成，叶片间分布大量菌丝，但随着叶片的干燥，该特征会很快消失（图 4-6、图 4-7）。在病鞘、茎基部还可看到由菌丝聚集成的初为白色后变成黑褐色的菌核，易脱落。在修剪较高的多年生黑麦草、草地早熟禾、高羊茅草坪上，通常无"烟圈"。有经验的管理人员，在病害出现前 12～24h 能闻到一种霉味，有时一直到发病后。若病株散生于草坪中，就无明显枯草斑。该病还可在冷凉的春季和秋季引致黄斑症状（也称为冷季或冬季型褐斑）。结缕草受害以健康草株中镶嵌着枯死株的环状斑为典型症状。褐斑病的症状表现很复杂，常受草坪类型、品种组合、气候条件及病原菌的株系、当地环境和养护管理水平等方面影响。在福建，该病通常发生在草株复苏开始生长的春天或快开始休眠的秋天。枯草圈直径可达几米，一般没有烟圈，但病斑边缘有叶片褪绿的新病株。病株叶片上几乎没有侵染点，侵染只发生在匍匐茎或叶鞘上，造成基部腐烂而不是叶枯（图 4-8）。

图 4-3　褐区病受害叶片上的不规则病斑

图 4-4　褐区病受害叶片基部腐烂

图 4-5　褐区病"蛙眼"状枯草斑

图 4-6　褐区病叶片间分布的菌丝体

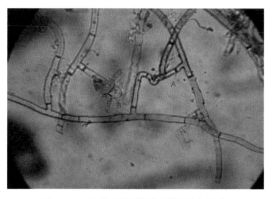

图 4-7　立枯丝核菌的显微形态特征

图 4-8　褐区病叶鞘腐烂

【发生规律】病菌以菌核或在植物残体上的菌丝度过不良环境条件。菌核有很强的耐高低温能力，侵染、发病适温为 21 ～ 32℃。由于丝核菌寄生能力较弱，对于处于良好生长环境中的禾草，只能造成轻微发病。只有当冷季型禾草生长于不利的高温条件、抗病性下降时，才有利于病害的发展，因此，发病盛期主要在夏季。当气温升至 30℃，空气湿度很高（降雨、有露、吐水或潮湿天气等），且夜温高于 20℃时，易形成病害猖獗。另外，枯草层较厚的老草菌源量大，发病重。低洼潮湿、排水不良、田间郁闭、气候温度高、偏施氮肥、植株旺长、组织柔嫩、冻害、灌水不当等因素都极有利于病害的流行。

【防治方法】

（1）均衡施肥。在高温、高湿天气来临之前或其间，要少施或不施氮肥，保持一定量的磷、钾肥，有利于控制病情。

（2）科学灌水。避免串灌和浸灌，特别避免傍晚灌水，在草坪出现枯斑时应在早晨尽早去掉露水，以利减轻病情。

（3）及时修剪。草坪草留茬高度以 5cm 左右为宜，过密草坪要适当打孔、疏草，以保持通风透光；枯草和修好后的残草要及时清除，保持草坪清洁卫生。

（4）选育和种植耐病草种和品种。如草地早熟禾相对抗病的品种有美洲王（America）、男爵（Baronie）、浪潮（Impact）、奥德赛（Odyssey）和午夜（Midnight），在种植时可根据需要加以选用。

（5）药剂防治。新建草坪选用甲基立枯灵、粉锈宁、杀毒矾等药剂进行种子包衣或药剂拌种；成坪草坪一般采用喷雾法，将可湿性粉剂或乳剂按药剂说明上的使用浓度，兑一定量水后均匀喷洒在草株表面，使用次数视病害发生情况而定，也可用灌根或泼浇法控制发病中心。目前，可用药剂有 12.5% 力克菌 WP[①]、70% 甲基托布津 WP、70% 代森锰锌 WP、50% 百菌清 WP、10% 井冈霉素 AF[②]、50% 多菌灵 WP、50% 福美双 WP、50% 灭霉灵 WP、2.5% 适乐时 SL[③]、25% 施保克 EC[④]、25% 敌力脱 EC 等。

注：①WP 指可湿性粉剂；②AF 指水溶粉剂；③SL 指可溶性浓剂；④EC 乳油。

二、腐霉枯萎病

【病原】腐霉菌属于鞭毛菌亚门卵菌纲霜霉目腐霉属。在不同环境下，腐霉的许多种都会侵染草坪。其中，最主要的致病菌是瓜果腐霉（*Pythium aphanidermatum*）和终极腐霉（*P. ultimum*），其次还有禾生腐霉（*P. graminicola*）、群结腐霉（*P. myriotylum*）、簇囊腐霉（*P. torubosum*）、范特腐霉（*P. vanterpoodlii*）、禾根腐霉（*P. arrhenomanes*）、不育腐霉（*P. afertile*）、链囊腐霉（*P. catenulatum*）、嘴实腐霉（*P. rostratum*）、岩山氏腐霉（*P. iwayamai*）、有害腐霉（*P. vexans*）、德氏腐霉（*P. debaryanum*）、不正腐霉（*P. irregulare*）等。任何时候只要两个或两个以上的种同时致病，就会导致草坪草死亡。

【诊断方法】腐霉枯萎病是由腐霉菌引起的一种毁灭性真菌病害，别名油斑病、绵霉枯萎病、猝倒病，英文名 Pythium blight、Grease spot、Coffong blight、Cottony blight。全国各地普遍发生，可侵染所有草坪草。该病发生后扩展速度快，在 1～2d 内就使大面积草坪草死亡，形成大片枯草秃斑，破坏相当严重，死亡病块一般需要补播或草皮修补（图4-9）。

图4-9　腐霉枯萎病危害

该病可侵染草坪草的各个部位，造成烂芽、苗腐、猝倒、根腐和根颈部、茎、叶腐烂等。种子萌发和出土过程中被腐霉菌侵染，出现芽腐、苗腐和幼苗猝倒；幼苗根的尖端部分出现褐色湿腐，叶片变黄、稍矮，此后症状可能消失。成株受害，自叶尖向下枯萎或自叶鞘基部向上呈水渍状枯萎，病斑青灰色，后期有的病斑边缘成棕红色（图4-10）。根部受害的症状不同，有的根部产生褐色腐烂斑，根系发育不良，全株生长迟缓，分蘖减少，下部叶片变黄或变褐，草坪稀薄；有的根系外形正常，但次生根受破坏，高温炎热时，病株失水死亡，数日内可毁灭草坪。高温高湿季节，草坪上突然出现直径2～5cm的圆形黄褐色枯草斑；受害病株水浸状变暗

图4-10　腐霉枯萎病受害叶片

绿腐烂，摸上去有油腻感，倒伏，紧贴地面枯死，枯死圈呈圆形或不规则形（图4-11）。清晨湿度大时，可见一层绒毛状的白色菌丝层，在病枯草区的外缘可见白色或紫灰色的絮状菌丝体（依病菌不同种而不同），干燥时菌丝体消失，草叶枯萎，出现稻草色枯死圈（图4-12、图4-13）。

图4-11　腐霉枯萎病病斑

图4-12　腐霉枯萎病叶片间分布的菌丝体

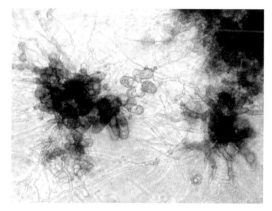

图4-13　瓜果腐霉的显微形态特征

【发生规律】腐霉菌能在冷湿环境中侵染危害，也能在天气炎热潮湿时猖獗流行。当高温、高湿时，它能在一夜之间毁坏大面积的草皮。主要有两个发病高峰阶段：一个是在苗期，尤其是秋播的苗期；另一个是在高温、高湿的夏季，以后者对草坪的危害最大。夏季当白天最高温30℃以上，夜间最低温20℃以上，空气相对湿度高于90%，且持续14h以上，该病就可大发生。在高氮肥下生长茂盛稠密的草坪最敏感，受害尤重；碱性土壤比酸性土壤发病重。也有一些种在温度11～21℃最活跃，而另一些种则在23～34℃时处于休眠状态。此病在福州地区的发病高峰在6～9月，主要危害普通型狗牙根。

【防治方法】

（1）改善草坪立地条件。建植前要平整土地、改良较黏重或含沙量偏高的土壤、设置良好的排水设施等，确保草坪的健壮生长。另外，要避免草坪周围环境郁蔽，保证空气流通。

（2）合理浇灌。采用喷灌、滴灌，控制灌水量，减少灌水次数，减少根层土壤含水量，降低草坪小气候相对湿度。强调灌水时间一定要在日出后或中午时进行喷灌，避免在夜间或傍晚灌水。

（3）合理施肥、修剪，调节草坪生长。提倡春秋两季均衡施肥，避免施用过量氮肥，增施磷、钾肥和有机肥；在草坪生物的旺盛时期应进行修剪，剪草不能过多或过频，保持5～6cm较好。同时，也可通过控肥、喷施多效唑等人为措施抑制草坪旺长。

（4）混播建坪。提倡不同草种或不同品种混合建植，使各品种的优势都能得到充分发挥，减少该病发生。如按60%早熟禾+15%黑麦草+25%高羊茅的比例混播建植，让黑麦草和高羊茅先成坪，提高与杂草竞争的能力，成坪后适当低修剪控制黑麦草、高羊茅的生长，给早熟禾生长留出适当空间，提高后期草坪的抗病力，草坪质量最好、成坪最快、成本最低。

（5）精心管护幼苗。药剂拌种、种子包衣或土壤处理是防治烂种和幼苗猝倒的简单、易行和有效的方法。具体措施：在播种前用代森锰锌、杀毒矾、消菌灵或移栽灵600～800倍液喷施床面，消毒灭菌；也可将草种浸泡1d，晾干水分，在种子表皮稍湿时用代森锰锌250～500g拌种子500g，使种子包上一层薄薄的药粉，对防止前期病害极为有利。小苗出土后10～15d用0.1%的多菌灵+0.05%的百菌清喷施防病，如发现小苗叶尖发黄，则应隔7d补喷1次；小苗出土后，除杂草，降低小苗的空气湿度，加强小苗的通风透光，减少染病机会。

（6）预防为主，适时喷药。高温高湿季节要及时使用有效的杀菌剂控制病害。可用药剂有代森锰锌、乙磷铝、甲霜灵、百菌清、三唑酮、甲霜灵锰锌、杀毒矾、灭霉灵等。但为防止抗药性的产生，提倡药剂的混合使用或交替使用。使用浓度、次数和间隔时间视病情而定，使用浓度500～1000倍或更低，间隔10～14d。

三、镰刀枯萎病

【病原】镰刀菌属于半知菌亚门丝孢纲瘤座孢目镰刀菌属。侵染草坪草的镰刀菌种类很多，已报道的有尖喙镰孢（*Fusarium acuminatum*）、大刀镰孢（*F. culmorum*）、三隔镰孢（*F. tricinctum*）、早熟禾镰孢（*F. poae*）、弯钩镰孢（*F. crookwellense*）、拟分枝孢镰孢（*F. sporotrichoides*）、燕麦镰孢（*F.avenaceum*）、禾谷镰孢（*F. graminearum*）、木贼镰孢（*F. equiseti*）、玫瑰镰孢禾变种（*F. roseum* var. *cerealis*）、异孢镰孢（*F. heterosporum*）等。在福建，假俭草主要由大刀镰孢侵染引起发病。

图4-14　镰刀枯萎病危害

【诊断方法】镰刀枯萎病是由镰刀菌引

起的一种重要的真菌病害，别名镰孢枯萎病，英文名 Fusarium blight。全国各地普遍发生，可侵染多种草坪禾草，染病草地上可以出现直径大小不等的枯草区，有时枯草区中部残留少数绿草而呈"蛙眼状"，严重破坏草坪景观效果（图 4-14）。

该病可造成草坪草苗枯、根腐、茎基腐、叶斑和叶腐、匍匐茎和根状茎腐烂等一系列复杂症状。幼苗被侵染，种子根变褐腐烂，严重时造成烂芽和苗枯；较轻时幼苗黄瘦，发育不良。成株叶片受害，病叶最初呈水渍状、暗绿色枯萎斑，后变红褐色至褐色，病斑多从叶尖向下或从叶鞘基部向上变褐枯黄；细弱植株基部有红褐色长形病斑，根、根颈、根状茎和葡匐茎等出现褐色或红褐色干腐，向茎基部发展造成基腐（图 4-15、图 4-16）。草坪上起初出现淡绿色小斑，很快变成圆形或不规则形枯黄斑，直径 2～30cm，斑区植株几乎全部发生基腐和根腐。此外，病株还能产生叶斑，主要生于老叶和叶鞘上，不规则形，初为墨绿色，后变枯黄色至褐色，有红褐色边缘，外缘枯黄色（图 4-17）。当湿度高时，病草的茎底部和冠

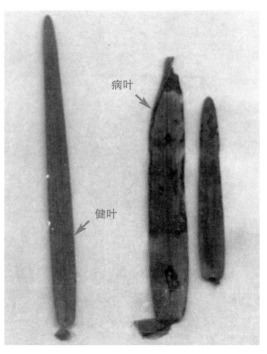

图 4-15　镰刀枯萎病受害叶片

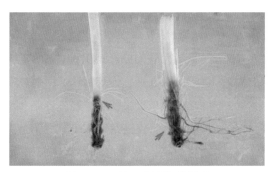

图 4-16　镰刀菌引起茎基腐

部可出现白色至粉红色的菌丝体和大量的分生孢子团（图 4-18）。多年生草坪形成条形、新月形、近月形枯草斑，边缘褐色，连接成片，直径达 1～2m，通常中央保持绿色，呈"蛙眼状"（图 4-19）。每年在同一地区复发，危害程度变化大。

【发生规律】病土、病残体和病种子是镰刀菌的主要初侵染来源。高温和土壤干旱有利于病害发生。土壤含水量过低或过高都有利于镰刀菌枯萎综合症严重发生，干旱后长期高温或枯草层温度过高时发病尤重。此外，在春季或夏季过多的或不平衡的使用氮肥、草的修剪高度过低、土壤顶层枯草层太厚等，均有利于镰刀菌的发生。另外，pH 值高于 7.0 或低于 5.0 等也都有利于根腐和基腐发生。长期高湿条件下有利于叶斑病的发生。

【防治方法】

（1）种植抗病、耐病草种或品种。

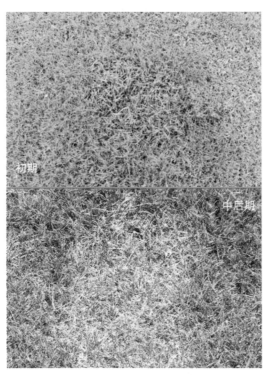

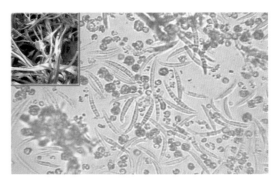

图 4-18　镰刀枯萎病菌的显微形态特征

图 4-17　镰刀枯萎病病斑

图 4-19　镰刀枯萎病 "蛙眼" 状枯草斑

（2）尽量从无病的原产地引种。种子建坪最好进行药剂拌种或种子包衣，可用药剂有灭霉威、乙磷铝、杀毒矾、代森锰锌、甲基托布津等。

（3）科学施肥。重施秋肥，轻施春肥。增施有机肥和磷、钾肥，控制氮肥用量。

（4）合理排灌。保证草坪不干旱亦不过湿。夏季炎热时，就喷水降温。

（5）适度修剪。病草剪草高度不低于 4 ～ 6cm，并及时清理枯草层，使其厚度不超过2cm。

（6）药剂防治。病害刚出现时，尽早使用 50% 苯菌灵 WP，每隔 10 ～ 14d 重喷 1 次；在施用杀菌剂之后，应使药液充分湿透草丛下的土壤。甲基托布津等内吸性杀菌剂也能有效防治该病。此外，可供选择使用的药剂还有扑海因、敌力脱＋多菌灵、双胍辛醋酸盐、糠菌唑、唑菌酮、异丙定等。选用敌力脱时，最好在秋末使用。

四、币斑病

【病原】币斑病的病原物应是子囊菌亚门的核盘菌纲柔膜菌目（*Lanzia*）与 *Moellerorodiscus* 属中的若干种，这两个属都属于蜡盘菌。

【诊断方法】币斑病是常见的草坪病害之一，别名钱斑病、圆斑病，英文名 Dollar spot。

在国内时有发生，危害多种草坪草，在管理水平比较高的草坪上该病害尤其常见。

单株叶片受害，开始产生水渍状、褪绿斑，以后逐渐变成白色，边缘棕褐色至红褐色，病斑可扩大延伸至整个叶片，呈漏斗状。也有从叶尖开始枯萎的现象。单株叶片可能只有 1 个病斑，也可能有许多小病斑或整叶枯萎（图 4-20）；草坪上呈现圆形、凹陷、漂白色或稻草色的小斑块，约 5 分至 1 元硬币大小（图 4-21、图 4-22）。清晨有露水时，在新鲜的枯草斑上可看到白色、棉絮状或蛛网状的菌丝体，叶片变干后，菌丝体消失（图 4-23）。在修剪很低的高尔夫球场草坪上，病斑最初的直径 1～2cm，受害部位包括相邻几个分蘖的叶片和叶鞘，当病情严重时，斑块愈合成大的不规则形状的枯草斑或枯草区（图 4-24）。在留茬较高的草坪上，斑块不太规则，直径可达 15cm 以上，病斑经常在叶尖首先出现，长 2cm 左右，并很快蔓延到整个叶片，多个斑块愈合或造成大面积草坪枯死（图 4-25）。

【发生规律】潮湿而高温的天气（尤其是白天温度高、夜间温度低）、较高的空气湿度和较低的土壤湿度，有利于币斑病的发生，发病适温为 15～32℃。土壤贫瘠、干旱胁迫、氮肥缺乏等也是币斑病流行的有利条件。频繁和过低的修剪也有利于币斑病的发生。

图 4-20 币斑病受害叶片

图 4-21 币斑病危害整体

图 4-22 币斑病危害细部

图 4-23 币斑病叶片间分布的菌丝体

图 4-24　币斑病在低修剪草坪上的病斑

图 4-25　币斑病在高留茬草坪上的病斑

【防治方法】

（1）合理选用品种，少用易感病品种。

（2）合理养管。轻施、常施氮肥，使土壤中维持一定的氮肥水平；提倡浇透水，尽量减少浇水次数，不要在傍晚浇水；去除露水；不要频繁修剪和修剪高度过低；保持草坪的通风透光；适时施用多效唑等生长调节剂。

（3）药剂防治。可喷施百菌清、敌菌灵、丙环唑、粉锈宁、甲基托布津、扑海因、代森锰锌等，也可将苯菌灵、克菌丹和代森锰锌等混合施用。

五、叶枯病

【病原】德斯霉叶枯病菌属于半知菌亚门丝孢纲丝孢目暗色孢科德斯霉属，对草坪构成危害的主要种类有麦褐斑德斯霉（*Drechslera tritici-repentis*）、红斑德斯霉（*D. erythrospila*）、巨德斯霉（*D. gigantea*）、干枯德斯霉（*D. siccans*）、三隔德斯霉（*D.triseptata*）、网斑德斯霉（*D. dictyoides*）、悬链德斯霉（*D. catenaria*）、早熟禾德斯霉（*D. poae*）等。双极霉叶枯病菌属于暗色孢科双极霉属，对草坪构成危害的主要种类有禾双极霉（*Bipolaris sorokiniana*）、狗牙根双极霉（*B. cynodontis*）、穗状双极霉（*B. spicifera*）、四孢双极霉（*B. tetramera*）、奥地利散尾双极霉（*B. australiensis*）、胡枝子双极霉（*B. bicolor*）、甘蔗褐条斑双极霉（*B. stenospila*）、橄榄绿双极霉（*B. hawaiiensis*）、嘴突双极霉（*B. rostratum*）等。弯孢霉叶枯病菌属于暗色孢科弯孢霉属，对草坪构成危害的主要种类有新月弯孢（*Curvularia lunata*）、棒状弯孢（*C. clavata*）、膝曲弯孢（*C. geniculata*）、桔色弯孢（*C. inaequalis*）、间型弯孢（*C. intermedia*）、车轴草弯孢（*C. trifolii*）、画眉草弯孢（*C. eragrostidis*）、狼尾草弯孢（*C. penniseti*）、塞河弯孢（*C. senegalensis*）等。喙孢霉叶枯病菌属于丝孢目喙孢霉属，对草坪草构成危害的主要种类有黑麦喙孢（*Rhynchosporium secalis*）和直喙孢（*Rh. orthosporum*）两种。

【诊断方法】叶枯病是一类极常见的真菌病害，英文名 Leaf blight，包括德斯霉叶枯、双极霉叶枯、弯孢霉叶枯、喙孢霉叶枯等。该类病害能使草坪叶片、叶鞘上初现水浸状椭圆形小病斑，继而病斑变褐色，周边叶组织变黄色，病斑逐步增大，大量死叶死蘖，造成草坪稀薄，草地上形成不规则形的枯草斑（图 4-26、图 4-27）。

图 4-26　叶枯病危害整体

图 4-27　叶枯病危害细部

德斯霉叶枯病：主要引起多种草坪禾草发生叶斑、叶枯，也产生种腐、芽腐、苗枯、根腐和茎基腐等复杂症状。在适宜的环境条件下，病情发展迅速，造成草坪早衰、秃斑，严重影响草坪景观（图 4-28、图 4-29）。德斯霉所引起的病害种类很多，主要有早熟禾叶枯病（*Drechslera poae*），别名溶失病，英文名 Melting-out（图 4-30）；羊茅和黑麦草网斑病（*D. dictyoides*）；黑麦草大斑病（*D. siccans*）；剪股颖赤斑病（*D. erythrospila*），别名红斑病，英文名 Red leaf spot；狗牙根环斑病（*D. gigantea*），别名轮纹眼斑病，英文名（*Zonate eyespot*）等。在福建主要为狗牙根环斑病，叶部病斑初为褐色小斑点，逐渐扩大成长圆形或长椭圆形，中央褪色呈干草色，围以狭窄的褐边，病斑可以占据全叶的宽度，内部多有不正形密集的褐色轮纹（图 4-31）。严重发病的草坪随着病叶的干枯死亡，草坪稀疏、早衰。

双极霉叶枯病：除叶片和叶鞘外，双极霉还侵染根部、根颈部，引起严重的根腐、颈腐，导致草坪稀疏、早衰，形成枯草斑或枯草区（图 4-32、图 4-33）。发病初期，叶片上出现小的暗紫色到黑色的椭圆形、梭形或不规则形斑点；随着斑点扩大，中心变为浅棕褐色，外缘有黄色晕（图 4-34）。在潮湿条件下，表面生黑色霉状物（图 4-35）。在高温、高湿天气时，叶鞘、茎、颈部和根部也会受侵染，短期内就会使草皮严重变薄，出现不规则形枯草斑和枯草区。不同种的双极霉菌所致叶枯病的症状不同。狗牙根双极霉（*Bipolaris cynodontis*），引起狗牙根的叶部、冠部和根部腐烂，初期叶部出现椭圆形或梭形小紫斑，后变为中央淡茶色、边缘褐色的大斑，使叶片突然凋萎干枯，草坪上出现不规则的枯草斑（图 4-36）。禾草双极霉（*B. sorokiniana*），侵染各种草坪草，引起叶部、冠部和根部病害，造成芽腐、苗腐、根腐、茎基腐、鞘腐和叶斑；叶片和叶鞘上生椭圆形、梭形病斑，中部褐色，外缘有黄色晕圈；潮湿时病斑表面生有黑色霉层；天气适宜时，病情发展很快，病叶枯死，草坪持续被稀释，最终出现不规则的枯草斑（图 4-37、图 4-38）。

弯孢霉叶枯病：别名凋萎病、叶疫病、黑斑病（Black patch）、弯孢疫病、失绿病（Fading out），英文名 Curvularia leaf blight。发病草坪衰弱、稀薄、有不规则形枯草斑，斑内草株矮小，呈灰白色枯死（图 4-39、图 4-40）。在狗牙根上，主要危害茎、叶和叶鞘，草坪出现黑色斑块，最初直径 2～3cm，愈合后成为不规则大斑块，草坪大面积枯死（图 4-41、图 4-42）。不剪草的情况下，叶片、叶鞘上病斑呈椭圆形，暗褐色，边缘褪绿，发病较轻；剪草的情况下，受伤叶片、叶鞘从切口开始出现大片斑枯、形状不定，受伤茎节及以下几个节间干枯，病茎、叶和叶鞘死后呈黄褐色。潮湿条件可见大量的黑色霉状物，有时也可能生出灰白色气生菌丝。不同种的弯孢病菌所致症状有所不同。

喙孢霉叶枯病：温带地区草坪常见病，别名云纹斑病，英文名 Orchardgrass leaf blight，主要危害叶片与叶鞘，病叶呈烫水渍状，有梭形或长椭圆形病斑，后期叶片枯萎死亡，干枯后呈云纹状（图 4-43）。发病迅速，在短期内可造成植株成片死亡，出现秃斑，对草坪业的发展是一种潜在的危险。

图 4-28　德斯霉叶枯病危害

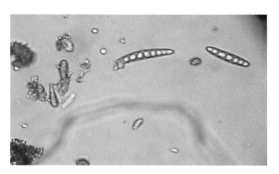

图 4-29　德斯霉叶枯病菌的显微形态特征

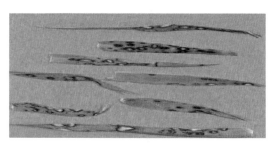

图 4-31　狗牙根环斑病

图 4-30　早熟禾叶枯病

图 4-32　双极霉叶枯病危害

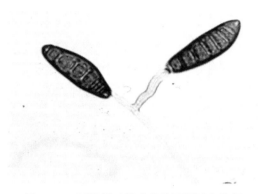

图 4-33　双极霉叶枯病菌的显微形态特征

图 4-34　双极霉叶枯病受害叶片

图 4-35　双极霉叶枯病黑色孢子

图 4-36　狗牙根双极霉叶枯病

图 4-37　禾草双极霉叶枯病受害叶片

图 4-38　禾草双极霉叶枯病持续稀释草坪

图 4-39　弯孢霉叶枯病危害

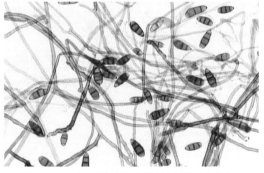

图 4-40　弯孢霉叶枯病菌的显微形态特征

图 4-41　狗牙根弯孢霉叶枯病危害初期

图 4-42　狗牙根弯孢霉叶枯病危害后期

【发生规律】病种子和病土是德斯霉叶枯病的主要初侵染源；春秋季的温度、降雨、结露及其时间的长短是病害流行程度的重要限制因素；草坪立地条件不良、氮肥施用过多、管理粗放等均有助于菌量积累和加重病害流行。双极霉叶枯病菌引起的茎叶发病，适温一般都在 15 ～ 18℃，超过 27℃病害受抑制，由气流和雨水传播；根和根茎发病多在干旱高温的夏季病重；草坪肥水管理不良，高湿郁闭，病残体和杂草多，都有利于发病；冻害和根部伤口也会加重病害。弯

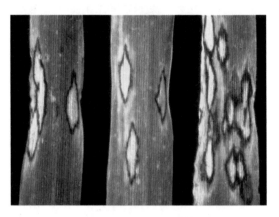

图 4-43　喙孢霉叶枯病受害叶片

孢霉叶枯病主要发生在 30℃左右的高温和高湿条件下，是一种高温病害；生长不良，管理不善，长势弱的草坪发病重；潮湿和施氮肥过多有利于病害发生。喙孢霉叶枯病菌生长适温为 20℃，高温干旱不利于病害发生，多在春季发病，秋季病情又会加重；草坪加重病情。

【防治方法】

（1）种植抗病和耐病草种或品种，播种无病种子。

（2）栽培措施。适时播种，适度覆土，加强苗期管理；合理使用氮肥，增加磷、钾肥；早晨浇水，灌透，减少次数，避免积水；及时修剪，保持植株适宜高度；及时清除病残体和修剪的残叶，经常清理枯草层。

（3）化学防治。播种时用 25% 三唑酮 WP 或 50% 福美双 WP 拌种。发病初期喷施 25% 敌力脱 EC、25% 三唑酮 WP、50% 福美双 WP、70% 代森锰锌 WP、12.5% 速保利 WP、80% 大生 WP、50% 扑海因 WP 等对该病有很好的预防保护作用。

六、锈　病

【病原】锈菌多属于担子菌亚门冬孢菌纲锈菌目柄锈菌科锈菌属和单孢锈菌属以及夏孢锈菌属和壳锈菌属两属的各一个种。引起草坪锈病的主要种类有禾柄锈菌（*Puccinia graminis*）、隐匿柄锈菌（*P. recondita*）、条形柄锈菌（*P. striiformis*）、禾冠柄锈菌（*P. coronata*）、结缕草柄锈菌（*P. zoysiae*）、狗牙根柄锈菌（*P. cynodontis*）、短柄草柄锈菌（*P. brachypodii*）、标桩柄锈菌（*P. stakmanii*）、旱地早熟禾柄锈菌（*P. poae-nemoralis*）、翦股颖生柄锈菌（*P. agrostidicola*）、狭孔石柄锈菌（*P. stenotophri*）、羊柔柄锈菌（*P. festucae*）、大麦柄锈菌（*P. hordei*）、光滑柄锈菌（*P. levis*）、雀稗柄锈菌（*P. paspalina*）、矮柄锈菌（*P. pygmaea*）、鸭茅单孢锈菌（*Uromyces dactylidis*）、小米单孢锈菌（*U. setariae-italicae*）、鸭茅单孢锈菌禾生变种（*U. dactylidia* var. *poae*）等。

【诊断方法】锈病是一种严重的真菌病害，英文名 Rusts。它分布广、危害重，几乎每种禾草都会受到一种或几种锈菌危害。受害草坪叶绿素被破坏，光合作用下降，呼吸作用失调，蒸腾作用增强，大量失水，叶片和茎秆变成不正常颜色，草坪稀疏、瘦弱，远看成黄色，景观被破坏（图 4-44）。

该病主要发生在叶片和叶鞘，同时也侵染基部和穗部。发生初期在叶和茎上出现浅黄色的斑点，随着病害的发展，病斑数目增多，叶、茎表皮破裂，散发出黄色、橙色、棕黄色或粉红色的夏孢子堆（图 4-45、图 4-46）。病害发展后期病部出现锈色、黑色的冬孢子堆（图 4-47）。用手捋一下病叶，手上会有一层锈色的粉状物。草坪常发生的主要锈病有秆锈病、叶锈病、条锈病和冠锈病。不同锈病依据其夏孢子堆和冬孢子堆的形状、颜色、大 。

秆锈病：夏孢子堆生于茎秆、叶鞘和叶片上。夏孢子堆大，呈长椭圆形至长方形，深褐色，散生，穿透能力强，叶两面均可形成夏孢子堆且背面较大，病斑处表皮大片撕裂，窗口状向两侧翻卷。冬孢子堆大型，黑色，散生，表皮开裂，卷起。

图 4-44　锈病危害整体

图 4-45　锈病受害叶片

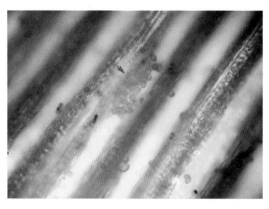

图 4-46　锈菌夏孢子堆

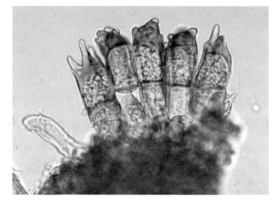

图 4-47　锈菌冬孢子堆

叶锈病：夏孢子堆生于叶片上，呈圆形至长椭圆形，中等大小，橘红色，散生，叶表皮由孢子堆中间开裂，呈唇状。冬孢子堆生于叶背面和叶鞘上，圆形至长椭圆形，黑色，散生，叶鞘上略成行，不开裂。

条锈病：夏孢子堆主要生于叶片上，茎秆、叶鞘也有，小型，呈卵圆至长椭圆形，鲜黄色，成行排列，虚线状，表皮开裂不明显。冬孢子堆小，狭长形，黑色，成行排列，表皮不开裂。

冠锈病：同叶锈病。

【发生规律】锈菌是严格的专性寄生菌，夏孢子离开寄主几乎不能存活。在禾草周年存活地区，锈菌以菌丝体和夏孢子在病部越冬；在禾草死亡地区，锈菌不能越冬，翌年春季由越冬地区随气流传来的夏孢子引起侵染。锈病主要发生在低温高湿的春秋两季。温度、降雨、庇荫、草坪密度、水肥、修剪等遭受逆境而生长缓慢的草上最易感染锈病。几种重要锈菌的生长和孢子形成最适温度范围一般在 20 ～ 30℃。

【防治方法】

（1）种植抗病草种和品种并进行合理的混合种植。

（2）栽培防治。增施磷、钾肥，适量施用氮肥；合理灌水，降低湿度；适时剪草，最好在夏孢子形成释放之前进行修剪，及时清除修剪残叶；保证草坪通风透光等。

（3）药剂防治。施用三唑类杀菌剂防治锈病效果好、作用的持效期长。新建草坪用三唑类杀菌剂纯药拌种或生长期喷雾；在发病地段，预先在禾草返青期用波尔多液或多菌灵液施行预防喷雾，发病时用 25% 三唑酮 WP 1000 ～ 2500 倍液、12.5% 速保利 WP 2000 倍液等喷雾。通常修剪后，用 15% 粉锈宁 EC 1500 倍液喷雾，间隔 30d 后再用 1 次，防治效果较好。防治药剂要交替使用，避免病原菌产生抗药性。

七、黑粉病

【病原】黑粉菌属于担子菌亚门冬孢菌纲黑粉菌目，对草坪构成危害的种类有香草黑粉菌（*Ustilago striiformis*）、近缘黑粉菌（*U. affinis*）、狗牙根黑粉菌（*U. cynodontis*）、碱草黑粉菌（*U. trebouxii*）、小麦秆黑粉菌（*Urocystis agropyri*）、鸭茅叶黑粉菌（*Entyloma dactylidis*）、叶黑粉菌（*E. spragueanum*）、迷惑腥黑粉菌（*Tilletia decipiens*）、苍白腥黑粉菌（*T. pallida*）等。

【诊断方法】黑粉病是由黑粉菌引起的禾草病害，英文名 Smuts，常见种类有条黑粉病、秆黑粉病、泡状黑粉病、坚黑穗病、斑黑粉病、散黑穗病等，以条黑粉病的分布最广，危害最大。该病主要危害花序，影响种子生产。

条黑粉病（Stripe smut）和秆黑粉病（Flag smut）：病征基本一致，单株病草在草坪上或零星分布或形成大面积斑块。夏季高温干燥，病株不产生新叶，已有病叶卷曲干枯，隐没于草丛中。春秋两季天气凉爽，病株变黄、矮化，叶片僵直、扭曲。随病害的发展，叶片卷曲并在叶片和叶鞘上出现沿叶脉平行的长条形、黑色冬孢子堆，成熟后孢子堆纵裂，散出黑粉，如果用手触摸这些黑色的或烟灰状的粉末会被抹掉。病株叶片破裂，卷曲，褐变死亡。草坪变稀，造成秃斑，杂草侵入（图 4-48）。

泡状黑粉病（Blister smut）：病征多种多样，主要表现在叶片上，生灰黑色、椭圆形的疱疹状病斑，即病原菌冬孢子堆，周围常褪绿。病情严重时，整个病叶变成近白色。冬孢子堆始终埋在寄主叶表皮下。表皮不破裂，而是引起皱曲或形成疱状物。从远处看，发病草坪呈黄绿色。

坚黑穗病（Covered smut）：子房形成黑粉菌厚垣孢子堆后，包膜不易破裂，只有当脱粒时，才散出黑粉。

斑黑粉病（Spot smut）：病株的叶片上出现长形的淡褐色病斑，周围有狭窄的褪绿组织。

散黑穗病（Loose smut）：病株孕穗时，苞片内充满黑色的孢子粉。当年的病株除花穗被破坏外，植株其他部位无异状。病株次年生长矮、嫩，密集分蘖丛生。在福建危害狗牙根，春、夏、秋季均可发现病株，草坪呈局部小面积不连片发病（图 4-49）。

【发生规律】黑粉菌大多为系统性侵染（泡状黑粉是局部侵染）。在春秋两季禾草旺盛生长时，病害表现最明显。土壤干旱、瘠薄、黏重、播种过深、施肥不足或过量，均会加重病情。

【防治方法】

（1）种植抗病草种和品种。

（2）播种无病种子，使用无病草皮卷和无病无性繁殖材料。

（3）适时播种，避免深播，缩短出苗期。

（4）药剂防治。防治条黑粉病和秆黑粉病，可用 15% 百坦拌种剂、25% 三唑酮 WP、

50% 萎锈灵 WP、50% 甲基托布津或多菌灵 WP 等进行拌种。防治泡状黑粉病，可在发病初期喷施粉锈宁、三唑酮、多菌灵等杀菌剂。

图 4-48　条黑粉病受害叶片

图 4-49　散黑穗病

八、白粉病

【病原】白粉病的病原是禾白粉菌 *Blumeria graminis*（*Erysiphe graminis*），属子囊菌亚门核菌纲白粉目白粉科布氏白粉属，是分布广泛的专性寄生菌。

【诊断方法】白粉病是草坪常见病害，英文名 Powdery mildew。该病全国分布，以早熟禾、细羊茅和狗牙根发病最重，造成植秆矮小，生长不良，甚至死亡，严重影响草坪景观。

主要侵染叶片和叶鞘，也危害茎秆和穗部。受侵染的草皮呈灰白色，像是被撒了一层面粉（图 4-50）。发病初期，叶片和叶鞘上出现 1 ～ 2mm 大小的白色霉点，以正面较多。以后逐渐扩大成近圆形、椭圆形绒絮状霉斑，初白色，后变灰白色、灰褐色（图 4-51）。霉斑表面着生一层白色粉状分生孢子，易脱落飘散，后期霉层中形成棕色到黑色的小粒点，即病原菌的闭囊壳（图 4-52）。随着病情的发展，表面出现褪绿斑，草坪不断稀疏，最终大片草坪被毁灭。

【发生规律】春秋季发病较重，发病适温 15 ～ 20℃。空气相对湿度较高有利于分生孢子萌发和侵入，但雨水太多又不利于其生成和传播。草坪管理不善、氮肥施用过多、荫蔽、密度过大和灌水不当等都是发病重要诱因。

【防治方法】

（1）种植抗病草种和品种并合理布局。

（2）栽培防治。控制合理的种植密度；适时修剪，注意草的留茬高度；保证草坪冠层的通风透光；减施氮肥，增施磷钾肥；合理灌排，不要过湿过干等。

（3）药剂防治。有效药剂为三唑类杀菌剂，如粉锈宁、羟锈宁、速宝利、立克秀等。可在播种时用三唑类杀菌剂纯药拌种或生长期喷雾。在发病早期，通常修剪后用 25% 三唑酮

WP 1000 ～ 2500 倍液、12.5% 速保利 WP 2000 倍液等喷雾；另外，还可选用 25% 多菌灵 WP 500 倍液、50% 退菌特 WP 1000 倍液、70% 甲基托布津 WP 1000 ～ 1500 倍液等喷雾。

图 4-50　白粉病危害整体

图 4-51　白粉病受害叶片

图 4-52　白粉菌的显微形态特征

九、炭疽病

【病原】炭疽病的病原是禾生刺盘孢（*Colletotrichum graminicola*），有性态为禾生小丛壳（*Glomerella graminicola*），属半知菌亚门腔胞纲黑盘孢目炭疽菌属。

【诊断方法】炭疽病是所有草坪上都发生的一类叶部病害，英文名 Anthracnose。在我国零散发生，危害不太严重。

在冷凉潮湿的条件下，病菌主要侵染根、根颈和茎基部，尤以茎基部症状最明显。病斑初期水渍状，后发展成椭圆形灰褐色大斑，后期病斑上出现黑色小疣点，盘中有黑褐色的刚毛（图 4-53）。当冠部组织受侵染严重发病时，草株生长瘦弱，变黄枯死。天气暖和时，特别是当土壤干燥而大气湿度很高时，病菌快速侵染老叶，加速衰老死亡。叶片上形成长形、红褐色的病斑，而后叶片变黄、变褐以致枯死。当茎基部被侵染时，整个分蘖也会出现病变过程。病草坪上产生直径从数厘米至数米的、不规则的枯草斑，初红褐色，后枯黄色，最后变褐色，病株下部叶鞘组织和茎上经常可见灰黑色的菌丝体的侵染垫，在枯死茎、叶上还可见小黑点（图 4-54、图 4-55）。

【发生规律】该病周年发生，以夏季最具破坏性。病菌随风、雨水飞溅传播到健康禾草上，造成侵染发病。高温高湿天气、紧实的土壤、肥水供应不足、叶面或根部有水滴存在等都会加重病害的发生。

【防治方法】

（1）种植抗病草种和品种。

（2）科学管理。避免在高温或干旱期间使用高氮肥，增施磷、钾肥；避免在午后或晚上浇水，深浇水，尽量减少浇水次数；保持土壤疏松；适当修剪，及时清除枯草层等。

（3）药剂防治。发病初期，及时喷洒杀菌剂控制。百菌清或乙磷铝 500 ～ 800 倍液喷雾，防效较好。

图 4-53　炭疽病受害叶鞘与刚毛

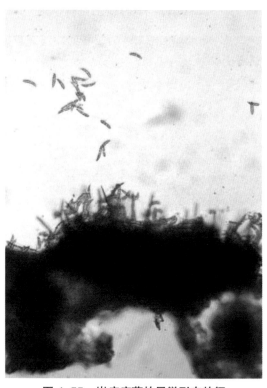

图 4-54　炭疽病病斑

图 4-55　炭疽病菌的显微形态特征

十、红丝病

【病原】红丝病的病原是墨角藻型鲜明粘胶菌（*Laetisaria fuciformis*），有性态为墨角藻型伏革菌（*Corticium fuciforme*），属担子菌。

【诊断方法】红丝病是潮湿冷温带草坪的常见病，别名红线病，英文名 Red thread。该病严重危害剪股颖、羊茅、早熟禾、狗牙根等属草坪草，造成生长迟缓、早衰，甚至死亡，破坏草坪景观。

草坪上出现环形或不规则形状、直径为 10 ～ 100cm、红褐色的病草斑块。病草水浸状，迅速死亡。死叶弥散在健叶间，使病草斑呈斑驳状（图 4-56、图 4-57）。病株叶片和叶鞘上生有红色的棉絮状的菌丝体和红色丝状菌丝束，清晨有露水或雨天呈胶质肉状，干燥后，变细成线状。仔细检查单株病草可发现红丝病只侵染叶片，而且叶的死亡是从叶尖开始（图 4-58、图 4-59）。

【发生规律】该病周年均可发生，但重病期只有几个月，发病适温 20 ～ 25℃。病菌通过流水、机械、人畜等在一定范围内传播，还可由风远距离传播。高湿、重露、少量降雨、雾及适宜温度是病害流行的重要条件。另外，低温、干旱、缺氮、发生其他病害或使用生长调节剂等引起草坪草生长迟缓的因素，都可促使该病严重发生。

图 4-56　红丝病危害整体

图 4-57　红丝病受害叶片

图 4-58　红丝病叶片上的菌丝体

图 4-59　红丝病叶片上的菌丝束

【防治方法】

（1）种植抗病草种和品种。

（2）科学养管。保持土壤肥力充足且平衡，增施氮肥，但应避免过度；保持土壤 pH 值在 6.5 ～ 7.0；及时深浇水，避免午后浇水；禾、灌、草合理搭配，增加草坪日照和空气对流；适当修剪，及时处理剪下的碎叶。

（3）药剂防治。发病初期可用放线菌酮、福美双、代森锰锌（喷克）等药剂喷雾，进行必要的化学防治。

十一、霜霉病

【病原】霜霉病的病原物是大孢指梗霉（*Sclerophthora macrospora*）与禾生指梗霉（*Sclerospora graminicola*），属鞭毛菌亚门卵菌纲霜霉目指疫霉属，是分布广泛的专性寄生菌。

【诊断方法】霜霉病是草坪常见病，别名黄丛病、黄色草坪病，英文名 Downy mildew、Yellow tuft。在我国分布广，华东、西北、华北、西南、台湾均有发生，危害多种草坪草。

发病早期植株略矮，叶片轻微加厚或变宽，叶片不变色。发病后期植株矮化萎缩，剑叶和穗扭曲畸形，叶色淡绿有黄白色条纹，严重时草坪出现直径为 1 ～ 10cm 的簇生枯草斑，草根黄且短小，易被拔起（图 4-60、图 4-61）。在凉爽潮湿条件下，病叶背面生稀薄的白色霜状霉层或白色粉状物，属病原菌的孢囊梗和孢子囊。病叶组织内产生黄色卵孢子。钝叶草的症状略有不同，病叶上出现沿叶脉平行伸长的白色线状条斑，条斑上表皮稍微隆起。天气潮湿时，也出现白色霜状霉层。

图 4-60　霜霉病危害整体

图 4-61　霜霉病危害细部

【发生规律】该病在春末或秋季发生，而且最先在排水不良的地方发生，发病适温为 15 ～ 20℃。病菌只有在水滴的条件下才能萌发，随水流传播。高湿多雨、低洼积水、大水漫灌等因素均利于病害流行。

【防治方法】

（1）栽培防治。平整场地，防止积水；适时松土，增强土壤通透性；合理施肥，避免偏施氮肥，增施磷钾肥，促进其健壮生长；发现病株及时拔除。

（2）药剂防治。使用霜霉威、瑞毒霉、乙磷铝、杀毒矾等药剂拌种或喷雾，都有较好的防效。

十二、白绢病

【病原】白绢病的病原是齐整小菌核（*Sclerotium rolfsii*），属半知菌亚门丝孢纲无孢目小菌核属。

【诊断方法】白绢病是多雨高温地区草坪的常见病，别名南方枯萎病、南方菌核腐烂病，英文名 Southern blight。该病主要发生在我国中南部，可危害多种草坪草，以马蹄金受害最严重。

病株叶鞘和茎上出现不规则形或梭形病斑，茎基部产生白色棉絮状菌丝体，叶鞘和茎秆间有时亦有白色菌丝体和菌核。病株瘦弱、早衰，皮层撕裂，露出内部机械组织，褐变枯死，最终造成苗枯、根腐、茎基腐等症状。发病初期，草坪出现小斑块，后斑块扩大，呈现圆形至不规则形黄色枯草斑，逐渐发展成中央保持绿色的枯死斑，有红褐色环带（图 4-62）。病害严重时草坪可以出现大量斑块，有的病斑很大，有的相互连接成一大块。植株因根基部受害而失水发黑，导致死亡，土壤裸露。发病后期，每个发病区直径多为 30～50cm，少部分可以达到 1m 以上，但每个发病中心却有少量植株生存。在枯草斑边缘枯死植株上以及附近土壤表面枯草层上长有白色绢状菌丝体和白色至褐色的菌核（图 4-63）。

图 4-62　白绢病病斑

图 4-63　白绢病枯草斑上的菌丝体

【发生规律】菌核是该病的初侵染源，菌丝在土壤中广泛传播，造成再次侵染。高温、高湿、土壤中富含有机质等均有利于此病的发生。

【防治方法】

（1）科学养管。适时清除枯草层，提高土壤通气性；施用适量石灰，提高土壤酸碱度至pH 值 8.0 以上；加强水肥管理，提高植株生活力。

（2）药剂防治。使用生防菌木霉制剂。发生危害时，可喷施 12.5% 多丰农 WP l500 ～ 3000 倍液或 25% 多乐灵 EC 1000 ～ 3000 倍液，连续施药两周就能基本控制危害。也可施用扑海因 1000 倍液、杀毒矾 800 倍液、25% 敌力脱 EC 2500 倍液等进行防治。

十三、蘑菇圈

【病原】蘑菇圈的病原物是担子菌的 20 多个属 50 余种真菌。最常见的有环柄菇属（*Lepiota*）、马勃菌属（*Lycoperdon*）、小皮伞属（*Marasmius*）、硬皮马勃菌属（*Scleroderma*）和口蘑属（*Tricholoma*）。其中，硬柄小皮伞（*Marasmius oreades*）引起的蘑菇圈最常见。

【诊断方法】蘑菇圈是由大量的土壤顶层植物残渣和土壤习居的担子菌引起的草坪草上的一种病害，别名仙女环、菌圈、仙环病，英文名 Fairy rings。全国分布，危害所有草坪草。

在春季或初夏，潮湿的草坪上出现环形或弧形的深绿色或生长迅速的草围成的圈，宽度 10 ～ 20cm（图 4-64）。在疯长草圈内，偶尔会出现瘦弱的、休眠的或死草形成的同心圆圈。有时在死草圈里又出现旺长的草形成的次生疯长草圈。土壤干旱时，最外层的草圈可能消失，使得最外层圈内的草死亡而内层圈的草旺长。在条件适宜时，病菌可在外层疯长的草坪草圈里长出蘑菇（图 4-65）。蘑菇圈开始时很小，但能迅速扩大，直径从几厘米至无限大；有时会突然消失。根据症状把蘑菇圈分为 3 种类型：①呈现大面积仙环病危害圈，圈内呈现 2 个深绿色草环；②呈现深绿色茂盛生长环，有时环内长有蘑菇，但草坪草无病征；③呈现环形生长的蘑菇圈，圈内外草坪草均无任何病征。无论何种情况，蘑菇只是暂时产生的。

图 4-64　仙环病危害圈

图 4-65　蘑菇圈里的蘑菇

【发生规律】该病可周年出现，主危害期在春季或初夏。草坪土壤贫瘠、土层为砂地和以前为森林地带的草坪容易发生仙环病。浅灌溉、浅施肥、枯草层厚、干旱都有利病害的发生。

【防治方法】

（1）科学养管。保证土壤水分充足，并维持在非常潮湿的状态；土壤熏蒸，更换病土，土壤耕作和混合；清除枯草层，深灌和透灌水，清除蘑菇等。

（2）药剂防治。土壤用溴甲烷或甲醛熏蒸，也可打孔浇灌萎锈灵、苯来特、灭菌丹或百菌清等药剂防治。

十四、褐条病

【病原】褐条病的病原物是禾单隔孢（*Scolecotrichum graminis*）（*Cercosporidium graminis*），属半知菌。

【诊断方法】褐条病是种草坪病害，英文名 Brown stripe，全国分布，在所有的草坪草上发生，主要危害叶片与叶鞘。

病叶初生圆形水浸状小斑，有露水时病斑呈灰褐色，露水消失后呈污灰色，后发展成灰色或褐色条斑，在叶脉间扩展。条斑上有成排的微小黑色粒点，即病原菌的分生孢子梗束。病害严重时，叶尖枯死（图 4-66、图 4-67）。

图 4-66 褐条病受害叶片

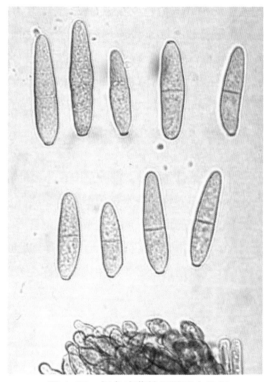

图 4-67 褐条病菌的显微形态特征

【发生规律】常在春秋两季低温潮湿时发病，尤其是春秋降雨多时，病害就更严重，夏季干热病情会受到抑制。病菌主要在发病叶片和病残体上越冬。春季病菌突破叶表从气孔处伸出。孢子可以通过雨水飞溅、风和种子等途径传播。

【防治方法】

一般可不防治或不单独防治。严重发病地区，可用福美双、百菌清药剂拌种与病期喷雾。

十五、尾孢菌叶斑病

【病原】尾孢菌叶斑病的病原物是翦股颖尾孢菌（*Cercospora agrostidis*）、羊茅尾孢菌（*C. festucae*）、梭斑尾孢菌（*C. fusimaculans*）和（*C. seminalis*），属半知菌亚门丝孢纲丝孢目尾孢属。

【诊断方法】尾孢菌叶斑病是由尾孢菌引起的一种草坪病害，英文名 Cercospora leaf spot。该病全国发生，主要危害翦股颖、羊茅、狗牙根、钝叶草等属禾草。

发病初期，病株叶片和叶鞘上出现褐色至紫褐色、椭圆形或不规则形病斑，病斑沿叶脉平行伸长，大小 4mm×1mm。后期病斑中央黄褐色或灰白色（图 4-68）。潮湿时有灰白色霉层和大量分生孢子产生。严重时枯黄甚至死亡，草坪稀薄。

【发生规律】病菌在病叶和病残体上越冬，分生孢子可借风力传播，草坪潮湿、通风不畅有利于病害的发生。

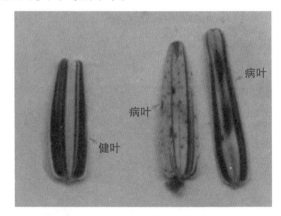

图 4-68 尾孢菌叶斑病受害叶片

【防治方法】

（1）种植抗病品种。钝叶草中有几个抗病品种，种植时要予以重视使用。

（2）科学养管。浇水是关键环节，应在清晨，避免下午或晚上浇水，深浇，尽量减少浇水次数；合理施肥，在病害造成显著危害时，应稍微增施化肥；改善草坪环境，清除草地周围的树木和灌木，以保持草地通风，有充足的阳光照射。

（3）化学防治。必要时用代森锰锌、多菌灵、甲基托布津进行喷雾防治，能有效地控制该病的发生。

十六、壳针孢叶斑病

【病原】壳针孢叶斑病的病原物归属于半知菌亚门腔孢纲球壳孢目壳针孢属。对草坪构成危害的种类有狗牙根壳针孢（*Septoria cynodontis*）、柔弱壳针孢（*S. tenella*）、粗柄壳针孢（*S. macropoda*）、粗柄壳针孢芦苇变种（*S. macropoda* var. *grandis*）、粗柄壳针孢小隔变种（*S. macropoda* var. *septulata*）、奥特壳针孢（*S. oudemansii*）、小麦叶枯壳针孢（*S. tritici* var. *lolicola*）、小麦颖枯壳针孢（*S. nodorum*）、黑麦壳针孢（*S. secalis* var. *stipae*）、燕麦壳针孢（*S. avenae*）、

冰草壳针孢（*S. agropyrina*）、野麦壳针孢（*S. elymi*）。

【诊断方法】壳针孢叶斑病是早熟禾亚科草坪上常见的一类叶斑病，英文名 Septoria leaf spot。该病全国发生，主要危害叶片。

修剪切口附近的叶尖产生细小的条斑，长 0.3～0.8cm，灰色至褐色，严重时病株叶片上部褪绿、变褐坏死。有时在老病斑上产生黄褐色至黑色的小粒点，即分生孢子器（图 4-69）。受害草坪稀薄，呈现枯焦状。

图 4-69 壳针孢叶斑病

【发生规律】早春和秋末凉爽时发病，病菌的侵染过程需叶面有水膜时才能完成。孢子随风雨传播，当气温低于 10℃时，它可在叶片以休眠状态长期存活。缺肥或施用生长调节剂的草坪易感病。春秋凉爽而多雨的天气有利于病害的猖狂危害。

【防治方法】

（1）科学养管。增施有机肥和适时施用化肥，保证草坪有一定的营养水平；谨慎使用生长调节剂。

（2）化学防治。必要时可用代森锰锌、多菌灵、甲基托布津等进行喷雾防治。

十七、灰斑病

【病原】灰斑病的病原物是灰梨孢（*Pyricularia grisea*），属半知菌亚门丝孢纲丝孢目梨孢霉属。

【诊断方法】灰斑病是种草坪病害，别名草瘟病，英文名 Gray leaf spot。该病在我国很多地区都有发生，主要危害钝叶草、狗牙根、假俭草、雀稗等属的草坪草，黑麦草、翦股颖、羊茅草、狼尾草等冷季型草偶尔也会受到危害。

受害叶和茎上出现细小的褐色斑点，迅速增大，形成圆形至长椭圆形的病斑；病斑中部灰褐色，边缘紫褐色，周围或附近有黄色晕圈；天气潮湿时，病斑上有灰色霉层（图 4-70、图 4-71）。严重发病时，病叶枯死；整个草坪呈现枯焦状，如遭受严重干旱的样子（图 4-72）。

图 4-70 灰斑病受害叶片

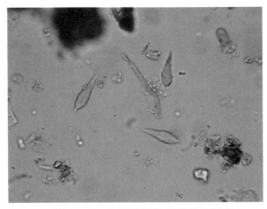

图 4-71　灰斑病菌的显微形态特征

图 4-72　灰斑病危害

【发生规律】主要发生在高温多雨的夏季，最适发病温度为 25 ～ 30℃。当空气中水分饱和及叶面湿润时，病菌萌发侵染，引起大量发病。病菌可随风、水、机械、动物等传播。过度使用氮肥或其他不利草坪生长的因素都可加重病情。新建的草坪发病严重。

【防治方法】

（1）种植抗病草种及品种。

（2）科学养管。避免偏施氮肥，增施磷钾肥；合理灌水，要求早晨灌水，灌深灌透；防止土壤紧实，保持草坪通风透光。

（3）药剂防治。适时使用代森锰锌、多菌灵、甲基托布津等药剂进行防治。

十八、春坏死斑

【病原】春坏死斑的病原物尚未最终确定，据报道可能是禾顶囊壳禾谷变种（*Gaeumannomyces graminis* var. *graminis*）、小球腔菌（*Leptosphaeria korrae*）、小球腔菌（*Leptosphaeria narmari*）、盘蛇孢菌（*Ophiosphaerella herpotricha*），均属子囊菌亚门。

【诊断方法】春坏死斑是狗牙根和杂交狗牙根上的重要病害，也危害结缕草，英文名 Spring dead spot。

该病是 3 年期或更长期草坪草上的典型病害。春季休眠的草坪恢复生长后或秋季和夏季异常凉爽、潮湿的天气，草坪上出现环形的、漂白色的死草斑块，直径 20 ～ 100cm。死亡斑块在同一地方重新出现并扩大。2 ～ 3 年后，斑块中部分植株得到恢复，枯草斑呈现蛙眼状环斑，多个斑块愈合在一起，使草坪总体表现出不规则，类似冻死或冬季干枯的症状。斑块周围的匍匐枝再生缓慢，土壤中存在着病原体或有毒物质，常导致杂草侵入（图 4-73、图 4-74）。病区草株的匍匐枝和根常变黑和腐烂（图 4-75）。

图 4-73　春坏死斑

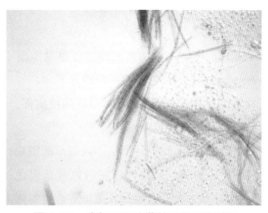

图 4-74　春坏死斑病菌的显微形态特征

【发生规律】病菌在土壤中存活，秋、春季危害最重。在低修剪、秋天高水肥、土壤紧实的草坪中易发生春坏死斑，通常高尔夫球道感染这种病比较严重。在交播、霜冻、用塑料或稻草覆盖的草坪上易发生此病，病株最下面的叶子首先失绿，然后再蔓延到幼嫩叶中，最终整个植株变成暗褐色直到死亡。高氮肥、过多枯草层、杂交狗牙根品种的应用都与这种病的发生有关。

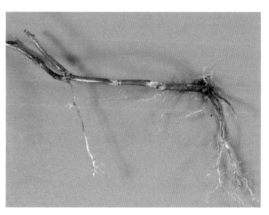

图 4-75　春坏死斑受害匍匐枝和根

【防治方法】

（1）种植高抗品种。最好的解决方法就是选择抗性较强的草坪草品种，耐寒性较强的品种对这种病具有很好的抗性。如：狗牙根品种中 U-3、Tifton 杂种、Sunturf、Texturf 1F 与普通狗牙根和 Midiron 相比较易感染春坏死斑。

（2）栽培管理措施。采用垂直刈割和铺砂等减少枯草层；避免在晚秋后施用高氮肥、保证充分排水、降低土壤紧实度；狗牙根草坪的施肥应当按照土壤化验情况来进行，平衡施肥来维持土壤的 pH 值在 6.5 左右；在 8 月后，避免施用过多的氮肥，维持土壤高 K 和高 P 水平；等等。

（3）药剂保护。一些真菌剂可以用来控制此病，但必须在秋季与冬季使用，有时在早春症状出现之前使用。发病初期，喷洒 70% 乙膦·锰锌 WP 500 倍液或 60% 琥·乙膦铝 WP 500 倍液、64% 杀毒矾 WP 500 倍液、18% 甲霜胺锰锌 WP 600 倍液、58% 甲霜灵锰锌 WP 500 倍液、72% 霜脲锰锌或杜邦克露 WP 800 倍液，7 ～ 10d 1 次，连续防治 2 ～ 3 次。对上述杀菌剂产生抗药性时，可选用 69% 安克锰锌 WP 1000 倍液。

十九、黏菌病

【病原】黏菌病的病原物主要是黏质菌（*Mucilago* spp.）、煤绒菌（*Fuligo* spp.）、绒泡菌（*Physarum* spp.），属表面腐生性真菌。

【诊断方法】黏菌病是种草坪间接病害，英文名 Slime molds。该病全国分布，只在个别地块零星发生，有碍草坪景观。

草坪冠层上出现环形至不规则形的斑块，直径 2 ~ 60cm，呈白色、灰白色或紫褐色，犹如泡沫状。大量繁殖的黏菌虽不寄生草坪，但由于遮盖了草株叶片，使其因不能进行充分的光合作用而瘦弱，叶片变黄，易被其他致病真菌感染。症状一般 1 ~ 2 周内即可消失。通常情况下，这些黏菌每年都在同一位置上重复发生（图 4-76）。

图 4-76　黏菌病

【发生规律】黏菌可形成充满大量深色孢子的孢子囊，孢子借风、水、机械、人或动物传播扩散。凉爽潮湿的天气有利于游动孢子的释放，而温暖潮湿的天气有利于变形体向草的叶鞘和叶片移动。丰富的土壤有机质有利于黏霉病害的发生。在福建，该病一般发生在早春温暖潮湿的气候条件，但在夏季和早秋大雨或浇水后也可能发生。

【防治方法】一般不需要防治。可用水冲洗叶片或修剪的方法。发生严重时也可用药防治。

二十、全蚀根腐病

【病原】全蚀根腐病的病原物是禾顶囊壳禾谷变种（*Gaeumannomyces graminis* var. *graminis*），属子囊菌亚门。

【诊断方法】全蚀根腐病是种草坪根部病害，英文名 Take-all root rot。该病分布于暖季型草坪种植区，只有个别地块零星发生，严重影响草坪景观。

发病初期，草坪根部受害，叶部症状不易发现。随着根系受害加重，草株水分运输及光合作用受影响，病区呈现不规则、萎黄色或淡绿色、大小不等的斑纹。此时，草根系稀疏、极短，由白色转为黑色，逐渐腐烂。发病严重时，匍匐枝和根状茎也开始腐烂，成深褐色至黑色，甚至死亡，草坪产生枯黄至淡褐色的不规则斑块，如果不加控制，可周年扩大，出现斑秃（图 4-77、图 4-78）。病草株的根颈、茎基部 1 ~ 2 节叶鞘内侧与茎秆表面产生黑色的菌丝层，用手持扩大镜可见黑色匍匐菌丝束和成串连生的菌丝节，秋季还可见黑色点状突起的子囊壳。干旱条件，茎基部叶鞘内侧不形成子囊壳，也不形成黑色菌丝层，仅根部表现不同程度的变色。

图 4-77　全蚀根腐病受害株

图 4-78　全蚀根腐病病斑

【发生规律】病菌在草坪根部自然存在，全年发病，但以夏季至早秋最重。长时间降雨有利于病害的发生，任何一种草坪胁迫都能诱发该病。常发病区，由于微生物的颉颃或竞争作用，经过几年后，病害的严重度通常会减轻。

【防治方法】

（1）在发病早期铲除病株和枯草斑，合理使用轻病草种。

（2）均衡施肥。增施有机肥和磷肥，维持氮、磷平衡，施用铵态氮，合理排灌，降低土壤湿度；病草坪不施或慎施石灰；在播种前，均匀撒施硫酸铵和磷肥作基肥，可有效控制病害。

（3）合理用药。播种前，用三唑酮或其他三唑内吸性杀菌剂拌种或处理土壤；发病早期，在禾草基部和土面喷施三唑类内吸性杀菌剂也有一定效果。

二十一、黄叶病

【病原】黄叶病的病原物是尖喙镰孢（*Fusarium acuminatum*）或雪腐镰孢（*F. nivale*，*Microdochium nivale*，*Gerlachia nivale*）；有性世代为雪腐单形菌（*Monographella nivalis*）或木贼镰孢（*F. equiseti*）或拟分枝孢镰孢（*F. sporotrichoides*），属半知菌亚门镰刀菌属。

【诊断方法】黄叶病是种草坪多发病，别名粉红雪霉病、镰孢块斑病，英文名 Fusarium patch、Pink snow mold。该病属区域性病害，主要发生在冷凉多湿地区，在福建危害狗牙根、结缕草，造成叶斑和叶枯症。

最初病叶上出现大型暗绿色或灰褐色水渍状斑点，很快地变成浅黄褐色，草坪上呈现直径 15～20cm 的淡黄色斑块或病草区呈灰白色，病株根部、基节和下部叶片腐烂。干燥情况下病株呈枯死状。潮湿条件或积雪覆盖下，枯草斑上生出白色菌丝体，经阳光照射后产生大量粉红色或砖红色霉状物（图4-79、图4-80）。

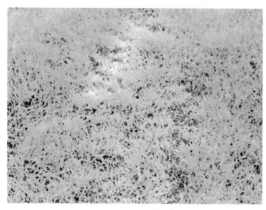

图4-79　黄叶病

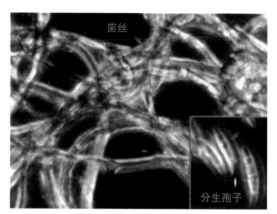

图4-80　黄叶病菌的显微形态特征

【发生规律】该病多于1～3月间发生，冬季雪层下开始发病，早春很明显。病菌随风和雨水传播，侵入适温18～22℃。偏施氮肥、排水不良、低洼积水、草坪郁蔽、枯草层厚等因素都有利于发病。

【防治方法】

（1）科学管理。改善土壤透气性；经常修剪，但留茬不能过低；平衡施肥，秋季禁用氮肥。

（2）合理用药。病害刚出现时，尽早使用50%苯菌灵WP。在温暖的夏季，每隔10～14d重喷一次，可以防治此病。在刚施用完杀菌剂之后，应使药液充分湿透每一草丛下的土壤。甲基托布津等内吸性杀菌剂亦能有效防治该病。此外，可供选择使用的药剂还有敌力脱＋多菌灵、扑海因、双胍辛醋酸盐、糠菌唑、唑菌酮、异丙定等。

二十二、线虫病

【病原】线虫病的病原物是线虫，对草坪草构成危害的主要类群有粒线虫（*Anguina* spp.）、刺线虫（*Belonolaimus* spp.）、环线虫（*Criconemella* spp.）、锥线虫（*Dolichodorus* spp.）、螺旋线虫（*Helicotylenchus* spp.）、异皮线虫（*Heterodera* spp.）、枪线虫（*Hoplolaimus* spp.）、根结线虫（*Meloidogyne* spp.）、针线虫（*Paratylenchus* spp.）、短体线虫（*Pratylenchus* spp.）、毛刺线虫（*Trichodorus* spp.）、矮化线虫（*Tylenchorhynchus* spp.）、剑线虫（*Xiphinema* spp.）等。

【诊断方法】线虫病是类草坪病害，英文名Nematodes。该病全国各地均有发生，在暖温地带和亚热带地区可造成禾草叶、根以至全株畸形和虫瘿，使草坪大面积受损；在较凉爽地区也会造成草坪草生长瘦弱、缓慢和早衰，严重影响草坪景观（图4-81）。除直接危害外，还因取食造成的伤口而诱发其他病害，或有些线虫本身就可携带病毒、真菌、细菌等病原物而引起其他病害。

　　受害草坪上均匀的出现叶片轻微至严重的褪色，根系生长受到抑制，根短、毛根多或根上有病斑、肿大或结节，整株生长减慢，植株矮小、瘦弱，甚至全株萎蔫、死亡（图4-82）。但更多的情况是在草坪上出现环形或不规则形状的斑块。另外，由于线虫寄生禾草部位不同，引起的症状也有差异。外寄生线虫从口针刺入根表面取食，不进入根组织的内部，根部肿大及功能紊乱可能是因线虫取食的结果，还有些外寄生线虫可在植物根部形成细小的褐色坏死斑，环割根部，使之丧失功能（图4-83）。内寄生线虫进入植物根部或永久依附在根上，在根的外皮层或维管束细胞中取食，引起根的褐色病斑或肿大（图4-84）。由于线虫危害造成的症状往往与草坪管理不当所表现的症状相似，所以又常常被人们忽略，或误认为是管理问题。因此，线虫病诊断，除要进行认真仔细的症状观察外，唯一确定的方法是在土壤和草坪草根部取样检测线虫。

图4-81　线虫病

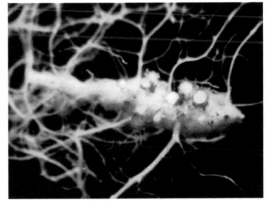

图4-82　线虫危害根

图4-83　外寄生线虫

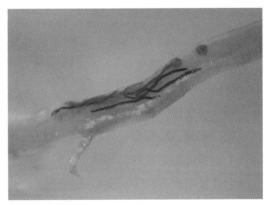

图4-84　内寄生线虫

【发生规律】线虫主要是幼虫危害。线虫通过蠕动，只能近距离移动。随地表水的径流或病土或病草皮或病种子进行远距离传播。适宜的土壤温度（20～30℃）和湿度，土表的枯草层是适合线虫繁殖的有利环境。而土壤过分干旱或长时间淹水或氧气不足，或土壤紧实、黏重等都会使线虫活动受抑制。高尔夫球场和运动场草坪，由于经常盖沙使土壤质地疏松，创造了有利于线虫生存繁殖的条件，所以线虫危害也很严重。在更新时间长、单一品种建植的草坪，由于有利于线虫种群的逐渐大量积累，即使不出现逆境条件也会造成很大危害。

【防治方法】

（1）选用无线虫侵染的草坪草种子或草皮和抗线虫的草种或品种。

（2）合理的养护管理。要重视草坪建造的土壤基础，创造有利于草坪草生长，不利于线虫滋生的环境条件；浇水可以控制线虫病害，多次少量灌水比深灌更好；合理施肥，增施磷、钾肥；适时松土；清除枯草层。

（3）化学防治。可用的杀线虫剂有溴甲烷、棉隆和二氯异丙醚等。草坪施药应在气温10℃以上，以土壤温度17～21℃的效果最佳。还要考虑土壤湿度，干旱季节施药效果差。熏蒸剂和土壤熏蒸剂仅限于播种前使用，避免农药与草籽接触。杀线虫剂一般都具较高毒性，故施药时要严格按照农药操作规程，切实避免发生农药中毒事故。

（4）生物防治。植物根际宝等生物防治或生态防治制剂，对植株有显著的保护作用，且能有效克制线虫侵染。

二十三、病毒病

【病原】病毒病的病原物是病毒。目前已知有 24 种病毒侵染草坪，引起钝叶草衰退病的是黍花叶病毒（*Panicum mosaic virus*）。

【诊断方法】病毒病是一类草坪病害，英文名 Virus disease。该病可在多种禾草上寄生，造成破坏，影响景观。

草株的叶片均匀或不均匀褪绿，出现黄化、斑驳、条斑，还可观察到植株不同程度的矮化、死蘖，甚至整株死亡。被两种或两种以上病毒侵染的植株，症状要比只受其中一种病毒侵染严重得多。病毒的不同株系引起的症状不同，并且弱毒株系可对同一病毒的强毒株系或近似病毒产生交叉保护作用，有时还会因温度等原因出现隐症现象。在福

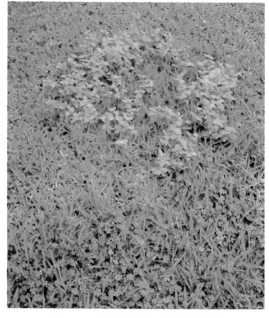

图 4-85　钝叶草衰退病危害整体

建，主要是钝叶草衰退病 SAD，初期引起钝叶草叶片出现褪绿的斑驳或花叶症状，第 2 年斑驳变得更严重，第 3 年受害草株死亡，造成草坪出现枯死斑块，枯草斑块中被杂草侵占。时间越长，上述症状就越严重，草坪衰退的可能性就越大（图 4-85 至图 4-87）。

图 4-86　钝叶草衰退病危害细部

图 4-87　钝叶草衰退病受害株

【发生规律】病毒主要以生物介体、种子、花粉和汁液等方式传播。由昆虫传播的病毒病在草坪上或大面积分布或集中靠近地边分布。土壤真菌或线虫传毒的病毒病在草坪上的分布不均匀。沙质土壤有利于土壤传毒媒介的移动。通过病种子、病草皮及其他无性繁殖材料进行远距离传播的。昆虫、线虫、荫蔽、寒冷等胁迫会加重病情。

【防治方法】

（1）种植抗病草种和品种并混合种植。防治病毒病的根本措施，应加以重视，给以利用。

（2）治虫防病。防治虫传病毒病的有效措施，通过治虫来达到防病的作用。灌水可以减轻线虫传播的病毒病害。

（3）加强草坪管理。避免干旱胁迫、均衡施肥、防治真菌病害等措施均有利于减少病毒危害。

（4）化学防治。目前没有直接防治病毒病的化学药剂，但可试用抗菌素病毒诱导剂。

二十四、白化病

【病原】白化病的病原物种类至今尚无定论，可能是类菌原体 MLO 或螺原体 Spiroplasma，也可能是由虫媒引起，如绵蚜与溢管蚜。

【诊断方法】白化病是狗牙根草坪的主要病害，别名白化丛枝病，英文名 Bermudagrass white leaf。在南方，该病频繁发生，危害甚重，已对草坪景观与整体功能的发挥构成威胁（图 4-88、图 4-89）。

图 4-88　白化病危害整体

图 4-89　白化病危害细部

　　根据目前的调查，该病分两类：第一类，草坪散生许多白化草株，初发病时，病株心叶基部呈现不明显细长淡绿色条斑，沿叶脉向叶尖蔓延，并由淡绿色转为绿白相间，最后变为淡黄白色至全白色。病株呈两种形态、一种病株的形态无异常，有时叶片稍变宽、变长；另一种病株的分蘖多且短小，茎细而节间短，整株呈扫帚状。同一匍匐茎上的侧枝，可同时存在病枝与健枝。白化草坪草的茎、叶上，常有较多同翅目昆虫活动（图 4-90、图 4-91）。第二类，草坪草成簇白化，病株茎细，节间短，拨开草丛可见大量白色絮状物及绵蚜，草丛下及床土潮湿，易发生于未修剪草坪，施用杀虫剂可使草坪草恢复正常（图 4-92）。近期，科研人员在调查中又发现新的待定虫媒与危害草坪根系的病征，但尚无明确结论。

图 4-90　白化病病株形态Ⅰ型

图 4-91　白化病病株形态Ⅱ型

图 4-92　白化病的白色絮状物及棉蚜

【发生规律】春、夏、秋季均可发生，冬季病害减轻。未修剪的草坪易发病。

【防治方法】

（1）人工挑除白化草坪植株。

（2）喷施 10% 多来宝 SC 1500 倍液，防治可能存在的虫媒。

（3）四环素、金霉素和土霉素等处理，起暂时抑制病害的作用。

第五章 城市公共草坪虫害防治

草坪虫害主要包括能对草坪造成危害的环节动物的线虫、节肢动物的昆虫、螨类等。草坪害虫主要是通过咀嚼和刺吸来采食草坪草,它们直接吞食草坪草的组织和汁液,有时也传播病害,从而减少或抑制草坪草的正常生长。草坪虫害种类多、分布广,同时具有一定的迁徙性和较强的繁殖力。草坪虫害爆发时,能对草坪造成毁灭性危害。因此,草坪养护管理者应高度重视草坪虫害防治工作。

我国草坪害虫种类比较多,但常见的主要害虫约110种,主要包括:地老虎类、夜蛾类、螟蛾类、蚜虫类、叶蝉类、飞虱类、蝗虫类、蝼蛄类、金龟甲类、盲蝽类、蟀类、蓟马类、螨类、蚊类、蝇类及软体动物等。依据草坪害虫的栖息、取食部位、生态条件的不同,可将草坪害虫划分为土栖类、食叶类、蛀茎潜叶类和刺吸类四个生态类型。

草坪虫害有些是历年发生的严重害虫,有些是偶发性害虫,有些是次要害虫,亦有些是潜在性害虫。偶发性害虫、次要害虫和潜在性害虫可能随生态条件改变和气候的变迁而上升为严重害虫。因此,在草坪管理实践中既要重视灾害性害虫的研究和防治,又要关注偶发性害虫、次要害虫和潜在性害虫的发生动向。

第一节 草坪虫害防治原理与方法

为确保草坪的健康生长,就必须对草坪虫害进行防治。草坪虫害防治并不是要将害虫彻底消灭,而是要求控制害虫的发生数量不足以造成草坪的经济损失。对草坪虫害防治通常从以下三个方面着手:一是要提高草坪草本身对虫害的抵抗能力,免遭或减轻其为害;二是要创造有利于草坪草生长发育,而不利于有害生物繁殖、生存的环境,促进草坪草健壮生长,增强抗逆能力,达到减轻害虫为害程度的目的;三是采用综合措施对害虫进行杀灭。草坪草虫害的防治方法可分为植物检疫、抗病虫等品种的利用、农业防治、物理防治、生物防治、化学防治等六个方面。

一、植物检疫

植物检疫是以立法手段防止植物及其产品在流通过程中传播有害生物的措施，其特点是从宏观整体上预防（尤其是本区域范围内没有的）有害生物的传入、定植与扩展。植物检疫是贯彻"预防为主，综合防治"植保方针的一项重要措施。

根据 1992 年公布的《中华人民共和国进境植物检疫危险性病、虫、杂草名录》，在现行的植物检疫对象中检疫性害虫有 4 种：谷斑皮蠹、白缘象、日本金龟子和黑森瘿蚊等。在草坪建植及日常养护过程中，对于一些虽未列为检疫对象，但主要靠人为因素远距离传播的有害生物，也应采取必要的检疫措施，阻止其传播和扩大蔓延。

二、草坪抗性品种的利用

植物的抗虫性是普遍存在的一种自然现象。植物经过自然和人工选择作用，在栽培植物种内产生了不同的品种。有些植物品种，由于它们的生物化学特性、形态特征、组织解剖特征、物候特点、生长发育特点等方面的原因，使某种害虫不去产卵或取食为害，或不能很好地生长发育，或虽能正常生长发育，但对植物无显著的不良影响。这些品种，我们就说它有抗虫性。抗虫性有多种类型，主要表现为不选择性、抗生性与耐害性，统称为抗虫性三机制。所谓不选择性，即在害虫发生数量相同的情况下，一些品种少或不被害虫选择前来产卵、取食。抗生性系指昆虫取食一些品种时，发育不良，体形变小，体重减轻，寿命缩短，生殖力降低，死亡率增加。耐害性系指有些作物品种受害后，有很强的补偿能力，使害虫造成的损失很低。

不同种和品种的草坪草对病害、虫害、杂草等有害生物的抗性不同，因此，在草坪有害生物的综合治理中，要重视选育和利用抗病、虫及杂草的品种，发挥草坪自身对病虫害的抵抗作用。选育和利用抗病、虫、杂草等有害生物的优良草坪草品种。

三、农业防治

农业防治法，又叫栽培防治法，就是在草坪的建植和管理过程中，通过改进栽培管理措施，创造对有害生物发生、发展不利，而对草坪作物生长发育有利的条件，直接或间接地消灭或抑制有害生物发生为害的方法。农业防治法对有害生物的影响是多方面的，其措施大都能与常规草坪养护管理措施相结合，具有经济、安全、有效、简单易行的特点，可长期控制病、虫、杂草等有害生物，因此，也是最基本的防治方法。但农业防治法也有其局限性，农业防治中每一项具体措施对有害生物发生作用的大小，往往受到多种条件的限制，同时农业防治的作用缓慢，在有害生物大量发生时难以奏效，而需依靠其他防治措施。

四、物理防治

物理机械防治就是利用人工、机械设备以及装置等来防治有害生物。物理机械防治一般简单易行，经济有效，不污染环境。物理机械防治是草坪虫害防治的重要辅助性措施。

（一）人工捕杀

指用人工对危害草坪的害虫进行捕杀。人工捕捉通常有一定的技巧方法或时间节点，例如，有些草坪害虫昼伏夜出，可在草坪夜间出来进食时捕捉；有些害虫常栖息于草坪根部，寻找这类害虫时应留意草坪根部；在害虫发生规模不大，面积集中，药械不足的情况下，利用害虫的群集性和假死性，可进行人工捕杀。

（二）诱　杀

主要是利用害虫的某种趋性或其他习性，如潜藏、产卵、越冬等对环境条件的要求，采取适当的方法诱集并杀灭害虫。

（1）潜所诱杀。利用某些害虫对栖息、潜藏和越冬场所的要求习性，人为造成适于其栖息的环境，诱集起来而加以消灭。例如，利用堆草诱杀地老虎；谷草把诱集黏虫成虫产卵。

（2）利用昆虫趋性进行诱杀。昆虫趋性诱杀有多种方式：可利用昆虫趋光性，设置黑光灯、双波灯等进行灯光诱杀；利用昆虫对颜色的趋性，采用色板诱杀，如用黄色黏虫板诱杀蚜虫；利用趋化性诱杀，如利用糖醋液诱杀小地老虎和黏虫，利用马粪或炒香的麦麸诱杀蝼蛄等；利用植物诱杀，如用地老虎对青草的趋性，制成青草毒饵诱杀。

（三）阻　断

根据害虫的发生发展规律，人为设置各种障碍物，阻止害虫的扩散蔓延。如用开沟和布设撒药带阻杀群迁的黏虫幼虫。

（四）高低温处理

许多携带在贮藏期草坪草种子中的虫卵、病菌和螨类，如禾本科杂草的一些黑粉菌、线虫等，在温度和含水量适宜的条件下，能够保持其活力。如果在不影响种子活力的范围内，对温度在短时间内人为的加以改变，借助温度的陡然变化就可以杀死病虫。

五、生物防治

生物防治就是利用有益生物或生物代谢产物来防治草坪有害生物的方法。其优点是对人畜和植物安全，对环境污染少，部分有益生物如害虫的天敌和防治病害的益菌有持久性防治效果等。因此，生物防治是综合防治的一项重要内容。但生物防治也有明显的局限性，如作用较缓慢，使用时受环境影响大，效果不稳定；多数天敌的选择性或专化性强，作用范围窄；人工开发技术要求高，周期长等。

草坪虫害的生物防治主要包括以虫治虫、以菌治虫及其他有益动物的利用。

（1）利用天敌昆虫防治害虫。以害虫作为食料的昆虫，称为天敌昆虫。利用天敌昆虫防治害虫又称为"以虫治虫"。自然界中，天敌昆虫的种类很多，如瓢虫捕食蚜虫。

（2）利用微生物防治害虫。又称为"以菌治虫"。自然界中，昆虫和其他动物一样，极易感染疾病死亡。能使昆虫感病的病原微生物很多，包括细菌、真菌、病毒和线虫等。细菌类如利用苏云金杆菌类防治鳞翅目幼虫；真菌类如利用白僵菌防治鳞翅目幼虫、蛴螬、叶蝉、飞虱等；利用病毒防治鳞翅目幼虫、膜翅目幼虫和螨类等。

（3）利用其他有益生物防治害虫。这些有益生物主要是动物，包括蜘蛛、食虫螨、两栖类、爬行类、鸟类、家禽等。保护各类有益生物也是防治害虫的有效措施。

六、化学防治

化学防治是利用化学物质杀死或抑制病原生物、昆虫、杂草等有害生物。化学防治具有适用范围广、作用迅速、效果显著、使用方便、经济效益高等一些其他防治措施所无法替代的优点，是当前有害生物防治的重要手段之一，是有害生物综合治理中不可缺少的环节，尤其是当病虫害大发生后，化学防治往往是惟一有效的办法。当然，化学防治存在的问题也很多，其中最突出的有由于农药使用不当导致有害生物产生抗药性；对天敌及其他有益生物的杀伤，破坏了生态平衡，使害虫再增猖獗；农药的高残留污染环境，形成公害；使用不当往往还对草坪草产生药害等。

农药品种繁多，可根据农药的用途、成分、防治对象或作用方式、机理等进行分类。草坪虫害防治通常按作用方式分类。

（1）胃毒剂。只有被昆虫取食后经肠道吸收进入体内，到达靶标才可起到毒杀作用的药剂。如敌百虫等，适用于防治咀嚼式口器害虫。施药时要求将药剂均匀喷在植物表面或拌在饵料中。

（2）触杀剂。接触到昆虫体表皮后进入虫体，便可起到毒杀作用的药剂。如辛硫磷、抗蚜威等。这类药剂必须喷在虫体上或在植物表面，使其有接触虫体的机会。

（3）熏蒸剂。以气体状态通过昆虫呼吸器官进入体内而引起昆虫中毒死亡的药剂。如磷化铝、溴甲烷等。熏蒸剂适宜在密闭性较好的环境中使用。

（4）内吸剂。使用后可以被植物体（包括根、茎、叶及种、苗等）吸收，并可传导运输到其他部位组织，使害虫吸食或吞食后中毒死亡的药剂。如氧化乐果等。内吸剂适于防治刺吸式口器害虫。

（5）拒食剂。可影响昆虫的味觉器官，使其厌食、拒食，最后因饥饿、失水而逐渐死亡，或因摄取不足营养而不能正常发育的药剂。

（6）驱避剂。施用后可依靠其物理、化学作用（如颜色、气味等）使害虫忌避或发生转移、潜逃现象，从而达到保护寄主植物或特殊场所目的的药剂。

（7）引诱剂。使用后依靠其物理、化学作用（如光、颜色、气味等）可将害虫诱聚而利于歼灭的药剂。

其他通过干扰害虫某种生理机能或行为来达到防治目的的杀虫药剂还有不育剂、昆虫生长调节剂等。

目前使用的多数杀虫剂，常兼有几种杀虫作用，如氧化乐果除有内吸作用外，还兼有胃毒和触杀作用，敌敌畏同时具有熏蒸和触杀作用。

第二节　草坪常见虫害及防治

一、地老虎类

（一）小地老虎

小地老虎鳞翅目夜蛾科，别名土蚕、地蚕、黑土蚕、黑地蚕、夜盗虫、切根虫，学名 *Agrotis ypsilon*，英文名 Black cutworm、Dark sword grass moth、Greasy cutworm。全国各省均有分布，以雨量丰富、气候湿润的长江流域与东南沿海各省发生最重。小地老虎的低龄幼虫将叶片啃成孔洞、缺刻，大龄幼虫白天潜伏于根部土中，傍晚和夜间切断近地面的茎部，致使整株死亡；发生量大时，往往会使草坪大片光秃，需要新植草皮（图 5-1）。

图 5-1　小地老虎危害

成虫：体长 16～23mm，翅展 42～54mm。前翅暗褐色，前翅前缘颜色较深，亚缘线白色，锯齿状，其内侧有 2 黑色尖三角形与前 1 个三角形纹尖端相对，是其最显著特征。后翅背面白色，前缘附近黄褐色（图 5-2）。卵：半球形，高约 0.5mm，宽约 0.61mm。卵壳表面有纵横交叉的隆起线纹。初产时乳白色，孵化前变成灰褐色（图 5-3）。幼虫：体长 41～50mm，宽 7～8mm，体形稍为扁平，黄褐色至黑褐色，体表粗糙，满布龟裂状的皱纹和黑色微小颗粒。腹部 1 ～ 8 节背面有 4 个毛片，后方的 2 个较前方的 2 个要大 1 倍以上。腹部末节的臀板黄褐色，有对称的 2 条深褐色纵带（图 5-4）。蛹：体长 18 ～ 24mm，宽约 9mm，红褐色或暗褐色。腹部第 4 ～ 7 节基部有 1 圈点刻，在背面的大而色深，腹端具臀棘 1 对（图 5-5）。

图 5-2　小地老虎成虫

图 5-3　小地老虎卵

图 5-4　小地老虎幼虫

【防治方法】防治地老虎，一般应以第 1 代为重点，采取栽培防治和药剂防治相结合的综合措施。

（1）除草灭虫。杂草是地老虎产卵的主要场所及幼龄幼虫的饲料，发生严重地区在地老虎产卵期或卵末孵化之前，铲除草坪周围杂草，可以清除产卵孳生场所和杀灭部分虫卵，并能断绝幼虫早期食料来源；还可采用耙耱草坪等措施对小地老虎机械杀伤。

（2）诱杀成虫。在蛾盛期用黑光灯或糖醋酒液诱杀，是防治地老虎有效而简便的方法。

图 5-5　小地老虎蛹

（3）捕捉幼虫。对高龄幼虫，于清晨在断苗周围或沿着残留在洞口的被害茎叶，将土拨开 3 ～ 6cm 深，即可捕到幼虫；或用泡桐叶诱杀。

（4）药剂防治。① 喷药防治：地老虎 1 ～ 3 龄幼虫期抗药性差，且暴露在寄主植物或地面上，是药剂防治的适期。喷洒 2.5% 溴氰菊酯或 20% 氰戊菊酯 3000 倍液、20% 菊·马乳油 3000 倍液、10% 溴·马乳油 2000 倍液、90% 敌百虫 800 倍液或 50% 辛硫磷 800 倍液等。② 毒饵诱杀：幼虫危害幼苗根茎部时，可用毒饵诱杀。将饼肥碾细磨碎，放在锅里炒香，取出后拌以毒剂制成。用油菜籽饼 8kg，90% 晶体敌百虫 0.5kg 加水使湿润，制成毒饵，撒在草坪上，效果也很好。也可用鲜草毒饵。配制时，先将鲜草切成段，拌入 90% 晶体敌百虫 500 ～ 800 倍液。黄昏前分成小堆堆放在地里。为了保持毒草水分，可踏实底土，增强土壤毛细管作用，并可在草堆上盖些枯草，以减少蒸发，早、晚还可适当洒水。施用上述毒饵诱杀，应在地老虎危害盛期以前进行，但 3 龄以前幼虫食量少、活动力弱，效果不好，以 4、5 龄幼虫为宜。施用毒饵前应清除田边杂草。在地老虎发生较早地区，于整地后出苗前施用，更为有效。③ 药剂处理土壤：应用较多的是辛硫磷颗粒处理土壤。具体配制和施用方法是将 5% 辛硫磷颗粒剂或 25% 辛硫磷微胶囊剂加上筛过的细土，拌匀后施于幼苗周围，按穴施入。此外也可选用 3% 米乐尔颗粒剂，每亩 2 ～ 5kg 毒土处理土壤。

（二）大地老虎

大地老虎鳞翅目夜蛾科，别名黑虫、地蚕、土蚕、切根虫、截虫，学名 *Agrotis tokionis*，英文名 Giant cutworm、Larger cutworm、Greasy cutworm、Larger cabbage cutworm。分布比较普遍，常与小地老虎混合发生，但仅在长江沿岸部分地区发生较多。大地老虎 4 龄以前的幼虫不入土蛰伏，常在草丛间啮食叶片；4 龄以后白天伏于表土下，夜间活动危害；发生量大时，往往会使草坪大片光秃。

成虫：体长 20 ～ 23mm，翅展 45 ～ 48mm，头部、胸部褐色，下唇须第 2 节外侧具黑斑，颈板中部具黑横线 1 条。腹部、前翅灰褐色，外横线以内前缘区、中室暗褐色，基线双线褐色达亚中褶处，内横线波浪形，双线黑色，剑纹黑边窄小，环纹具黑边圆形褐色，肾纹大具黑边，褐色，外侧具 1 黑斑近达外横线，中横线褐色，外横线锯齿状双线褐色，亚缘线锯齿形浅褐色，缘线呈一列黑色点，后翅浅黄褐色（图 5-6）。卵：半球形，直径 1.8mm，高 1.5mm，初产时浅黄色，渐变褐色，孵化前变灰褐色（图 5-7）。幼虫：老熟幼虫体长 40 ～ 62mm，扁圆筒形，黄褐色至黑褐色，体表多皱纹，微小颗粒不明显。头部褐色，中央具黑褐色纵纹 1 对，额（唇基）三角形，底边大于斜边，各腹节 2 毛片与 1 毛片大小相似。气门长卵形黑色，臀板除末端 2 根刚毛附近为黄褐色外，几乎全为深褐色，且全

图 5-6　大地老虎成虫

布满龟裂状皱纹（图5-8）。蛹：纺锤形，体长22～29mm，赤褐色，第4～7节前缘密布刻点，腹末臀棘呈三角形，具短刺1对，黑色。

【防治方法】参照小地老虎。

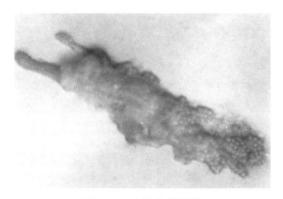

图5-7　大地老虎卵块

图5-8　大地老虎幼虫

（三）黄地老虎

黄地老虎鳞翅目夜蛾科，别名土蚕、地蚕、切根虫、截虫，学名 *Agrotis segetum*，英文名 Turnip moth、Yellow cutworm。分布除广东、海南、广西未见报道外，其他省份均有分布。黄地老虎的低龄幼虫把嫩叶咬成小孔，或把卷着的心叶咬穿，叶片展开后形成小排孔，龄期稍大的幼虫，多在苗茎基部紧贴土表咬断或蛀1小孔，造成枯心苗。

图5-9　黄地老虎成虫

成虫：体长14～19mm，翅展32～43mm，灰褐至黄褐色。额部具钝锥形突起，中央有一凹陷。前翅黄褐色，全面散布小褐点，各横线为双条曲线但多不明显，肾纹、环纹和剑纹明显，且围有黑褐色细边，其余部分为黄褐色；后翅灰白色，半透明（图5-9）。卵：扁圆形，底平，黄白色，具40多条波状弯曲纵脊，其中约有15条达到精孔区，横脊15条以下，组成网状花纹（图5-10）。幼虫：体长33～43mm，宽5～6mm，体形常呈圆筒形。体色变化较大，黄褐色，有光泽，有的背线、亚背线、气门线暗色。表皮多皱纹，

图5-10　黄地老虎卵

颗粒不显。腹部背面有毛片 4 个，前后方各 2 个且大小相似。腹部末端臀板中央有黄色纵纹，两侧各有 1 黄褐色大斑（图 5-11）。

蛹：体长 15～20mm，第 4 腹节背面中央有稀小不明显的刻点，第 5～7 刻点小而多，背面和侧面刻点大小相同。

【防治方法】参照小地老虎。

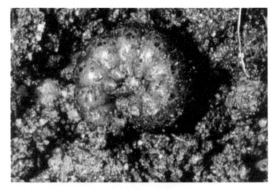

图 5-11　黄地老虎幼虫

二、夜蛾类

（一）甜菜夜蛾

甜菜夜蛾鳞翅目夜蛾科，别名贪夜蛾、玉米叶夜蛾、白菜褐夜蛾，学名 *Spodoptera exigua*，英文名 Beet armyworm。分布北起黑龙江，南抵广东、广西，东起沿海各省份，西达陕西、四川、云南，近年来有逐渐发展成为一种重要害虫的趋势。初龄幼虫群集叶背啮食，只留上表皮，不久干枯成孔，虫龄增大，分散为害，食叶成穿孔或缺刻；在高温干旱年份容易大发生，造成严重危害（图 5-12）。

图 5-12　甜菜夜蛾危害

成虫：体长 8～10mm，翅展 19～25mm。头部及胸部灰褐色，有黑点。腹部淡褐色。前翅灰褐色，基线仅前段可见双黑纹，内横线双线黑色，波浪形外斜，剑纹为一黑条，环纹粉黄色，黑边，肾纹粉黄色，中央褐色，黑边，中横线黑色，波浪形，外横线双线黑色，锯齿形，前、后端的线间白色，亚缘线白色，锯齿形，两侧有黑点，外侧在 M1 处有 1 个较大的黑点，缘线为一列黑点，各点内侧均衬白色；后翅白色，翅脉及缘线黑褐色（图 5-13）。卵：

图 5-13　甜菜夜蛾成虫

圆馒头形，初产时污白色，渐变为黄绿色，孵化前呈褐色，卵块上盖有雌蛾腹端的绒毛。**幼虫**：头部褐色有灰白色斑点，前胸盾暗褐色或青色，胸足青色，腹足褐色，体色泽多变化。**蛹**：黄褐色，腹部第 3～7 节背面和第 5～7 节腹面有粗点刻，臀刺粗，基部分开，端部微微弯曲，第 10 节背中央有小刺 1 对（图 5-14）。

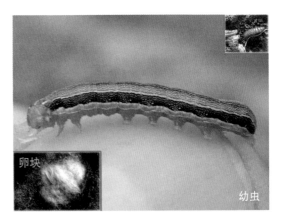

图 5-14 甜菜夜蛾卵、幼虫与蛹

【防治方法】由于甜菜夜蛾的幼虫具有较强的抗药能力，在防治上应注重农业防治，药剂防治必须抓住多数幼虫在 2 龄期施药，应优先选用生物制剂、几丁质合成抑制剂和化学农药交替使用和合理混用。

（1）农业防治。采用清除杂草，合理冬灌，并结合田间作业摘除卵块等进行防治。

（2）灯光诱杀。甜菜夜蛾具有强的趋光性，可安装黑光灯诱杀成虫。

（3）生物防治。苏云金杆菌 Bt 乳剂、复方 Bt 乳剂、增效 Bt 乳剂，兑水 500～1000 倍，气温稳定在 20℃以上，幼虫在 1、2 龄期施用，具有效果好、无公害、不杀伤天敌等优点。

（4）药剂防治。根据幼虫抗药力强的特点，在药剂选择上以几丁质合成抑制→单一化学药剂→几种作用机理不同化学农药现混现用的轮换方式较好。① 用 20% 虫死净超微粉，或 5% 抑太保乳油，或 5% 卡死克乳油，或 20% 灭幼脲 1 号，或 25% 灭幼脲 3 号悬浮剂兑水 500～1000 倍液喷雾，可使其幼虫不能顺利脱皮而致死，具有高效、安全、无污染、杀伤天敌少等优点。施药时间应在卵孵初盛期进行。② 选用 50% 辛硫磷乳油、98% 巴丹原粉、50% 杀螟松乳袖 1000～1500 倍，仔细喷雾，均匀周到。施药适期宜在多数幼虫 2 龄前进行。③ 现混现用。亩用 70mL 21% 灭杀毙乳油 +100mL 80% 敌敌畏乳油，或亩用 l00mL 80% 敌敌畏乳油 +40mL 50% 辛硫磷乳油 +20mL 2.5% 功夫兑水 50～70kg，在 2 龄期前均匀喷在植株各部和叶片的正反两面，可获得良好的防效。

（二）甘蓝夜蛾

甘蓝夜蛾鳞翅目夜蛾科，别名甘蓝夜盗虫、菜夜蛾，学名 *Mamestra brassicae*，英文名 Cabbage moth、Cabbage armyworm。全国各地均有分布，北方发生较重。甘蓝夜蛾以幼虫为害叶片，刚孵化时集中在所产卵块的叶背取食，残留表皮，呈现出密集的"小天窗"状，稍大渐分散，将叶吃成小孔，4 龄后，夜间取食，吃成大孔，仅留叶脉。

成虫：体长 18～25mm，翅展 45～50mm，灰褐色；前翅肾形斑灰白色，环形斑灰黑色，沿外缘有黑点 7 个，下方有白色点 2 个，前缘近端部有 3 个小白点；后翅灰白色（图 5-15）。**卵**：半球形，初黄白色，后来中央和四周上部出现褐色环纹，孵前呈紫黑色（图 5-16）。**幼虫**：

初孵幼虫黑绿色，以后体色多变，从淡绿色至黑褐不等，背线及亚背线灰黄且细，气门线和气门下线成一灰黄色宽带，各体节背面有马蹄形斑。蛹：长约 20mm，赤褐色，腹部背面 5 ～ 7 节前缘处有较粗密的刻点，臀棘较长，未端着生 2 根长刺（图 5-17 至图 5-18）。

图 5-16 甘蓝夜蛾卵

图 5-15 甘蓝夜蛾成虫

图 5-17 甘蓝夜蛾蛹

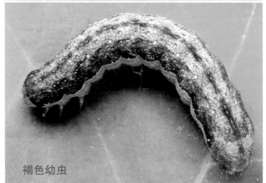

图 5-18 甘蓝夜蛾幼虫

【防治方法】

（1）农业措施。采用清除杂草，合理冬灌，并结合田间作业摘除卵块等进行防治。

（2）诱杀防治。在成虫发生期用黑光灯或糖醋盆诱杀成虫。

（3）生物防治。释放天敌昆虫灭卵及幼虫；利用核型多角体病毒 $5 \times 10^2 \sim 5 \times 10^6$ 个多角体 /mL 处理幼虫，15d 后全部死亡。

（4）药剂防治。在幼虫 3 龄前喷药，可采用 5% 抑太保乳油 4000 倍液，或 5% 卡死克乳油 4000 倍液，或 5% 农梦特乳油 4000 倍液，或 20% 灭幼脲 1 号悬浮剂 500 ～ 1000 倍液，或 25% 灭幼脲 3 号悬浮剂 500 ～ 1000 倍液，或 40% 菊杀乳油 2000 ～ 3000 倍液，或 40% 菊马乳油 2000 ～ 3000 倍液，或 20% 氰戊菊酯 2000 ～ 4000 倍液，或灭杀毙（21% 增效氰·马乳油）6000 ～ 8000 倍液，或茴蒿素杀虫剂 500 倍液等，速效并可持效达 10d 以上。

（三）黏 虫

黏虫鳞翅目夜蛾科，别名剃枝虫、五色虫、夜盗虫，学名 *Mythimna separata*，英文名 Oriental armyworm、Armyworm、Rice armyworm、Rice ear-cutting caterpillar。除新疆未见报道外，遍布全国各地。幼虫咬食叶片，1 ～ 2 龄幼虫仅食叶肉，形成小圆孔，3 龄后形成缺刻，5 ～ 6 龄达暴食期。危害严重时将叶片吃光，使植株形成光秆。如，厦门地区 8 月中下旬出现幼虫为害，9 月为危害盛期；1、2 龄幼虫白天隐藏于草的心叶或叶鞘中，

图 5-19　黏虫危害

晚间取食叶肉，形成麻布眼状的小条斑；3 龄后将叶缘咬成缺刻，此时有假死性和潜入土中的习性。成虫昼伏夜出，趋光性很强，对糖、蜜、酒、醋有特别嗜好。成虫具有远距离迁飞能力（图 5-19）。

成虫：体色呈淡黄色或淡灰褐色，体长 17 ～ 20mm，翅展 35 ～ 45mm，前翅中央近前缘有 2 个淡黄色圆斑，外侧圆斑较大，其下方有 1 小白点，白点两侧各有 1 个小黑点。后翅内方淡灰褐色，向外方渐带棕色。雄蛾稍小，体色较深，其尾端向后压挤后，可伸出 1 对鳃盖形的抱握器，抱握器顶端具 1 长刺。雌蛾腹部末端有一尖形的产卵器（图 5-20）。卵：很小，呈馒头形，初产时乳白色，卵表面有网状脊纹，孵化前呈黄褐色至黑褐色（图 5-21）。幼虫：老熟幼虫体长 38mm 左右。体色变化很大。发生量少时体色较浅，大发生时体呈黑色。头部淡黄褐色，沿蜕裂线有一呈"八"字形黑褐色纵纹，左右颊侧

图 5-20　黏虫成虫

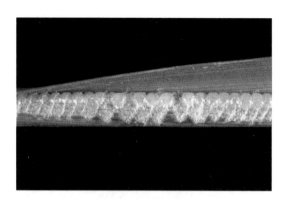

图 5-21 黏虫卵

图 5-22 黏虫幼虫

区有褐色网状纹。体背有 5 条纵线，背线白色较细，两侧各有 2 条黄褐色至黑色，上下镶有灰白色细线的宽带。腹面污黄色，腹足基节有阔三角形黄褐色或黑褐色斑。幼虫一般 6 龄（图 5-22）。蛹：红褐色。体长 19～23mm，腹部第 5、6、7 节背面近前缘处有横列的马蹄形刻点，中央刻点大而密，两侧渐稀。尾端具 1 对粗大的刺，刺的两旁各生有短而弯曲的细刺 2 对。雄蛹生殖孔在腹部第 9 节，雌蛹生殖孔位于第 8 节（图 5-23）。

图 5-23 黏虫蛹

【防治方法】

（1）诱杀成虫。从蛾子数量上升时起，用糖醋酒液或其他发酵有酸甜味的食物配成诱杀剂，盛于盆、碗等容器内，每公顷放 2～3 盆，盆要高出草坪 30cm 左右，诱剂保持 3cm 深左右，每天早晨取出蛾子，白天将盆盖好，傍晚开盖。5～7d 换诱剂 1 次，连续 16～20d。糖醋酒液的配制是糖 2 份、酒 1 份、醋 4 份、水 3 份，调匀后加 1 份 2.5% 敌百虫粉剂。

（2）诱蛾采卵。从产卵初期开始直到盛末期止，在草坪设置小谷草把，每公顷 150 把，采卵间隔时间 3～5d 为宜，最好把谷草把上的卵块带出草坪消灭，再更换新谷草把。

（3）药剂防治。在幼虫发生期内喷洒灭幼脲 6000～8000 倍液或 500 倍液的 Bt 乳剂防效好；2.5% 敌百虫与 2% 乐果粉剂等量混合或单用 2.5% 敌百虫粉剂以喷粉器或以布袋撒粉 22.5～37.5kg/hm^2，防效达 90% 以上，20% 速灭杀丁或 5.0% 辛硫磷的 2000 倍液常量喷雾，或以 25% 敌百虫油剂超低量喷雾，50% 敌敌畏 1000 倍液，40% 乐果乳油 1000 倍液，2.5% 功夫乳油 2500～3000 倍液喷雾防治效果不错，灭扫利、莱福灵、灭多威、西维因等对黏虫的防治效果均可达 100%。

（4）保护和利用天敌。黏虫天敌很多，如鸟类、蛙类、捕食和寄生性昆虫、线虫、微生物等，保护天敌生活环境，增加天敌数量，能够对黏虫防治发挥重要作用。

（四）淡剑袭夜蛾

淡剑袭夜蛾鳞翅目夜蛾科，又名淡剑夜蛾、结缕草夜蛾、小灰夜蛾，学名 *Sidemia depravata*，英文名 Lawn grass cutworm。分布广泛，几乎全国各地草坪都有发生。淡剑袭夜蛾的初孵幼虫在叶片上部群集啃食叶肉造成草坪青白枯萎；2龄后分散，3龄后在草坪的茎部啃食嫩茎，白天栖息于草坪草的叶背、根颈部或贴近土壤潮湿处，具有假死性，低龄幼虫受惊动卷曲呈"C"形，高龄幼虫在草坪根际活动虫多，虫粪较明显；多在早晚和夜间取食，阴雨天昼夜咬食危害，危害严重时，将草坪草吃光，严重影响观赏效果（图5-24）。

图5-24　淡剑袭夜蛾危害

成虫：体长11～13mm，翅展22～25mm，淡灰褐色。雄成虫触角羽状，雌虫则为丝状。前翅基线褐色，内横线褐色，微波浪形，在亚中褶处明显外弯，环纹与肾纹均不明显，边缘褐色，外横线双线褐色，波浪形，外一线弱，亚中褶有1条褐纹连接内、外横线，亚缘线细锯齿形；后翅白色（图5-25）。卵：淡绿色，光滑无纹。卵块椭圆形或条状，上覆灰白色疏松长毛（图5-26）。幼虫：6龄，刚孵化时头为黄褐色，体为乳白色，复眼黑色，取食后体呈黄绿色，末龄幼虫体长25mm，背线黄褐，亚背线、气门上线、气门下线淡黄白色，腹部淡绿。蛹：长12～15mm，宽约4.5mm，棕褐色有光泽。前胸背板两侧有黑色突起，腹部第2～7节背面前缘有粗糙刻点，其中第5～7节刻点略隆起，腹部末端有黑色臀棘2根（图5-27）。

图5-25　淡剑袭夜蛾成虫

图5-26　淡剑袭夜蛾卵

【防治方法】

（1）人工摘除卵块。产卵期，将卵连叶摘除集中处杀。

（2）灯光诱杀。抓住成虫趋光性特点，结合草坪地亮化，设置专用灯光诱杀成虫。

（3）保护天敌。麻雀、喜鹊、蚂蚁、青蛙等取食幼虫，有一定的抑制作用。在种植场地周围，应禁止打鸟、捕捉青蛙。必需使用农药时，应选择适用的药剂和措施。

（4）药剂防治。以低龄幼虫防治为宜。拟除虫菊酯类的夜蛾必杀和高效氯氰菊酯、有机磷类的敌百虫、辛硫磷和喹硫磷对该虫都很敏感，在常用浓度下防效均达95%以上。Bt 乳剂和灭幼脲 3 号对低龄期幼虫防治效果高，但速效性不够。

（五）斜纹夜蛾

斜纹夜蛾鳞翅目夜蛾科，别名莲纹夜蛾、莲纹夜盗蛾，学名 *Spodoptera litura*，英文名 Cotton leafworm、Tobacco semi-looper、Common cutworm、Cluster caterpillar。世界性害虫，国内各地区均有分布，属暴发性食叶害虫。成虫昼伏夜出。初孵幼虫群集在卵块附近取食，3 龄前仅食叶肉，留上表皮及叶脉，呈现白色纱孔状的斑块，后变黄色，很易识别。初孵时，日夜均可取食，但遇惊扰就会四处爬散，或吐丝下坠，或假死落地；2 龄后开始分散；4 龄以后进入暴食期，日间潜伏于叶基间或土中，傍晚始出为害，使草坪成片斑枯，且排泄大量虫粪，污染草皮，使之失去观赏和利用价值（图 5-28）。

图 5-27　淡剑袭夜蛾幼虫和蛹

图 5-28　斜纹夜蛾危害

成虫：雌体长 21 ～ 27mm，翅展 38 ～ 48mm，体黑褐色，触角丝状，灰黄色，复眼黑褐色，前翅黑褐色，外缘锯齿状，从顶角斜向后缘有 2 条黄褐色带搭成长"人"字形，中脉较粗，黄褐色；后翅灰黄色，外缘灰黑色，翅脉明显浅黄色。雄体长 17 ～ 23mm，翅展 32 ～ 40mm。体灰褐色，触角丝状，灰黑色，复眼黑色，前翅深黑褐色，外缘钝锯齿状，从顶角斜向后缘有 4 条黄褐色纹线搭成双线长"人"字形，中脉与臀脉明显、黄褐色，后翅灰褐色，靠外缘近 1/3 宽度为灰黑褐色，后翅翅脉灰黑色（图 5-29）。卵：扁半球形，直径约 0.4 ～ 0.5mm，初产时黄白色，后变为淡绿色，将孵化时卵顶呈现黑点，卵为紫黑色，呈块状，卵块由 3 ～ 4 层卵粒组成，外覆灰黄色疏松的绒毛（图 5-30）。幼虫：初步分 6 龄，老熟幼虫体长 35～47mm。头部黑褐色，胸腹部颜色变化较大，因寄主和虫口密度不同而有变化，常为土黄色、青黄色、灰褐色或暗绿色。全体遍布不太明显的白色斑点，背线、亚背线及气门下线均为灰黄色及橙黄色。从中胸至第 9 腹节在亚背线内侧有近似三角形的黑斑 1 对，其中以第 1、7、8 腹节的最大，中、后胸的黑斑外侧伴以黄白色小点，气门黑色。胸足近黑色，腹足暗褐色，刚毛极短（图 5-30、图 5-31）。蛹：长 15～20mm，初蛹化时脂红色而稍带青色，以后渐变超红色。腹部背面第 4～7 节近前缘处各有 1 小点刻。臀棘短，有 1 对强大而弯曲的刺，刺的基部分开（图 5-32）。

图 5-29　斜纹夜蛾成虫

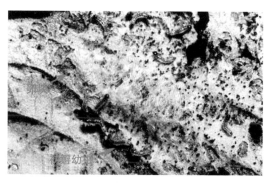

图 5-30　斜纹夜蛾卵块与初孵幼虫

图 5-31　斜纹夜蛾幼虫

图 5-32　斜纹夜蛾蛹

【防治方法】

（1）诱杀成虫。利用成虫趋光性和趋化性，用黑光灯、糖醋液，杨树枝及甘薯、豆饼发酵液诱杀成虫。

（2）清洁草坪。加强田间管理，同时结合日常管理采摘卵块，消灭幼虫。

（3）保护天敌。斜纹夜蛾的天敌种类较多，如瓢虫、蜘蛛、寄生蜂、病原菌及捕食性昆虫等，应加以保护利用。

（4）药剂防治。防治该虫的幼虫，要在暴食期以前进行。由于幼虫白天不出来活动，故喷药宜在午后及傍晚进行。常用药剂有 5% 锐劲特悬浮剂 2500 倍液、15% 菜虫净乳油 1500 倍液、2.5% 天王星或 20% 灭扫利乳油 3000 倍液、35% 顺丰 2 号乳油 1000 倍液、5.7% 百树菊酯乳油 4000 倍液、10% 吡虫啉可湿性粉剂 2500 倍液、5% 来福灵乳油 2000 倍液、5% 抑太保乳油 2000 倍液、20% 米满胶悬剂 2000 倍液、44% 速凯乳油 1000 ～ 1500 倍液、4.5% 高效顺反氯氰菊酯乳油 3000 倍液等。当发现高龄幼虫分散危害时，可用 90% 晶体敌百虫加适量水化开，拌入碾碎的豆饼或菜饼，加入适量的水制成毒饵，于晴天傍晚撒在草坪上，可诱杀幼虫。

（六）禾灰翅夜蛾

禾灰翅夜蛾鳞翅目夜蛾科，又称稻叶夜蛾、眉纹夜蛾、灰翅夜蛾，学名 *Spodoptera mauritia*，英文名 Paddy cutworm、Lawn armyworm、Paddy armyworm。我国南方都有发生，属多食性"夜盗"式害虫。该虫在福建年发生 4 ～ 8 代，以老熟幼虫或蛹入土越冬。对狗牙根草坪危害严重，以幼虫取食草坪叶片及嫩茎，第 1 ～ 3 龄幼虫食叶成缺刻，第 5 ～ 6 龄食量暴增，是主要的为害期，对草坪造成毁灭性的损害（图 5-33）。

图 5-33　禾灰翅夜蛾危害

成虫：体长 14～16mm，翅展 30～36mm。雄蛾暗褐至灰黑色，前翅灰黑，有灰白环纹，中央灰褐色，肾状纹黑褐色，周缘灰白；内横线白色，前翅有一不明显的灰白斜带，外横线及外缘线为灰白色波状纹。后翅色白，顶角及外缘处暗褐。雌蛾色较浅，前翅内横线前端无灰白色斜带（图 5-34）。**卵**：半球形，淡黄，卵块覆盖黄褐色绒毛，呈绒块状。**幼虫**：具假死性，体色变化很大，青绿色至暗褐色，多为 6 龄。第 1 ～ 3 龄体多为青绿色，气门线紫红色。从第 3 龄开始，腹部各节在亚背线外侧有 1 个黑色眉状斑，各斑大小相等，身体腹面绿色，无花纹。第 5 ～ 6 龄体变墨绿色或灰黑色。老熟幼虫多入土 2 ～ 4cm 化蛹。**蛹**：长 15 ～ 18mm，初玉绿，后转栗红，腹部第 5 ～ 7 腹节背面前缘处密布细刻点，臀刺 2 枚，大而弯曲（图 5-35）。

图 5-34　禾灰翅夜蛾成虫

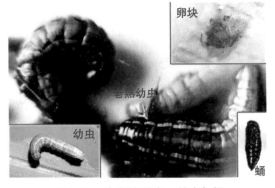

图 5-35　灰翅夜蛾卵、幼虫与蛹

【防治方法】

（1）农业防治。定期修剪草坪草，清除叶片上部的虫卵；清除草坪及周边杂草，恶化栖息环境等。

（2）诱杀成虫。利用黑光灯诱杀成虫。

（3）药剂防治。根据调查结果及草坪管理质量要求，化学防治适期为 2～3 龄幼虫盛期，防治指标为虫口密度 20 头 /m²。常规药剂（40% 乐斯本乳油、40% 乐果乳油、90% 敌百虫乳油等）对防治该虫有效，药后 2d 防效达 95% 以上。

三、螟蛾类

（一）草地螟

草地螟鳞翅目螟蛾科，别名甜菜网螟、黄绿条螟、网锥额野螟，学名 *Loxostege sticticalis*，英文名 Meadow moth、Beet webworm。世界性害虫，主要分布在我国华北、东北和西北地区。该虫食性杂，初孵幼虫取食嫩叶，残留表皮，并常在植株上结网躲藏，3 龄后食量大增，可将叶片吃成缺刻、孔洞，仅留网状的叶网，使草坪失去应有的光泽、质地、密度和均匀性，甚至造成光秃，降低了甚至完全失去了欣赏和使用价值。

成虫：体长 9～12mm，翅展 24～30mm，暗褐色。头顶颜面突起呈圆锥形，下唇须上翘，触角丝状。前翅灰褐色至暗褐色，翅中央稍近前缘有一近似长方形的淡黄或淡褐色斑，翅外缘为黄白色，并有一串淡黄色的小斑点连成的条纹，后翅黄褐色或灰色，翅基部较淡，沿外缘有 2 条平行的黑色波状条纹。停歇时翅覆于身体背部，折成三角形（图 5-36）。卵：长 0.8～1.0mm，宽 0.4～0.5mm，椭圆形，乳白色，有光泽。底部平，顶部稍隆起，在植物表面呈覆瓦状排列。幼虫：共 5 龄，各龄幼虫的体色有变化。末龄体长 16～25mm，头宽 1.25～1.5mm，灰黑或淡绿色。头黑色，有明显的白斑。前胸盾片黑色，有 3 条黄色纵纹，背部有 2 条黄色的断线，两侧有鲜黄色纵纹，体上疏生较显著的毛瘤，毛瘤上刚毛基部黑色，外围

图 5-36 草地螟成虫

有 2 个同心的黄白色环（图 5-37）。蛹：长
8～15mm，黄色至黄褐色。蛹外有口袋形的
茧，茧长 20～40mm，在土表下直立，上端
开口处用丝质物封盖。

（1）人工拉网。利用成虫白天不远飞的
习性，用拉网法捕捉。拉网是用纱网做成网
口宽 3m，高 1m，深 4～5m，网底用白布，
网口也用布边制成，网的左右两边穿上竹竿，
将网贴地迎风拉网，成虫即可被拉入网内，
一般在羽化后 5～7d 拉第一次网，以后每隔 5d 拉网 1 次。

图 5-37　草地螟卵与幼虫

（2）诱杀。成虫发生期可用黑光灯或性诱剂进行诱杀。

（3）药剂防治。用 2.5% 敌百虫粉剂喷粉，用量为 22.5～30kg/km²。90% 敌百虫结晶 1000
倍液（加入少量碱面）、50% 马拉硫磷和 50% 辛硫磷乳油 1000 倍液、25% 鱼藤精乳油 800 倍液
喷雾。还可用每克菌粉含 100 亿活孢子的杀螟杆菌菌粉或青虫菌菌粉 2000～3000 倍液喷雾。

（二）稻纵卷叶螟

稻纵卷叶螟鳞翅目螟蛾科，别名卷叶虫、
小扯苞虫、苞叶虫、白叶虫、刮青虫，学名
Cnaphalocrocis medinalis，英文名 Rice leaf-
roller、Rice leaf folder。分布北起黑龙江、内蒙
古，南至台湾、海南，范围极广。稻纵卷叶
螟的低龄幼虫大多爬在心叶或其附近嫩叶上
啃食叶肉，仅留表皮，形成长短不一的白斑，
并吐丝把叶片卷起来连成虫苞；老熟幼虫在
草丛基部吐丝结茧化蛹（图 5-38）。

图 5-38　稻纵卷叶螟危害

成虫：雌蛾体长 8～9mm，翅展 17mm，
体翅黄褐色；前翅前缘暗褐，外缘有暗褐色宽带，内、外横线斜贯翅面，中横线很短；后翅
有横线 2 条，内横线较短，不达后缘。雄蛾体略小，前翅前缘中部有黑褐色毛丛围成的鳞片
堆，中间微凹陷，前足跗节上端有褐色丛毛，形如半球。卵：扁圆，中部稍隆起，表面有细
网纹，初产时白色半透明，渐变淡黄。幼虫：5～7 龄，多数 5 龄，末龄体长 14～19mm，
黄绿，预蛹前 1～2d 呈橘红；头壳除 1 龄黑色外，均淡褐至褐色；前胸背板近后缘处有黑纹，
中、后胸背板各有 8 个毛片，分 2 排，前 6 后 2，毛片周围有黑褐纹，随龄期增长颜色加深；
腹部第 1～8 节各有 6 个毛片，前 4 后 2，腹足趾钩单行三序缺环。蛹：长 9～11mm，略呈
细长纺缍形，末端尖，黄褐至褐色，翅、足及触角末端均达第 4 腹节后缘，臀棘有 8～10 根

钩刺（图 5-39）。

图 5-39　稻纵卷叶螟成虫、幼虫与蛹

【防治方法】

（1）合理施肥，加强养护管理，促进草坪健壮生长，以减轻受害。

（2）人工释放赤眼蜂。在稻纵卷叶螟产卵始盛期至高峰期，分期分批放蜂，隔 3d 1 次，连续放蜂 3 次。同时，也可用红糖 6 份、白酒 1 份、米醋 3 份加少量敌百虫的混合液或黑光灯诱杀成虫。

（3）喷洒杀螟杆菌、青虫菌，亩喷含活孢子量 100 亿 /g 的菌粉 150 ～ 200g，兑水 60 ～ 75kg，配成 300 ～ 400 倍液喷雾。为了提高生物防治效果，可加入药液量 0.1% 的洗衣粉作湿润剂。此外，如能加入药液量 1/5 的杀螟松效果更好。

（4）在幼虫 2、3 龄盛期，用 50% 杀螟松乳油 1000 倍液、90% 敌百虫结晶 1000 倍液、18% 杀虫双水剂 500 倍液等喷雾毒杀幼虫，效果较佳。

四、蚜虫类

（一）麦长管蚜

麦长管蚜同翅目（Homoptera）蚜科（Aphididae），别名小麦长管蚜，学名 *Macro-siphum avenae*（Fabricius）、*Sitobion avenae*，英文名 English grain aphid、Wheat aphid。分布较广，南北各地区都可造成严重危害。以成虫、若虫吸食叶片、茎秆和嫩穗的汁液，影响寄主正常发育，严重时常致生长停滞，最后枯黄，同时还可传播病毒病害（图 5-40）。为多型性昆虫，在其生活史过程中，一般都历经卵、干母、干雌、有翅胎生雌蚜、无翅胎生雌蚜、性蚜等不

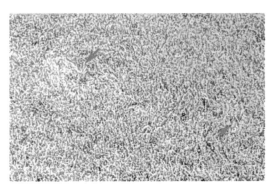

图 5-40　麦长管蚜危害

同蚜型（图5-41）；但以无翅和有翅胎生雌蚜发生数量最多，出现历期最长，是主要危害蚜型。

有翅胎生雌蚜：体长2.4～2.8mm，椭圆形，体淡绿色至绿色。头部额瘤明显外倾。触角比体长，第3节有6～18个感觉孔。前翅中脉分3叉。腹管极长，黑褐色，端部有网状纹。尾片管状，极长，黄绿色，有3～4对长毛，有时两侧不对称（图5-42）。无翅胎生雌蚜：体长2.3～2.9mm，体淡绿色或

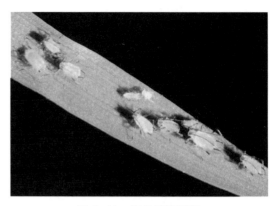

图5-41　麦长管蚜群体

黄绿色，背侧有褐色斑点，复眼赤褐色。触角与体等长或稍长，黑色，第3节有0～4个感觉孔；第6节鞭部长为基部的5倍。其他同有翅胎生雌蚜相似（图5-43）。

图5-42　麦长管蚜若蚜与有翅成蚜

图5-43　麦长管蚜孤雌胎生与无翅成蚜

【防治方法】

（1）农业防治。①选用抗虫品种。②合理栽培。冬灌可降低地面温度，恶化蚜虫越冬环境，杀死大量蚜虫。灌溉方式采用喷溉可以抑制蚜虫的发生、繁殖以及迁飞扩散。耙耱草坪，对蚜虫具有机械杀伤作用。清除田边杂草，也可以减少虫源。

（2）保护利用天敌。充分利用瓢虫、食蚜蝇、草蛉、蚜茧蜂等天敌，必要时可人工繁殖

释放或助迁，使其有效地控制蚜虫。当天敌不能控制时再选用 0.2% 苦参碱（克蚜素）水剂 400 倍液或杀蚜霉素（孢子含量 200 万个 /mL）250 倍液、50% 辟蚜雾或 40% 氧乐果 2000 倍液，杀蚜效果 90% 左右，且能保护天敌。

（3）药剂防治。2.5% 敌百虫粉剂、5% 西维因粉剂喷粉，用量 22.5 ～ 30kg/km²；或用 40% 乐果乳油或氧乐果乳油 1500 ～ 2000 倍液、50% 灭蚜净乳油或 50% 辛硫磷乳油 1500 ～ 2000 倍液、50% 马拉硫磷乳油 1000 ～ 1500 倍液、辟蚜雾 50% 可湿粉剂 7000 倍液、2.5% 功夫乳油 5000 倍液、50% 杀螟松乳油 1000 倍液，喷雾防治。

（二）麦二叉蚜

麦二叉蚜同翅目蚜科，学名 *Schizaphis graminum*，英文名 Green bug、Spring-grain aphid。全国各地均有发生，在西北、华北地区大发生的次数较多，尤其比较少雨的西北地区猖獗频率最高。麦二叉蚜喜幼苗，常在寄主苗期开始危害，最初多是几头或几十头集中在近土表的叶鞘和第 1 ～ 2 片真叶上取食，随寄主生长，逐渐分散到各叶片上，且大多分布于植株下部叶片的叶背危害。该蚜致害能力最强，在吸食过程中能分泌有毒物

图 5-44 麦二叉蚜危害

质，破坏叶绿素，致使一片被害叶面呈现黄斑，稍重者黄斑连片，严重时下部叶片枯死，草坪呈现黄色。对黄矮病的传毒能力最强（图 5-44）。

有翅胎生雌蚜：体长 1.8 ～ 2.3mm，体淡绿色或黄绿色，背面有绿色纵条带。头部额瘤不明显。触角比体短，第 3 节有 5 ～ 8 个感觉孔。前翅中脉分 2 叉。腹管中等长度，长约 0.25mm，淡绿色，端部暗褐色，末端缢缩向内倾斜。尾片圆锥状，中等长，黑色，有 2 对长毛（图 5-45）。无翅胎生雌蚜：体长 1.4 ～ 2.0mm，体淡绿色至绿色，背面中央有 1 条深绿色

图 5-45 麦二叉蚜若蚜与有翅成蚜

的纵线。触角为体长的一半或稍长。其他同有翅胎生雌蚜（图5-46）。

【防治方法】参照麦长管蚜。

图5-46　麦二叉蚜群体与无翅成蚜

（三）黍缢管蚜

黍缢管蚜同翅目蚜科，又称小米蚜，学名 *Rhopalosiphum padi*，英文名 Bird-cherry aphid、Bird cherry-oat aphid。在我国南方发生普遍。近年来在我国华北、西北、东北有逐年加重的趋势。黍缢管蚜畏光喜湿，嗜食茎秆和叶鞘，多分布于寄主下部叶鞘、叶背甚至根茎部分，有时也在生长矮小的分蘖穗上危害。

有翅胎生雌蚜：体长1.6mm左右，卵圆形，深绿色，腹部后端有赤色至深紫色横带。头部额瘤略显著。触角比体短，第3节如瓶颈。尾片圆锥形，中部缢入。有3～4对长毛。无翅胎生雌蚜：体长1.7～1.8mm，浓绿至紫褐色，腹部后端常常紫红色。触角仅为体长的一半，第3节无感觉孔，第6节鞭部长为基部的2倍（图5-47）。

【防治方法】参照麦长管蚜。

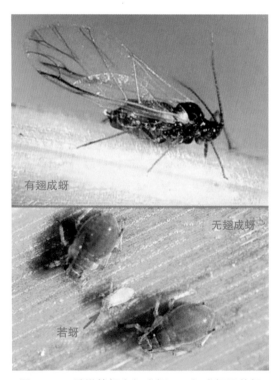

图5-47　黍缢管蚜有翅成蚜、无翅成蚜及若蚜

（四）苜蓿蚜

苜蓿蚜同翅目蚜科，别名花生蚜、豆蚜、槐蚜，学名 *Aphis medicaginis*，英文名 Medic

aphid、Cowpea aphid。分布在我国各地，山东、河南、河北受害重。成虫、若虫群集嫩茎、嫩叶吸取汁液，造成草坪生长不良，叶片卷缩，最后枯黄变黑；同时，蚜虫排出大量"蜜露"，而引起霉菌寄生，重者可造成草坪枯死（图5-48）。

图5-48　苜蓿蚜群体与危害

有翅胎生雌蚜：体长1.5～1.8mm，黑绿色，有光泽。触角6节，第1～2节黑褐色，第3～6节黄白色，节间带褐色。第3节较长，上有感觉孔4～7个，以5～6个为多。排列成行。翅基、翅痣、翅脉皆橙黄色。各足的腿节、胫节、跗节均暗黑色，其余部分黄白色。腹部各节背面均有硬化的暗褐色横纹，第1和第7节各有1对腹侧突。腹管黑色。圆筒状，端部稍细，具覆瓦状花纹，长度为尾片的2倍。尾片黑色，上翘，两侧各有3根刚毛（图5-49）。无翅胎生雌蚜：体长1.8～2.0mm，体较肥胖，黑色或紫黑色，有光泽，体被均匀的蜡粉。触角6节，第1～2节、第5节末端及第6节黑色，其余部分为黄白色。第3节上无感觉孔。腹部体节分界不明显，背面具1块大形灰色的骨化斑。若蚜：共4龄，灰紫色至黑褐色，体上具薄蜡粉，腹管黑色细长，尾片黑色很短（图5-50）。卵：长椭圆形，较肥大，初产淡黄色，后变草绿色至黑色等。

【防治方法】可喷洒20%康福多浓可溶剂4000倍液或2.5%保得乳油2000倍液、50%辟蚜雾可湿性粉剂2000倍液、10%吡虫啉可湿性粉剂2500倍液。其他参照麦长管蚜的防治方法。

图5-49　苜蓿蚜有翅成蚜

图5-50　苜蓿蚜无翅成蚜与若蚜

五、叶蝉类

（一）二点叶蝉

二点叶蝉同翅目叶蝉科，别名二黄斑叶蝉、二星叶蝉、二点浮尘子、小叶蝉，学名 *Cicadula fasciifrons*，英文名 Two-spotted leafhopper、Aster leafhopper。分布于我国东北、华北、内蒙古、宁夏及南方各省份。以成虫、若虫危害草坪叶片，以刺吸式口器刺入植物组织内吸取汁液，叶片受害后，多褪色呈畸形卷缩现象，甚至全叶枯死（图 5-51）。

成虫：体长 3.5～4mm，淡黄绿色，略带灰色，头顶有 2 个明显小圆黑点。复眼内侧各有 1 短纵黑纹。单眼橙黄色，位于复眼及黑纹之前。前头有显著的黑横纹 2 对。前

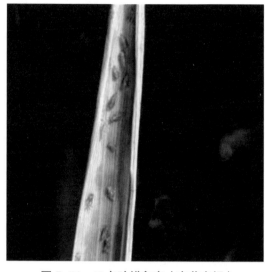

图 5-51 二点叶蝉危害（变黄变褐）

胸背板淡黄色，小盾片鲜黄绿色，基部有 2 个黑斑，中央有 1 细横刻痕。腹部背面黑色，腹面中央及雌性产卵管黑色。足淡黄色，后足胫节及备足跳节均具小黑点（图 5-52）。卵：长椭圆形，长约 0.6mm。若虫：初孵时黄灰色，成长后头部有 2 个明显的黑褐色点（图 5-53）。

成虫

成虫放大

图 5-52 二点叶蝉成虫

若虫

若虫

图 5-53 二点叶蝉若虫

【防治方法】对叶蝉类害虫，主要掌握在其若虫盛发期喷药防治。可用 20% 叶蝉散乳油 800 倍液、20% 杀灭菊酯乳油 1500 倍液、10% 吡虫啉可湿性粉剂 2000 倍液、50% 杀螟松乳油 1000 ～ 1500 倍液等进行防治。0.5% 波尔多液能够防治二点叶蝉，且可兼治病害。此外，冬季和早春清除田间及周围杂草，在成虫盛发初期利用黑光灯或普通灯火诱杀，可以减少虫口基数。

（二）大青叶蝉

大青叶蝉同翅目叶蝉科，又名大绿叶蝉、大绿浮尘子、青叶跳蝉，学名 *Cicadella viridis*，英文名 Green leafhopper。国内除西藏不详外，其他各省份均有发生，但轻重程度不同。成虫、若虫危害草坪叶片，以刺吸式口器刺入植物组织内吸取汁液，叶片受害后，多褪色呈畸形卷缩现象，甚至全叶枯死；此外，可传播病毒病。

成虫：体长 7 ～ 10mm，青绿色。头部颜面淡褐色，颊区在近唇基缝处有 1 小形黑斑，在触角上方有 1 块黑斑，头部后缘有 1 对不规则多边形黑斑。前胸背板和小盾片淡黄绿色。前翅绿色带青蓝色光泽，前缘淡白，端部透明，翅脉青黄色，具狭窄的淡黑色边缘，后翅烟黑色半透明（图 5-54）。卵：长 1.6mm，长卵圆形，中间稍弯曲，初产时淡黄色，近孵化前可见红色眼点。7 ～ 8 粒卵并排横置成月牙形卵块（图 5-55）。若虫：初孵时灰白色，后变淡黄色，胸、腹部背面有 4 条暗褐色纵纹。老熟若虫翅芽明显，形似成虫（图 5-56）。

图 5-54　大青叶蝉成虫

图 5-55　大青叶蝉产卵组图

图 5-56　大青叶蝉若虫

【防治方法】在成虫产卵期喷药防治，可使用 10% 氯氰菊酯乳油 2000 ～ 3000 倍液、90% 万灵可溶性粉剂 3000 ～ 4000 倍液、20% 灭多威乳油 1000 ～ 1500 倍液、40% 乙酰甲胺磷乳油 1000 倍液、10% 吡虫啉可湿性粉剂 4000 ～ 5000 倍液喷雾。其他参照二点叶蝉的防治方法。

（三）小绿叶蝉

小绿叶蝉同翅目叶蝉科，别名桃叶蝉、桃小浮尘子、桃小叶蝉、桃小绿叶蝉，学名 *Empoasca flavescens*，英文名 Small green leafhopper、Lesser green leafhopper、Castor green fly。国内除青海、西藏、新疆、宁夏不详外，其他各省份均有分布。成虫、若虫危害草坪叶片，以刺吸式口器刺入植物组织内吸取汁液，被害叶初现黄白色斑点渐扩成片，严重时全叶苍白早落，甚至全叶枯死。在福建，近年来与小绿叶蝉混合发生的还有假眼小绿叶蝉（*Empoasca vitis*）（图 5-57）。

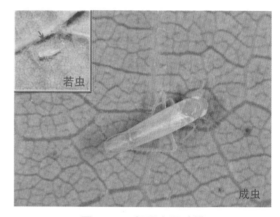

图 5-57　假眼小绿叶蝉

成虫：体长 3 ～ 4mm，淡黄绿至绿色，复眼灰褐至深褐色，无单眼，触角刚毛状，末端黑色。前胸背板、小盾片浅鲜绿色，常具白色斑点。前翅半透明，略呈革质，淡黄白色，周缘具淡绿色细边。后翅透明膜质，各足胫节端部以下淡青绿色、爪褐色；跗节 3 节；后足跳跃式。腹部背板色较腹板深，末端淡青绿色。头背面略短，向前突，喙微褐，基部绿色（图 5-58）。卵：长 0.6mm，宽 1.5mm。长椭圆形，稍弯曲。初产时乳白色，后变淡绿色。若虫：体色与体形除缺 1 对翅外，均与成虫相似（图 5-59）。

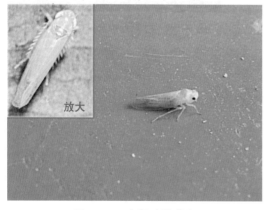

图 5-58　小绿叶蝉成虫

图 5-59　小绿叶蝉若虫

【防治方法】在各代若虫孵化盛期，及时喷洒 40% 杀扑磷乳油 1500 倍液或 35% 赛丹乳油 2000 ～ 3000 倍液、25% 辛·甲·氰乳油 2000 倍液、2.5% 天王星乳油 4000 倍液、1.8% 农家乐乳剂 3000 ～ 4000 倍液、20% 叶蝉散乳油 800 倍液、25% 速灭威可湿性粉剂 600 ～ 800 倍液、20% 害扑威乳油 400 倍液、50% 马拉硫磷乳油 1500 ～ 2000 倍液、10% 吡虫啉可湿性粉剂 2000 倍液、2.5% 敌杀死或 2.5% 功夫乳油、50% 抗蚜威超微可湿性粉剂 3000 ～ 4000 倍液，均能收到较好效果。其他参照二点叶蝉的防治方法。

（四）黑尾叶蝉

黑尾叶蝉同翅目叶蝉科，别名黑尾浮尘子、蠓虫、蚰虫，学名 *Nephotettix bipunctatus*，英文名 Green rice leafhopper。在华东、西南、华中、华南、华北以及西北、东北部分省份均有分布，其中以浙江、江西、湖南、安徽、江苏、上海、福建、湖北、四川、贵州等省份发生较多。以取食和产卵方式刺伤茎叶，破坏输导组织，被害株外表呈现棕褐色条斑，苗期和分蘖期可致全株发黄、枯死；同时，该虫可传播黄矮病和黄萎病等。

成虫：体长 4.5 ～ 6mm，黄绿色。在头冠 2 复眼间，有 1 黑色横带（亚缘黑带），横带后方的中线黑色，极细（有时隐而不显）；复眼黑褐色；单眼黄绿色。前胸背板前半部为黄绿色，后半部为绿色；小盾片黄绿色，中央有 1 细横沟。前翅鲜绿色，前缘淡黄绿色，雄虫翅末 1/3 处为黑色，雌虫翅端部淡褐色（亦有少数雄虫前翅端呈淡褐色）。雄虫胸、腹部腹面及腹部背面全为黑色，雌虫腹面淡褐色，腹部背面灰褐色（图 5-60）。卵：长椭圆形，微弯曲。初产时乳白色，后由淡黄转为灰黄色，近孵化时出现 2 个红褐色眼点。若虫：黄白色至黄绿色，第 3 龄前体两侧褐色（图 5-61）。

【防治方法】在低龄若虫高峰期进行药剂防治。可选用 25% 喹硫磷、40% 乐果、50% 马拉硫磷、50% 杀螟硫磷或 30% 乙酰甲胺磷等乳剂的 1000 ～ 1500 倍液喷雾。其他参照二点叶蝉的防治方法。

图 5-60　黑尾叶蝉成虫

图 5-61　黑尾叶蝉若虫（不同龄期）

六、飞虱类

（一）褐飞虱

褐飞虱同翅目飞虱科，又名褐稻虱、软壳蜩、火蠓子、化秆虫，学名 *Nilaparvata lugens*，英文名 Brown planthopper。南方性种类，在长江流域以南各省份危害严重。成虫、若虫均能危害，群集在草丛下部，用口器刺进植株茎秆叶鞘韧皮部吸食汁液，消耗植株养分，阻碍寄主生长，在茎秆上可残留取食造成的伤痕斑点，危害严重时导致全株枯萎。同时，褐飞虱能传播草丛矮缩病。它危害的伤口常是小球菌核病直接侵入植株的途径（图5-62）。

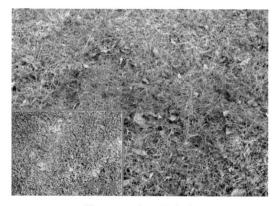

图5-62 褐飞虱危害

成虫：长翅型体（连翅）长3.6～4.8mm，体色分暗色与浅色两型。暗色型的头顶与前胸背板褐色，中胸背板暗褐色，侧隆脊外侧黑褐色，额及颊暗褐色，前翅半透明带有褐色色泽，翅斑明显。胸部腹面及整个腹部暗黑色。浅色型全体黄褐色，仅胸部腹面及腹部背面色较深暗。短翅型雌体长约4mm，雄体长约2.5mm，体形短，腹部肥大，腹末钝圆，前翅端不超过腹部，后翅短小，雄虫后翅较雌虫更短，其余特征与长翅型相同（图5-63）。卵：形如蕉状弯曲，前端略细，后端粗胖，初产时乳白色，后期变淡黄色，并出现红色眼点。卵常产于叶鞘的中肋组织内，卵块由14～22粒排列成行，卵的排列不整齐，多数是卵粒前端挤成1行，后面分成2行，也有成单行排列（图5-64）。若虫：共5龄，有深色型和浅色型。深色型的1龄体长1.1mm，体灰白色，无翅芽，后胸后缘平直成一直线，腹部背面中央有1淡黄色"T"形斑纹。2龄体长1.5mm，体淡黄色，

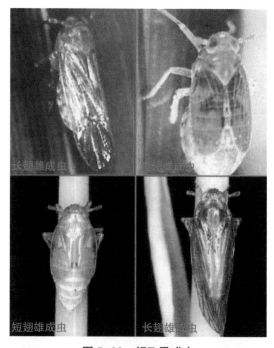

长翅雌成虫　　短翅雌成虫

短翅雄成虫　　长翅雄成虫

图5-63 褐飞虱成虫

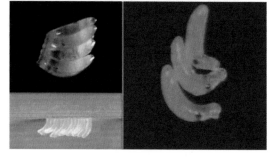

图5-64 褐飞虱卵

无翅芽，后胸后缘两侧向后延伸，腹部仍保持淡黄色"T"形斑纹。3 龄体长 2.0mm，体黄褐色，中后胸后缘两侧长出翅芽呈"八"字形，腹部 4、5 节背板各出现 1 对白色三角形斑纹，第 6、7、8 节有明显的"山"字形浅色斑纹。4 龄形态与 3 龄相似，体长 2.4mm，但翅芽明显，前后翅芽尖端接近或相等。5 龄体长 3.2mm，腹背三角形斑纹更清楚，前翅芽超过后翅芽尖端。浅色型若虫体色灰白，体上斑纹不明显（图 5-65）。

图 5-65　褐飞虱若虫

【防治方法】

（1）农业防治。选用抗（耐）虫品种，进行科学肥水管理，创造不利于飞虱孳生繁殖的生态条件。

（2）生物防治。飞虱各虫期寄生性和捕食性天敌种类较多，除寄生蜂、黑肩绿盲蝽、瓢虫等外，还有蜘蛛、线虫、菌类对飞虱的发生有很大的抑制作用。在农业防治的基础上，采用选择性药剂，调整用药时间，改进施药方法，减少用药次数，主动保护天敌，使天敌能充分发挥对飞虱的抑制作用。

（3）药剂防治。最好把握防治适期，在若虫孵化高峰期至 2、3 龄若虫盛发期用药。常用而效果较好的农药有 2.5% 扑虱蚜可湿性粉剂、25% 扑虱灵可湿性粉剂、10% 异丙威（叶蝉散）、50% 混灭威乳油、10% 多来宝悬浮剂、10% 二遍净（吡虫啉）可湿性粉剂、80% 杀虫单粉剂等。提倡施用 20% 康福多浓可溶剂、40% 灭抗铃乳油、10% 大功臣可湿性粉剂防治飞虱，兼治叶蝉和蓟马。也可选用 75% 虱螟特可湿性粉剂（杀虫单加噻嗪酮）650g/hm² 防治飞虱，兼治螟虫。

（二）白背飞虱

白背飞虱属同翅目飞虱科，俗称火蠓子、火旋，学名 *Sogatella furcifera*，英文名 Whitebacked planthopper。属广布偏南种类，我国主要以华南、华东、华中、西南和华北部分地区发生普遍。成虫、若虫均能危害，群集在草丛下部，用口器刺进植株茎秆叶鞘韧皮部吸食汁液，消耗植株养分，阻碍寄主生长，在茎秆上可残留取食造成的伤痕斑点，危害严重时导致全株枯萎；同时白背飞虱可传播黑条矮缩病（图 5-66）。

成虫：长翅型体长（连翅）3.8～4.5mm，短翅型体长 2.5～3.5mm。雄虫淡黄色具黑褐斑，雌虫大多黄白色。雄虫头顶、前胸与中胸背板中央黄白色，仅头顶端部脊间黑褐色，前胸背板侧脊外方于复眼后方有 1 暗褐色新月形斑，中胸背板侧区黑褐色，前翅半透明，有黑褐色翅斑，额、颊区、胸、腹部腹面均为黑褐色。雌虫额、颊区及胸腹部腹面则为黄褐

图 5-66　白背飞虱危害

图 5-67　白背飞虱成虫

色（图 5-67）。卵：长椭圆形稍弯曲，长 0.97mm，一端稍大，初产时白色，后变黄色并出现红色眼点。若虫：体淡灰褐色，背有淡灰色云状斑纹，共 5 龄，有深色型和浅色型，深色型 1 龄若虫体长 1.1mm，腹背灰黑色，有清晰"丰"字形浅色斑纹，后胸后缘平直。2 龄体长 1.3mm，后胸后缘两侧略向后延伸，中间稍向前凹入，腹背灰褐色，第 3、4 节淡褐色。3 龄体长 1.7mm，翅芽明显出现，第 4、5 节各嵌有 1 对乳白色大形斑，第 6 节背面有浅色横带。4 龄体长 2.3mm，前、后翅芽长度相等，斑纹清楚。5 龄体长 2.9mm，前翅芽的尖端超过后翅芽的尖端，斑纹与 4 龄相同（图 5-68）。

【防治方法】参照褐飞虱。

图 5-68　白背飞虱卵与若虫

（三）灰飞虱

灰飞虱同翅目飞虱科，学名 *Delphacodes striatella*，英文名 Small brown planthopper。属广布偏北种类，几乎全国各地都有分布，但以华东、华中、华北、西南等地发生危害较重。成虫、虫均能危害，群集在草丛下部，用口器刺进植株茎秆叶鞘韧皮部吸食汁液，消耗植株养分，阻碍寄主生长，在茎秆上可残留取食造成的伤痕斑点，危害严重时导致全株枯萎；同时灰飞虱可传播水稻矮缩病、条纹叶枯病、小麦丛矮病和玉米矮缩病等。

成虫：长翅型体长雄虫 3.5mm，雌虫 4.0mm；短翅型体长雄虫 2.3mm，雌虫 2.5mm。头顶与前胸背板黄色，额与颊黑色。中胸背板雄虫黑色，仅后缘淡黄色，雌虫则中部淡黄色，两侧暗褐色。前翅近于透明，具翅斑。胸、腹部腹面雄虫为黑褐色，雌虫黄褐色，足皆淡褐色（图 5-69）。卵：呈长椭圆形，稍弯曲，长 1.0mm，前端较细于后端，初产乳白色，后期淡黄色。若虫：共 5 龄。第 1 龄若虫体长 1.0～1.1mm，体乳白色至淡黄色，胸部各节背面沿正中有纵行白色部分。2 龄体长 1.1～1.3mm，黄白色，胸部各节背面为灰色，正中纵行的白色部分较第 1 龄明显。3 龄体长 1.5mm，灰褐色，胸部各节背面灰色增浓，正中线中央白色部分不明显，前、后翅芽开始呈现。4 龄体长 1.9～2.1mm，灰褐色，前翅翅芽达腹部第 1 节，后胸翅芽达腹部第 3 节，胸部正中的白色部分消失。5 龄体长 2.7～3.0mm，体色灰褐增浓，中胸翅芽达腹部第 3 节后缘并覆盖后翅，后胸翅芽达腹部第 2 节。腹部各节分界明显，腹节间有白色的细环圈。越冬若虫体色较深（图 5-70）。

图 5-69　灰飞虱成虫

图 5-70　灰飞虱若虫

【防治方法】在早春第 1 次若虫盛发期喷洒 10% 吡虫啉可湿性粉剂 1500 倍液、30% 乙酸甲胺磷乳油或 50% 杀螟松乳油 1000 倍液、20% 扑虱灵乳油 2000 倍液、50% 马拉硫磷乳油或 50% 混灭威或 20% 杀灭菊酯或 2.5% 溴氰菊酯乳油 2000 倍液等，并在药液中加 0.2% 中性洗衣粉可提高防效。此外，喷 2% 叶蝉散粉剂每亩 2kg 亦可。其他参照褐飞虱的防治方法。

七、蚧壳虫类

（一）草竹粉蚧

草竹粉蚧同翅目粉蚧科，学名 *Antonina graminis*，英文名 Rhodes-grass scale、Grass-crown mealybug。分布于我国长江流域、东南沿海及华中地区。1 年可发生 4 ～ 5 代，以成虫、若虫刺吸草叶、茎秆及根茎部，严重时使受害植株萎蔫而死亡（图 5-71）。

成虫：体呈长卵形。触角 2 节，基节扁盘状，常生有 1 根小刺，端节圆锥状，其顶端生有 1 群细毛，约由 5 根组成。足完全退化，但有时还能观察到退化足的痕迹。气门较小，气门口有较小的盘状腺围绕。前、后气门附近均有多孔腺，此外，多孔腺还分布在体腹部腹面。在体腹部腹面后胸气门下方亚体缘处，有大小不同的、不规则圆盘孔纵带，纵带较宽。管状腺在体背、腹面均有分布，但以背面较多。三孔腺数量较少，只在体腹面。肛环缩入虫体之肛筒内，体腹部末端有各种程度不同的硬化（图 5-72）。

图 5-71　草竹粉蚧危害

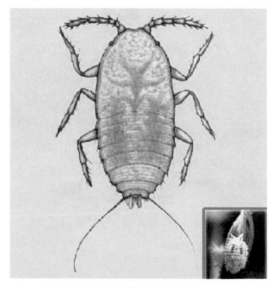

图 5-72　草竹粉蚧成虫

【防治方法】

（1）农业防治。合理刈剪草坪，及时清除被害枝叶，减少虫口；耙糖草坪，对草竹粉蚧具有杀伤作用。

（2）生物防治。草竹粉蚧的主要天敌有瓢虫、草蛉等，应注意保护和利用这些天敌。

（3）药剂防治。在初孵若虫期，喷 80% 敌敌畏乳油 1000 ～ 1500 倍液，或 40% 氧乐果乳油 1500 倍液，或 50% 杀螟松乳油 800 ～ 1000 倍液，为提高药剂穿透力，上述药液可适量添加"效力增"水剂。冬季可用石硫合剂喷施。

八、蝉　类

（一）蚱　蝉

蚱蝉同翅目蝉科，别名黑蝉、蜘嘹、知了、秋蝉、鸣蝉，学名 *Cryptotympana atrata*，英文名 Black cicada。我国华南、西南、华东、西北及华北大部分地区都有分布。以成虫刺吸危害，产卵在嫩枝条内，对枝条造成危害。卵孵化后，若虫掉到地面上，并在土中打洞，吸食植物根系汁液，影响草坪草的正常生长，并且若虫出土羽化时，地表形成孔洞，造成草坪缺蚀，影响景观（图 5-73）。

图 5-73　蚱蝉刺吸危害

图 5-74　蚱蝉成虫

成虫：体长 40～60mm。漆黑色，具光泽，被金褐色绒毛。头部中央及颊的上方有红黄色斑纹。翅脉淡黄至暗褐色，前后翅基部黑色。足褐色有黑斑。雄虫鸣器在腹部第 1、2 节（图 5-74）。卵：长为 2.5mm，宽 0.5mm，乳白色，两头尖，略弯曲。若虫：土黄色，形似成虫，具有翅芽。前足腿节肥大，下缘有刺，为开掘足（图 5-75）。

【防治方法】

（1）秋冬季剪掉草坪附近树上的产卵枝条，消灭虫卵，减少虫源。

（2）在成虫盛发期，早上喷洒 20% 灭扫利乳油 1500 倍液，或 2.5% 敌杀死乳油或 2.5% 功夫乳油 2000～2500 倍液，或 40% 辛硫磷乳油 800 倍液，可获良好防治效果。

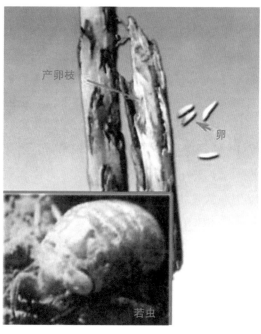

图 5-75　蚱蝉产卵枝、卵与若虫

九、蝗虫类

（一）东亚飞蝗

东亚飞蝗直翅目蝗总科，学名 *Locusta migratoria manilensis*，英文名 Oriental migratory locust。主要分布在我国东部平原地区，北起河北、山西、陕西，南至福建、广东、海南、广西、云南，东达沿海各省份及台湾，西至四川、甘肃南部。以成虫、蝗蝻咬食植物的叶片和嫩茎，大发生时可将植株的地上部分全部吃光，是草坪的重要害虫（图 5-76）。

图 5-76　东亚飞蝗危害

成虫：雄虫体长 33.5～41.5mm，雌虫体长 39.5～51.2mm；雄虫前翅长 32.3～46.8mm；雌虫前翅长 39.2～51.8mm。体色常因类型和环境因素的影响而变异，通常绿或黄褐色。复眼之后具较窄的淡色纵条纹。触角淡黄色。群居型前胸背板在中隆线的两侧具暗色纵条纹，散居型此条纹不明显或消失。前翅褐色具明显的暗色斑纹，后翅本色。头大。颜面垂直或微向后倾斜；颜面隆起宽平，无纵沟，侧缘较钝。头顶短宽，顶端钝圆，侧隆线明显，无头侧窝。触角丝状，刚超过前胸背板的后缘。前胸背板中隆线明显隆起，侧面观散居型的上缘呈弧形，群居型较平直或微凹。胸部腹面具长而密的细绒毛。前、后翅发达。雄性下生殖板短锥形。雌性产卵瓣粗短，顶端钩状，上产卵瓣的上外缘无细齿（图 5-77）。

卵：粒长约 6.5mm，浅黄色，圆柱形，一端略尖，另一端稍圆微弯曲。卵块褐色圆柱形，长 53～67mm，略弯，上部稍细，卵块上覆有海绵状胶质物，4 行卵粒排在下部。若虫（蝗蝻）：体型与成虫相似，共 5 龄。1 龄触角 13～14 节，前胸背板后缘较平直，翅芽不明显；2 龄触角 18～19 节，前胸背板后缘中部微向外突，翅芽稍现，翅尖向下，前后翅芽相似；3 龄触角 20～21 节，前胸背板向后延伸成钝角并掩盖中胸，后翅芽三角形，明显大于前翅芽，翅尖指向后下方；4 龄触角 22～23 节，前胸背板向后掩盖中胸及后胸，后缘角度变小，翅芽翻向背面，翅尖指向后方，伸达第 2 腹节；5 龄触角

闰脉（加插脉）

图 5-77　东亚飞蝗成虫

24～25节，前胸背板更向后伸，翅芽显著增大，伸达第4、5腹节（图5-78）。

【防治方法】

（1）结合栽培管理，人工捕捉。少量发生时，可用捕虫网捕捉，以减轻危害并减少虫源基数。

（2）药剂防治。① 毒饵诱杀：用麦麸（米糠、玉米糁、马粪也可）、水、5%敌百虫粉剂（或40%氧乐果乳油）配制成毒饵，比例为100：100：1（或0.15），用量22.5kg/hm²，也可用鲜青草100份切碎加水30份拌

图5-78 东亚飞蝗若虫

入上述药量，用量112.5kg/hm²。随配随撒，不宜过夜。阴雨、大风、高温、低温不宜使用。② 喷药防治：发生量较多时，可用5%敌百虫粉剂、3.5%甲敌粉剂、4%敌马粉剂喷粉，用量30kg/hm²；或用50%马拉硫磷乳油1000倍液、20%菊马乳油1000倍液、15%安打悬浮剂2000倍液、2.5%功高乳油800倍液等喷雾。

（二）黄胫小车蝗

黄胫小车蝗直翅目蝗总科，学名 *Oedaleus infernalis*。分布于河北、陕西、山东、江苏、安徽、福建、台湾等地。主要发生在山区和坡地，以成虫及蝗蛹咬食植物的叶片和嫩茎，大发生时可将植株的地上部分全部吃光（图5-79）。

图5-79 黄胫小车蝗危害

成虫：雄性体长20.5～25.5mm。头大而短，短于前胸背板，头顶宽短，头三角形，颜面略倾斜，近垂直，颜面隆起宽平，几达唇基，仅在中眼以下收缩。复眼卵形，大而突出。触角丝状，超过前胸背板后缘。前胸背板略呈屋脊状，中隆线较高而平直。前翅长19～23mm，发达，超过后足腿节顶端，后翅略短于前翅。后足腿节粗壮，上侧中隆线平滑，后足胫节上侧内缘具刺12个，外缘11～12个，缺外端刺。肛上板三角形，尾须圆柱状，明显超过肛上板顶端，下生殖板短锥形，阳具基背片桥平，前、后突圆弧形。雌性体大而粗壮，体长29～35.5mm，头顶中隆线较明显，颜面到达或刚到达前胸背板后缘。前翅超出后足腿节，全翅长为前胸背板长的4倍左右。后足腿节长17～20mm。产卵瓣粗壮，上外缘光滑，顶端略呈钩状。体暗褐色或绿褐色，少数草绿色。前胸背板上方具淡色"X"形纹，有时不

明显。前翅端部具一较狭的暗色轮纹，顶端色较暗。后足腿节从上侧到内侧具 3 个黑斑。卵和卵囊泡沫状物质柱较长，在接近卵室处具有 1 溢缩圈（图 5-80）。卵：卵囊细长，弯曲，无卵囊盖，内有 4 行整齐排列的卵粒，卵粒 28 ～ 29 个。若虫（蝗蝻）：雄虫 5 龄，雌虫 6 龄，3 龄以后背有"X"纹渐明显。

【防治方法】参照东亚飞蝗。

图 5-80　黄胫小车蝗成虫

十、蟋蟀类

（一）大蟋蟀

大蟋蟀直翅目蟋蟀科，别名土猴、剪刀、大土狗、番薯蟀、花生大蟋，学名 *Brachytrupes portentosus*，英文名 Giant cricket、Field cricket、Large brown cricket。南方的主要地下害虫，国内分布于广东、广西、江西、福建、台湾、云南、贵州等地。大蟋蟀食性杂，寄主范围广，成虫和若虫均能咬食切断植物的幼茎，造成缺苗，使草坪呈斑秃状（图 5-81）。

成虫：体长 30 ～ 40mm，肥厚粗壮，体暗褐色或棕褐色。头部较前胸广阔，复眼之间具"丫"字形浅沟；触角鞭状，较虫体稍长，前胸大，中央具 1 纵沟，两侧各具 1 个三角纹。足粗短，后足腿节强大，胫节具两列 4 ～ 5 个刺状突起，腹部尾须长而稍大，雌虫产卵管短于尾须（图 5-82）。卵：近圆筒形，稍弯曲，两端钝圆，表面平滑，浅黄色。若虫：外形与成虫相似，体色较淡，随龄期增长而体色逐渐转深。共 7 龄，翅芽出现于 2 龄以后，若虫的体长与翅芽的发育随龄期的增大而增大（图 5-83）。

图 5-81　大蟋蟀危害

图 5-82　大蟋蟀成虫

图 5-83　大蟋蟀若虫

【防治方法】

（1）清洁环境。清除草坪内和草坪周围的垃圾堆，减少其栖息场所。

（2）药剂防治。① 堆草诱杀。利用其喜存身于薄层草堆的习性，可在草坪堆约 10cm 的小草堆，诱集成虫和若虫，每日清晨翻草捕杀。若在草堆内放少许毒饵，效果更好。② 毒饵诱杀。90% 晶体敌百虫 0.5kg，加水 5kg，拌铡碎的鲜草 40kg 或碾碎炒香的棉籽饼或油渣 50kg，于闷热的傍晚撒于各个洞穴的松土堆上，待成虫或若虫一出洞便取食而被诱杀，效果很好。③ 化学防治。将一定量的 4.5% 甲敌粉或 2.5% 1605 粉剂，于黄昏从草坪四周逐渐向中心喷洒，以防蟋蟀向外逃窜；将一定量的 90% 晶体百虫或 50% 1605 乳油或 2.5% 溴氢菊酯，兑水喷雾效果均佳。

（二）油葫芦

油葫芦直翅目蟋蟀科，别名褐蟋蟀、黑蟋蟀、蛐蛐、灶鸡子，学名 *Gryllus testaceus*，英文名 Oriental garden cricket、Field cricket。北方的主要地下害虫，国内分布于东北、安徽、山东、河北、河南、山西等地。成虫、若虫危害，咬食作物的叶片呈孔洞、缺刻，咬断嫩茎，也可危害果实、种子及根，有时猖獗发生成灾（图 5-84）。

成虫：为中小型蟋蟀，体长雌 20.6 ～ 24.3mm，雄 18.9 ～ 22.4mm，身体背面黑褐

图 5-84　油葫芦危害

色有光泽，腹面为黄褐色。头顶黑色，复眼内缘、头部及两颊黄褐色。前胸背板有 2 个月牙纹，中胸腹板后缘内凹。前翅淡褐色有光泽，后翅尖端纵折露出腹端很长，形如尾须。后足褐色强大，胫节具刺 6 对，距 6 枚。产卵管甚长，褐色，微曲，其长度为 19.5 ～ 22.8mm，尾须褐色（图 5-85）。卵：长 2.4 ～ 3.8mm，略呈长筒形，乳白色微黄，两端微尖，表面光滑。若虫：成长若虫体长 21.4 ～ 21.6mm，体背面深褐色，前胸背板月牙纹甚明显，雌雄虫均具翅芽，雌若虫产卵管长度露出于尾端。

【防治方法】黑光灯诱杀成虫。其他参照大蟋蟀的防治方法。

图 5-85　油葫芦成虫

十一、蝼蛄类

（一）非洲蝼蛄

非洲蝼蛄直翅目蝼蛄科，别名石鼠、南方蝼蛄、天蝼蝼蛔、梧鼠、水狗、拉拉蛄、地蛄、土狗，学名 *Gryllotalpa africana*，英文名 African mole cricket、Oriental mole cricket。全国各地均有分布，但以南方受害较重。成虫、若虫均在土中咬食刚播下的种子，特别是刚发芽的种子，也咬食幼根和嫩茎，把茎秆咬断或扒成乱麻状，使幼苗萎蔫而死，造成作物缺苗断垄。该虫在表土层活动时，由于它们来往穿行，造成纵横隧道，使幼苗和土壤分离，导致幼苗因失水干枯而死，特别是草坪禾草最怕蝼蛄串，一串一大片，"不怕蝼蛄咬，就怕蝼蛄跑"，就是这个道理（图 5-86）。

成虫：体较细瘦短小，体长雌虫 31 ～ 35mm；雄虫 30 ～ 32mm。体色较深呈灰褐色，腹部颜色较其他部位浅些，全身密布同样的细毛。头圆锥形，暗黑色，触用丝状，黄褐色。复眼红褐色，椭圆形，有单眼 3 个。前胸背板从背面看呈卵圆形，中央具 1 凹陷明显的暗红色长心脏形坑斑，长 4 ～ 5mm。

图 5-86　非洲蝼蛄危害

前翅鳞片状，灰褐色，长12mm左右，能覆盖腹部的1/2。前足特化为开掘足，前足腿节背面内侧有棘3～4个。腹部末端近纺锤形（图5-87）。卵：椭圆形，初产乳白色，有光泽，以后变灰黄或黄褐色，孵化前呈暗褐色或暗紫色（图5-88）。若虫：初孵若虫，头胸特别细，腹部肥大，行动迟缓；全身乳白色，腹部漆红或棕色，半天以后，从腹部到头、胸、足开始逐渐变成浅灰褐色。2、3龄后的若虫，体色接近成虫，初龄幼虫体长4mm左右；末龄幼虫体长24～28mm。若虫大多数为7～8龄，少数分6龄或9、10龄（图5-89）。

图5-87 非洲蝼蛄成虫

图5-88 非洲蝼蛄卵

图5-89 非洲蝼蛄若虫

【防治方法】防治蝼蛄，以播种期化学防治为主，严重地区要普遍治、连续治；已压低虫口密度的地区要间隙普治及点片挑治相结合。

（1）人工防治。① 人工挖窝灭虫（卵）：3～4月蝼蛄开始上升到地表形成新鲜隧道时，先用铁锹把表土铲去，从洞口顺洞壁一旁往下挖，挖到45cm深处即可找到蝼蛄。此外，在夏季6～7月蝼蛄产卵季节还可人工挖卵，也是消灭蝼蛄的有力措施。② 诱杀：利用蝼蛄对灯光、马粪的趋性进行诱杀，可以大大减少虫口，减轻危害。

（2）药剂防治。① 毒土：作苗床时，用量为50%地亚农粉剂或50%氯丹粉剂加适量细土搅匀，随即翻入地下；或用10%益宝素微粒剂12kg，加入细土450～600kg搅匀撒入土中；也可用25%辛疏磷微胶囊剂或5%辛疏磷颗粒剂均匀地撒在地面立即播种，也可随播种撒在沟内，但勿使之与种子直接接触，以免发生药害。② 毒谷、毒饵：将谷子煮至半熟捞出摊晾，以谷粒互不黏结为宜，拌入75%辛硫磷乳油，随种子混播或撒播于沟内；也可用米糠、麦麸、豆饼等磨碎代替谷子，若将豆饼炒香后拌药效果更好；播种后遭受危害，可在株行间、坪床地面补撒毒谷、毒饵，以雨后或灌水后傍晚撒为宜，撒后浅锄更为有效。

（二）华北蝼蛄

华北蝼蛄直翅目蝼蛄科，别名单刺蝼蛄、大蝼蛄、拉拉蛄、地拉蛄、土狗子、地狗子等，学名 *Gryllotalpa unispina*，英文名 Mongolian mole cricket、Giant mole cricket。全国分布，但以北方各省份为主。成虫、若虫均在土中活动，危害刚发芽的种子、根及嫩茎，使植株枯死；还可在土壤表层穿掘隧道，咬断根或掘走根周围的土壤，使根系吊空，造成植株干枯而死（图5-90）。

图 5-90　华北蝼蛄危害

成虫：雌虫体长 45～66mm，雄虫体长 39～45mm，体黄褐色，全身密生黄褐色细毛。头暗褐色，从上面看呈卵形。复眼椭圆形，头中间有 3 个单眼，触角生于眼的下方、鞭状。前胸背板卵圆形，中央具 1 大而凹陷不明显的长心脏形斑。腹部末端近圆筒形。前翅短小，平叠于背上；后翅扇形，折叠在前翅之下。腹部末端具 1 对较长的尾须。前足粗状，开掘式，腿节内侧外缘弯曲，缺刻明显，后足胫节背侧内缘有棘 1 根或消失。尾毛 2 根，黄褐色，上有细毛，向后伸出，长为体长之半，产卵管不明显（图5-91）。**卵：**椭圆形，初产乳白色有光泽，后渐变黄褐，孵化前暗灰色。**若虫：**形态与成虫相仿，翅不发达，仅有翅芽，初孵化时体乳白色，仅复眼淡红色，以后颜色逐渐加深，头部变为淡黑色，前胸背板黄白色，2 龄后体黄褐色，5～6 龄后基本与成虫同色（图5-92）。

【防治方法】参照非洲蝼蛄。

图 5-91　华北蝼蛄成虫

图 5-92　华北蝼蛄幼虫

十二、叶甲类

（一）黄曲条跳甲

黄曲条跳甲鞘翅目叶甲科，别名黄条跳甲、菜蚤子、蹦蹦虫、地蚤、土跳蚤、黄跳蚤，学名 *Phyllotreta striolata*，英文名 Striped flea-beetle。除新疆、西藏、青海外，广布全国各地。成虫、幼虫均能危害，成虫取食叶片，将叶子咬成许多小孔，严重时可将叶子全部吃光，被害的一年生和多年生禾草往往因此而枯死。幼虫危害根部，剥食根表皮，并在根的表面蛀成许多环状虫道，使植株生长不良（图 5-93）。

成虫：体长约 2mm，黑褐色，有光泽。头小，触角呈棒形。鞘翅上有排列 8 条纵行的小刻点，中央有黄色条纹，条纹略呈弓形，其外侧中部向内凹曲颇深。后足腿节膨大，善于跳跃。卵：椭圆形，长约 0.3mm，半透明，淡黄色（图 5-94）。幼虫：老熟幼虫体长约 4mm，圆筒形，黄白色，头部和前胸背板淡褐色。胸、腹各节上有疣状突起，其上着生短毛。胸足 3 对，腹足退化（图 5-95）。蛹：长约 2mm，椭圆形，乳白色，头部隐于前胸下面，翅芽和足达第 5 腹节，胸部背面有稀疏的褐色刚毛。腹末有一对叉状突起，叉端褐色（图 5-95）。

图 5-93　黄曲条跳甲危害

图 5-94　黄曲条跳甲成虫与卵

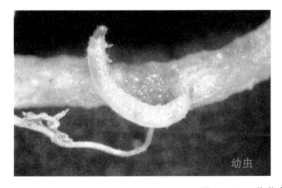

图 5-95　黄曲条跳甲幼虫与蛹

【防治方法】

（1）栽培防治。清除田间枯叶、残株以减少虫源；幼虫危害严重时，可连续几天多浇水，以防止根部输导组织的破坏，加速植物的生长。

（2）药剂防治。注意防治成虫宜在早晨和傍晚喷药。可选用 5% 抑太保乳油 4000 倍液，或 5% 卡死克乳油 4000 倍液，或 5% 农梦特乳油 4000 倍液，或 2.5% 溴氰菊酯乳油 3000 倍液、或 40% 菊杀或菊马乳油 2000 倍液，或茴蒿素杀虫剂 500 倍液等，从四周向中心喷雾；幼虫危害时，可喷洒或浇灌 50% 辛硫磷乳油 2000 倍液或 90% 晶体敌百虫 1000 倍液。

（二）粟茎跳甲

粟茎跳甲鞘翅目叶甲科，别名粟凹胫跳甲、谷跳甲、糜子钻心虫，俗称土跳蚤、地蹦子、麦跳甲，学名 *Chaetocnema ingenua*，英文名 Millet flea beetle、Millet stem flea beetle。分布东北、内蒙古、华北、西北、华东等地。成虫、幼虫均危害刚出土的幼苗。幼虫危害，由茎基部咬孔钻入，枯心致死。当幼苗较高，表皮组织变硬时，便爬到顶心内部，取食嫩叶。顶心被吃掉，不能正常生长，形成丛生。成虫危害，则取食幼苗叶子的表皮组织，吃成条纹、白色透明，甚至干枯死掉（图 5-96）。

图 5-96　粟茎跳甲危害

成虫：体呈椭圆形，体长 2.6 ～ 3mm，体宽 1.2 ～ 1.8mm。雌体较雄体肥大，体黑色，有强烈赤金反光，或蓝绿有强烈蓝色反光。触角 11 节，近基部 4 节黄色，余为褐色，小盾片三角形，平滑。鞘翅背面之刻点粗大，整齐排成纵行，惟近小盾片处的 3 短行与小盾片斜边平行，末端终于鞘翅会合线上。腹部腹面金褐色，腹部可见 5 节，具粗刻点。卵：长椭圆形，淡黄至深黄色，长 0.75mm，宽 0.35mm。幼虫：体长 6mm，宽 1mm，体呈圆筒形，胸部白色，体面有大小不同的褐色椭圆形斑点，足黑褐色，头黑色。蛹：体长 3mm，宽 1mm，体被白色短毛，乳白色，渐变黄褐色或蓝灰色。腹末端有 2 叉，赤褐色。

【防治方法】

（1）栽培防治。注意清洁草坪，清除杂草，减少来春虫源；结合刈剪拔除并烧毁枯心苗。

（2）药剂防治。产卵盛期前用 2.5% 敌百虫粉剂或 1.5% 乐果粉剂进行喷粉，用量 25 ～ 30kg/km²；或用 90% 敌百虫晶体 1000 倍液、80% 敌敌畏乳油、40% 乐果乳油 1000 倍液喷雾。

十三、金龟甲类

（一）铜绿（绮）丽金龟

铜绿（绮）丽金龟鞘翅目金龟甲总科，别名铜绿金龟子、青金龟子、淡绿金龟子，学名 *Anomala corpulenta*，英文名 Metallic-green beetle。国内除西藏、新疆尚未发现外，分布遍及各省份。成虫、幼虫均可食害植物，幼虫又称蛴螬。在草坪以蛴螬危害为主，蛴螬栖息在土壤中，取食萌发的种子，造成缺苗，还可咬断幼苗的根、根茎部，造成地上部叶片发黄、萎蔫甚至枯死。因蛴螬口器上鄂强大坚硬，故咬断植物的部位断口整齐，发生数量多时，常可使大片草坪枯死。成虫可蚕食叶片和嫩茎，发生数量多时，成虫盛发期甚至可将草坪叶片吃光（图 5-97）。

图 5-97　铜绿丽金龟危害

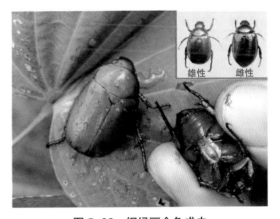

图 5-98　铜绿丽金龟成虫

成虫：中型，体长 19 ~ 21mm，体宽 10 ~ 11.3mm，头、前胸背板、小盾片和鞘翅呈铜绿色有闪光，但头、前胸背板色较深，呈红铜绿色。前胸背板两侧缘，鞘翅的侧缘，胸及腹部腹面，3 对足的基、转、股节均为褐色和黄褐色，而 3 对足的胫、跗节及爪均为棕色。唇基呈横椭圆形，前缘较直，中间凹入，前胸背板前缘较直，两前角前伸，呈斜直角状。前胸背板最宽处，位于两后角之间，鞘翅各具 4 条纵肋，肩部具瘤突。前足胫节具 2 外齿，较钝。前、中足大爪分叉，后足大爪不分叉。凡臀板基部中间具 1 个三角形黑斑的皆为雄性。新鲜的成虫，雌性腹板呈白色；雄性腹部腹板呈黄白色。雄性外生殖器背面观，阳基侧突较短阔，外缘几呈直线形，内缘稍远于中点（靠近端部），呈角弧状外扩，顶端较平截而整齐；侧面观阳基侧突基部呈角弧（几近直角）状外突，而后向端部收溢。二阳基侧突在背面相互交叠（图 5-98）。卵：初产时椭圆形或长椭圆形，乳白色。长 1.65 ~ 1.93mm，宽 1.30 ~ 1.45mm，卵化前几呈圆形，长 2.37 ~ 2.62mm，宽 2.06 ~ 2.28mm，卵壳表面光滑。幼虫：末龄幼虫体长 30 ~ 33mm。肛门孔呈一字形横裂，肛背片后部无臀板，肛腹片后部覆毛区中间有刺列，每列各有长针状刺毛 11 ~ 20 根，多数为 15 ~ 18 根，大多数彼此相遇或交叉（图 5-99）。蛹：离蛹，中型，体长 18 ~ 22mm，宽 9.6 ~ 10.3mm。唇基近横方形，前缘弧状。前胸背板横宽。腹部具发音器 6

对，位于腹部第 1～6 节各节背板中间的节间处。雄蛹臀节腹面阳基侧突与阳茎呈 4 裂状突起，外侧 2 裂片为阳基侧突，内侧 2 裂片为阳茎；雌蛹平坦，生殖孔位于基缘中间。羽化前头部、复眼等均变深（图 5-100）。

【防治方法】

（1）农业防治。翻耕整地。草坪播种或植草前，对地块进行翻耕耙压，由于机械损伤和鸟兽啄食可大大压低虫口基数。合理施肥。整地时增施一些腐熟的有机肥，可改善土壤结构，促进根系发育，壮苗，增强抗虫能力，还要合理施一些碳酸氢铵、腐殖酸铵等化肥做底肥，这对蛴螬有一定的抑制作用。

（2）诱杀防治。利用该类害虫的趋光性，设置黑光灯诱杀，效果较好。利用其不耐水淹的特点，进行适期灌水，对幼龄蛴螬特别有效；成虫被淹后会浮出水面，也便于捕杀。

（3）化学防治。① 毒土：虫口密度较大的草坪，撒施 5% 辛疏磷颗粒剂；或用 50% 辛硫磷乳油 500～800 倍液喷洒地面；也可将药剂如 50% 辛硫磷乳油 7.5kg 加 90% 晶体敌百虫 3kg，加入细土 300kg，拌匀配成毒土或混入粪肥内施用；或用 48% 毒死蜱乳油 1500 倍液灌根。② 药剂拌种：辛硫磷拌种效果最为理想，使用量为 75% 辛硫磷乳油 200 倍液，按种子量的 1/10 拌种。另外，地亚农、喹硫磷、乙嘧磷拌种在防治蛴螬上也均有良好的效果。③ 喷药防治成虫：在成虫盛发期，夜间在草坪及附近的杂草、树木上喷 2.5% 敌百虫粉剂；或 50% 敌敌畏乳油 1000 倍液，或 40% 乐果乳油 1000 倍液。

（4）生物防治。目前实际应用的是乳

图 5-99　铜绿丽金龟卵与幼虫

图 5-100　铜绿丽金龟蛹

状菌 *Bacillus popilliae* 和 *Bacillus lentimorbus*。此外，还发现杀虫性线虫 *Entomopathogenic nematodes*、土蜂（如大斑土蜂 *Scolia clypeata*、臀钩土蜂 *Tiphia popilliauora* 等）、金龟长喙寄

蝇 *Prosena siberita* 等对该类害虫有良好的防治效果。

（二）赤脚青铜金龟

赤脚青铜金龟鞘翅目金龟甲总科，又名绿金龟、红脚绿金龟子，学名 *Anomala cupripes*，英文名 Green red foot chafer、June beetle。我国的广东、海南、广西、福建、浙江、台湾等地均有分布。成虫取食新芽嫩叶，严重时仅留主脉；幼虫钻孔取食自土表 3 ～ 5cm 之草根，严重为害时，可破坏根系，使得受害草坪变得象海绵一样，草坪有时也可以像地毯一样被卷起来（图 5-101）。

图 5-101　赤脚青铜金龟危害

成虫：椭圆形，体长 18 ～ 26mm，宽 11mm。体背绿色，腹面紫红色，具金属光泽。触角鳃片状，鳃片 3 节。鞘翅绿色，布满小刻点，鞘翅中央处隐约可见小刻点排列成的纵线 4 ～ 6 条，边缘稍向上卷起，且带紫红色光泽，末端各有 1 突起。腹部背腹面均可见 6 节（图 5-102）。**卵**：乳白色，椭圆形，长约 2mm。**幼虫**：共 3 龄，乳白色，老熟时黄色，体弯曲呈 C 形，长 54 ～ 56mm，头宽 6.3 ～ 6.5mm。腹末节腹面具黄褐色肛毛列，排列呈梯形裂口。**蛹**：椭圆形，裸蛹。长约 28mm，宽约 12mm（图 5-103）。

【**防治方法**】参照铜绿（绮）丽金龟。

图 5-102　赤脚青铜金龟成虫

图 5-103　赤脚青铜金龟卵、幼虫与蛹

（三）台湾青铜金龟

台湾青铜金龟鞘翅目金龟甲总科，别名甘蔗翼翅丽金龟、鸡母虫，学名 *Anomala expansa*，英文名 Expanded-elytra chafer。分布在江西、福建、广东、台湾等地。在草坪以蛴螬为害为主，蛴螬栖息在土壤中，取食萌发的种子，造成缺苗，还可咬断幼苗的根、根茎部，造成地上部叶片发黄、萎蔫甚至枯死。成虫可蚕食叶片和嫩茎，发生数量多时，成虫盛发期甚至可将草坪叶片吃光（图 5-104）。

成虫：宽卵形，体长 25 ~ 30mm，宽 15 ~ 16mm，体大。全体深铜绿色略带青色，有橘红色金属闪光，尤其前胸背板闪光最为强烈，腹面墨黑兰色。唇基短阔呈梯形，前缘直，密布粗大刻点。触角 9 节，棒状部由 3 节组成。前胸背板前缘、后缘中段无边框，侧缘边框明显。小盾片半椭圆形，鞘翅长。足粗壮（图 5-105）。

【防治方法】参照铜绿（绮）丽金龟。

图 5-104　台湾青铜金龟危害　　　　　　　　图 5-105　台湾青铜金龟成虫

（四）华南（齿爪）鳃金龟

华南（齿爪）鳃金龟鞘翅目金龟甲总科，别名华南大黑鳃金龟、东南大黑鳃金龟、棕色金龟子，学名 *Holotrichia sauteri*，英文名 Southern black chafer。主要分布于福建、台湾、江西、广东、浙江等地。在福建年发生 1 代，以成虫在土中越冬，翌春 3 月下旬至 4 月中旬大量出土危害。该虫的成虫、幼虫均可食害植物。在草坪以蛴螬为害为主，蛴螬栖息在土壤中，取食萌发的种子，造成缺苗，还可咬断幼苗的根、根茎部，造成地上部叶片发黄、萎蔫甚至枯死。因蛴螬口器上鄂强大坚硬，故咬断植物的部位断口整齐。成虫可蚕食叶片和嫩茎，发生数量多时，成虫盛发期甚至可将草坪叶片吃光。

成虫：体长 18.5 ~ 24mm，体宽 9.5 ~ 12.1mm。近卵圆形。全体赤褐色或黑褐色，具油亮。头稍狭，唇基略宽于额。触角鳃片部短于其前 6 节之和（♂）。前胸背板侧缘为微小具毛缺刻所断，最阔点略前于中点。鞘翅纵肋 Ⅱ、Ⅲ 较模糊。臀板较狭小，明显圆隆，隆凸顶点在上部或近中部。后跗第 1 节短于第 2 节。爪齿长大，接近爪端，垂直生。雄外生殖器阳基侧突下突鸟嘴状，中突突片3个皆舌状（图5-106）。**幼虫**：头宽5.5mm，头长4.0mm。头部前顶毛每侧3根，其中冠缝旁2根，后顶毛每侧1根，额中侧毛左右各仅1根较长。上额腹面光滑，切齿叶锐利。触角长3.5～3.8mm，第2节长于第3节，后者长于第1节，第4节最短。内唇端感区的感区刺10～16根，前沿小圆形感觉器12～14个，其中6个较大。前足爪略微长于中足爪，后足爪短小。腹部第1～7节气门板逐渐略微减少，而第8节显著减少。覆毛区缺刺毛列，大多数钩状刚毛长度较接近，仅前沿及两侧较短，排列不规则，但较均匀，钩毛区的前缘略超过复毛区的1/2处。肛门孔三裂状，纵裂约等于或略微长于一侧横裂的1/4（图5-107）。**蛹**：初为黄白色，后变橙黄色。头部小，向下稍弯，复眼明显、触角较短。腹末端有叉状突起1对。

【**防治方法**】参照铜绿（绮）丽金龟。

图5-106 华南鳃金龟成虫

图5-107 华南鳃金龟幼虫

（五）暗黑（齿爪）鳃金龟

暗黑（齿爪）鳃金龟鞘翅目金龟甲总科，学名*Holotrichia parallela*，英文名Mulberry brown scarabaeid、Brown mulberry chafer。国内除西藏、新疆尚未发现外，其他各省份均有分布。成虫咬食叶片成缺刻或孔洞，严重的仅残留叶脉基部。幼虫危害根、茎，形成不规则的伤口，严重的把地下茎或根基部咬断或取食一空，在高温高湿条件下草坪枯萎，枯萎草坪出现不规则的死亡斑块（图5-108）。

图5-108 暗黑鳃金龟危害

成虫：中型偏大，体长17～22mm，体宽9.0～11.5mm，呈窄长卵形，体被黑色或黑褐色绒毛，无光泽。前胸背板最宽处在侧缘中间。前胸背板前缘具沿并布有成列的长褐色边缘毛。前角钝弧形的，后角直具尖的顶端，后缘无沿。小盾片呈宽弧状的三角形。鞘翅伸长，两侧缘几乎平行，靠后边稍膨大。每侧4条纵肋不显，位于肩疣突处的两侧缘，布有相当稀而长的褐色边缘毛，前足胫节外齿3个，中齿明显靠近顶齿。内方距位于中、基齿之间凹陷处的对面，但稍靠近基齿。后足第1附节几乎与第2跗节等长，爪齿于爪下边中间分出与爪呈垂直状。腹部腹板具青蓝色丝绒色泽。雄性外生殖器阳基侧突的下部不分叉，上部相当于上突部分呈尖角状（图5-109）。卵：初产时长椭圆形，白色略带绿色光泽，发育后期呈圆形，洁白色，有光泽。幼虫：3龄幼虫体长35～45mm，头部前顶刚毛每侧1根，位于冠缝两侧。绝大多数个体无额前缘刚毛，偶有个体只具1根额前缘刚毛。内唇端感区感区刺多数为12～14根。内唇前侧褶区折面退化，但密而纤细的折面明显可见，每侧折面多为14～17条。在感区刺与感前片间，除具6个较大圆形感觉器外，尚有9～11个小圆形感觉器。肛腹片后部钩状刚毛多为70～80

图5-109 暗黑鳃金龟成虫

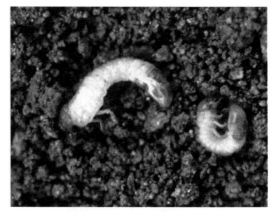

图5-110 暗黑鳃金龟幼虫

根，分布不匀，上端（基部）中间具裸区，即钩状刚毛群的上端有2单排或双排的钩状刚毛，呈"V"字形排列，向基部延伸（图5-110）。蛹：体长20～25mm、宽10～12mm。前胸背板最宽处位于侧缘中间。前足胫外齿3个，但较钝。腹部背面具发音器2对，分别位于腹部第4～5节和第5～6节交界处的背面中央。尾节三角形，二尾角呈锐角岔开。雄性外生殖器明显隆起，雌性外生殖器，只可见生殖孔及其两侧的骨片。

【防治方法】参照铜绿（绮）丽金龟。

（六）黑玛绒金龟

黑玛绒金龟鞘翅目金龟甲总科，又名黑绒金龟、黑绒金龟甲、东方绢金龟、大鹅绒金龟，学名 *Maladera orientalis*，英文名 Black velvety chafer。分布东北、华北、陕西、河南、江苏、浙江、江西、福建、台湾等地。成虫咬食叶片成缺刻或孔洞，严重的仅残留叶脉基部。幼虫危害根、茎，形成不规则的伤口，严重的把地下茎或根基部咬断或取食一空，草坪出现大小不等的褐色斑块，很容易被掀起来（图 5-111）。此外，有时也可见粟玛绒金龟（*Maladera castanea*）危害草坪（图 5-112）。

图 5-111　黑玛绒金龟危害

图 5-112　栗玛绒金龟

　　成虫：体长 6 ～ 9mm，宽 3.4 ～ 5.5mm，体小，卵圆形，黑褐色至棕褐色，具丝绒感。头顶后头光滑。触角 9 节，少数 10 节，有左右触角各为 9、10 节者。前胸背板宽为长的 2 倍，侧缘外阔，前侧角锐，后侧角直，外缘有稀疏刺毛。小盾片盾形，有细刻点和短毛。鞘翅略宽于前胸，上有刻点及绒毛，每鞘翅还有 9 条纵沟纹，外缘有稀疏刺毛。胸部腹面刻点粗大，有棕褐色长毛。腹部光滑，臀板三角形。雌雄触角异形，雄虫棒状部细长，柄节有一瘤状突起，雌虫棒状部粗短，柄部无突起。雄外生殖器阳茎侧片小，端部尖而弯曲，左右不对称，中片长而尖（图 5-113）。卵：椭圆形，乳白色有光泽，孵化前变暗。幼虫：体长 14 ～ 16mm，头宽 2.5 ～ 2.6mm。头部前顶刚毛及额中侧毛每侧 1 根，无额前缘毛。上唇基部横列两组刚毛。肛腹板刚毛区布满钩状刚毛，毛群前缘双峰

图 5-113　黑玛绒金龟成虫

状，裸露区呈楔状指向尾端，将覆毛区分隔为二。刺毛列位于覆毛区的后缘，呈横弧状排列，由 16 ～ 22 根锥状刺组成，中间明显中断。蛹：体长 8 ～ 9mm。触角雌雄同型，均为鞭状，近基部有向前伸的突起。腹部 1 ～ 6 节各节背板中央具横向峰状锐脊，尾节近方形，两尾角

很长（图 5–114）。

【防治方法】参照铜绿（绮）丽金龟。

（七）宽云斑鳃金龟

宽云斑鳃金龟鞘翅目金龟甲总科，又名大云鳃金龟、云斑鳃金龟，学名 *Polyphylla laticollis*，英文名 Curve-horned chafer、Clouded chafer。主要分布于我国东北、华北、华中、西北、西南、华南、华东等地。成虫多昼伏夜出，少数也可在白天或傍晚飞行，但不取

图 5–114 黑玛绒金龟幼虫与蛹

食。趋光性雄虫强烈，雌虫甚微弱，夜间为活动高峰，多在草丛中交配。幼虫危害草的地下部分，一旦危害，常是毁灭性的。

成虫：体长 28 ～ 41mm，体宽 14 ～ 21mm，体呈暗褐色稀有红褐色，足和触角鳃片部暗红褐色，下鄂须末节长而末端稍呈长卵形。雄性触角第三节近端部扩大呈三角形，鳃片部由 7 节组成，大而弯曲，其长度为前胸背板长度的 1.25 倍；雌性触角柄部由 4 节组成，鳃片部由 6 节组成，小而直。唇基前缘明显卷起，几乎是直的。头部覆有相当均匀的黄色鳞毛。额除鳞毛外，还生有长的竖立着的黄细毛。前胸背板中纵线附近的刻点比两侧的刻点要稀。前胸背板前半部中间分成两个窄而对立着的黄色纵带斑；其两侧各有由 2 ～ 3 个斑构成的纵列。前胸背板前缘、侧缘生有单行的竖立着的褐色刚毛。后缘边沿无刚毛。小盾片覆有密而长的黄白色鳞毛。鞘翅上的鳞毛其顶端变尖，呈长椭圆形卵形，并构成各种形状的斑纹。臀板全部覆有密的锉状的小刻点和小黄色贴身细毛。腹部各节腹板前缘具光滑的窄带。最后一节腹板上的细毛稀于其他各节。前足胫节外齿雄 2 雌 3，中齿明显近顶齿。雄性外生殖器的阳基侧突基段阔，至中部以后开始收窄，而后平行至端部，内缘不交叠；侧观阳基侧突稍呈 "S" 形弯曲，基部背面愈合部分长于其全长的 1/2（图 5–115）。幼虫：体长 60 ～ 70mm，头宽 9.8 ～ 10.5mm，头长 7.0 ～ 7.5mm。头部前顶毛每侧多为 4 ～ 6 根排成一斜列。沿额缝末端终点内侧常具平行的横向皱褶。唇基和上唇表面粗糙，常具较粗皱褶。内唇端感区具感区刺 15 ～ 22 根，圆形感觉器 15 ～ 22 个，其中 6 个较大均分两组，中间有 3 ～ 4 个小形感觉器相隔，感前片与内唇前片均消失。肛腹片后部覆毛区中间的刺毛列，每列多为 10 ～ 12 根，由小的短锥状刺毛组成，大多数两刺毛列几乎平行，刺毛列

图 5–115 宽云斑鳃金龟成虫

排列比较整齐，无副列；少数两刺毛列不平
行，前后两端明显靠近，中间远离略呈椭圆
形，刺毛列排列不整齐，具副列。刺毛列的
长度远没达到覆毛区钩状毛群的前部边缘处
（图 5–116）。蛹：离蛹，体长 49～53mm，
宽 28～30mm。唇基正长方形。雄蛹触角靴
状。前胸背板横宽，中纵列凹陷状，后缘中
间具疣状突起，在突起处具 1 对黑斑，于黑
斑两侧沿后缘有一排纵向弧状褐色条纹。腹
部第 2～6 六节各节背面无明显小疣点。发

图 5–116　宽云斑鳃金龟幼虫

音器 2 对，分别位于腹第 4～5 节和第 5～6 节背板节间处。尾部近三角形，具 1 对尾角，
端尖锐，两尾角呈锐角岔开。雄蛹外生殖器的阳基侧突中间收缩处位于中点后（稍近端部）；
雌蛹位于生殖孔两侧的骨片呈横椭圆形。

【防治方法】参照铜绿（绮）丽金龟。

十四、蝽　类

（一）绿草盲蝽

绿草盲蝽半翅目盲蝽科，别名花叶虫、
小臭虫、盲椿象、天狗蝇等，学名 *Lygus
lucorum*，英文名 Green mirid bug、Green leaf
bug。绿草盲蝽分布最广，北起黑龙江，南至
广东，西迄青海，东达沿海各地，无论南北
均有分布。成虫、若虫均以刺吸式口器吸食
嫩茎叶，受害部分逐渐凋萎，随后变黄，枯
干而脱落（图 5–117）。

成虫：体长 5mm 左右，宽 2.2mm 左右，
绿色，密被短毛。头部三角形，黄绿色，复

图 5–117　绿草盲蝽危害

眼黑色突出，无单眼，触角 4 节丝状，较短，约为体长 2/3，第 2 节长等于 3、4 节之和，向
端部颜色渐深，1 节黄绿色，4 节黑褐色。前胸背板深绿色，布许多小黑点，前缘宽。小盾片
三角形微突，黄绿色，中央具 1 浅纵纹。前翅膜片半透明暗灰色，余为绿色。足黄绿色，胫
节末端色较深，后足腿节末端具褐色环斑，雌虫后足腿节较雄虫短，不超腹部末端，跗节 3
节，末端黑色（图 5–118）。卵：散产于植物组织内，只留卵盖在外。长约 1mm，卵盖乳白

色，中央凹陷，两端较突起，边缘无附属物。

幼虫：共 5 龄，与成虫相似。初孵幼虫短而粗，体绿色，复眼红色。2 龄黄褐色，3 龄出现翅芽，4 龄超过第 1 腹节，2、3、4 龄触角端和足端黑褐色，5 龄后全体鲜绿色，密被黑细毛；触角淡黄色，端部色渐深。眼灰色（图 5-119）。

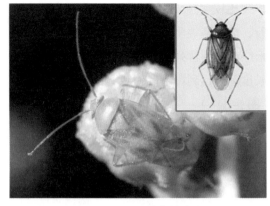

图 5-118　绿草盲蝽成虫

【防治方法】

（1）农业防治。加强田间管理，减少虫源，创造不适于盲蝽发生、繁殖的条件。如清除杂草，消灭越冬卵，减少早春虫口基数。合理施肥，忌施过多氮肥，防止生长过旺，减轻盲蝽为害。

（2）化学防治。选择若虫初孵盛期或若虫期防治，可用 2.5% 敌百虫粉剂、1.5% 乐果粉剂或 2.5% 甲敌粉剂喷粉，用量 $30kg/km^2$，也可喷洒 35% 赛丹乳油或 10% 吡虫啉可湿性粉剂或 10% 除尽乳油或 20% 灭多威乳油 2000 倍液、5% 抑太保乳油、25% 广克威乳油 2000 倍液、50% 甲基对硫磷 1500 倍液、25% 硫双威乳油 1500 倍液、5.7% 百树菊酯乳油 2000 倍液、43% 新百灵乳油（辛·氟氯氰乳油）

图 5-119　绿草盲蝽若虫

1500 倍液等。喷药时注意喷及叶背等隐蔽处，附近杂草也应同时喷药。

（二）苜蓿盲蝽

苜蓿盲蝽半翅目盲蝽科，学名 *Adelphocoris lineolatus*，英文名 Alfalfa plant bug、Cotton mirid bug。分布于东北、内蒙古、新疆、甘肃、河北、山东、江苏、浙江、江西和湖南的北部，属偏北方种类。成虫、若虫刺吸草本植物的茎、叶、花蕾、子房，被害部现黑点，随后变黄，枯干而脱落（图 5-120）。

成虫：体长 7.5～9.0mm，宽 2.3～2.6mm，黄褐色，被细毛。头顶三角形，褐色，光

图 5-120　苜蓿盲蝽危害

滑，复眼扁圆，黑色，喙4节，端部黑，后伸达中足基节。触角细长，端半色深，1节较头宽短，顶端具褐色斜纹，中叶具褐色横纹，被黑色细毛。前胸背板服区隆突，黑褐色，其后有黑色圆斑2个或不清楚。小盾片突出，有黑色纵带2条。前翅黄褐色，前缘具黑边，膜片黑褐色。足细长，股节有黑点，胫基部有小黑点。腹部基半两侧有褐色纵纹（图5-121）。卵：长1.3mm，浅黄色，香蕉形，卵盖有1指状突起。若虫：黄绿色具黑毛，眼紫色，翅芽超过腹部第3节，腺囊口八字形（图5-122）。

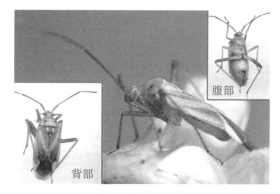

图 5-121　苜蓿盲蝽成虫

【防治方法】参照绿草盲蝽。

（三）稻绿蝽

稻绿蝽半翅目蝽科，别名稻青蝽、青蝽蟓、灰斑绿蝽等，学名 *Nezara viridula*，英文名 Green rice bug、Green plant bug、Southern green stink bug。世界性害虫，我国东北、西北、华北、华中、西南、华东、华南等地区均有发生。该虫食性广，成虫、若虫以刺吸式口器吸食寄主植物叶片、茎秆的汁液。草坪受害后，叶色变黄，植株矮缩；若心叶受害，虽仍能抽出，但在插入形成伤口处折断，不能正常生长（图5-123）。

图 5-122　苜蓿盲蝽若虫

成虫：有4种类型：①全绿型（*Nezara viridula* forma typical linnaeus），体长雄虫12～14mm，雌虫12.5～15.5mm。全体青绿色，体背色较浓而腹面色略淡；复眼黑色；单眼暗红；触角第4～5节末端黑色，小盾片基部有3个横列的小黄白点；前翅膜区无色透明。②黄斑型（*N. viridula* forma torquata），

图 5-123　稻绿蝽危害

两复眼间之前以及前盾片两侧角间之前的前侧区，均为黄色，其余部分为青绿色。③点斑型（*N. viridula* forma aurantiaca），体背黄色，小盾片前半部有3个横列绿点，基部亦有3个

小绿点，端部的 1 个小绿点与前翅革片的 1 小绿点排成 1 列。④综合型（*N. viridula* forma duyuna），头前半部黄色，后半部橘红或深黄（黄肩型头前半部黄或橘红，后半部绿色）。前胸背板前半部黄色，后半部橘红或深黄色，中央有 3 个深绿斑（黄肩型前胸背板前半部橘红或黄色，后半部绿色，无斑点；点斑型前胸背板前后部均深黄至黄绿色，中央 3 个绿斑大）。小盾片橘红或深黄色，基缘有 3 个横列绿斑，末端有 1 个绿斑；前翅革片橘红或深黄色，末端也有绿斑（黄肩型小盾片及前翅革片绿色，无斑点，点斑型小盾片及前翅革片深黄至黄绿色）（图 5-124）。卵：圆形，顶端有卵盖，卵盖周缘有白色小刺突。初产黄白色，中期黄赤，后期红褐色（图 5-125）。若虫：共 5 龄。1 龄若虫体长 1.1 ～ 1.4mm，黄褐色。2 龄体长 1.9 ～ 2.1mm，黑褐色。3 龄体长 4.0 ～ 4.2mm，中胸背板后缘出现翅芽。4 龄体长 5.2 ～ 6.0mm，色泽变化大，有的个体全黑褐色，有的中胸背板青绿色，头部出现 "⊥" 形的粗大黑纹，黑纹两侧黄色，这是该龄特有的特征。5 龄体长 7.4 ～ 10mm，前胸背板 4 个黑点排成 1 列，前后翅芽明显（图 5-126）。

图 5-124　稻绿蝽成虫

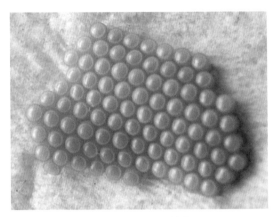

图 5-125　稻绿蝽卵

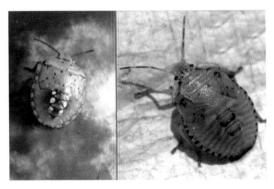

图 5-126　稻绿蝽各龄若虫

【防治方法】

（1）冬春期间清除草坪附近杂草，可减少越冬虫源；同时，应保护利用好天敌，增强自身控害能力。

（2）人工捕杀或灯光诱杀成虫。

（3）当蝽类数量多，可用90%晶体敌百虫、40%乐果乳油、50%马拉硫磷乳油、50%辛硫磷乳油1000倍液或80%敌敌畏乳油1500倍液等广谱性杀虫剂喷雾防治，效果很好。

（四）稻黑蝽

稻黑蝽半翅目蝽科，学名 *Scotinophara lurida*，英文名 Rice black stink bug、Black rice bug。分布在河北南部、山东和江苏北部、长江以南各省份。成虫、若虫均畏光，白天潜藏于植株基部，晚上到植株上部吸食茎、叶及穗部汁液，被害处呈黄色斑点。初孵若虫多群集于植株下部，直至3龄后才逐渐上移危害，造成叶色变黄，植株矮缩。长势壮旺、叶色浓绿的草坪，往往受害较重（图5-127）。

图5-127　稻黑蝽危害

成虫：体长雄4.5～8.5mm；雌9.0～9.5mm。椭圆形，黑褐或灰黑色，头中叶与侧叶长相等，复眼突出，喙长达后足基节间。背腹面隆起的程度几乎相等。小盾片呈舌形，几乎达腹部末端，但宽度不能全盖腹侧；前盾片前侧角各有1横生的小刺，两侧角有1短而钝的突起（图5-128）。卵：呈杯状，横径×高约为0.8×1.0mm，淡青色变淡褐再变灰褐色，卵粒可由2粒至30粒聚在一起，呈卵块。若虫：共5龄。1龄若虫头胸褐色，腹部黄褐色或紫红色，节缝红色，腹背具红褐斑，体长1.3mm。3龄若虫暗褐至灰褐色，腹部散生红褐小点，前翅芽稍露，体长3.3mm。5龄若虫头部、胸部

正面　　　　　　　　　　　　　　　　　　腹面

图5-128　稻黑蝽成虫

浅黑色，腹部稍带绿色，后翅芽明显，体长 7.5 ～ 8.5mm（图 5-129）。

【防治方法】参照稻绿蝽。

图 5-129　稻黑蝽卵与若虫

（五）大稻缘蝽

大稻缘蝽半翅目缘蝽科，又名长脚蝽、稻蛛缘蝽、稻穗缘蝽、异稻缘蝽，学名 *Leptocorisa acuta*，英文名 Rice bug、Paddy bug、Paddy fly。在我国主要分布于南方地区，尤以广东、广西、云南、台湾等地发生普遍，部分地区受害严重。成虫、若虫以刺吸式口器吸食寄主植物叶片、茎秆、穗、小穗梗的汁液。寄主受害后，叶色变黄，植株矮缩；若心叶受害，虽仍能抽出，但在插入形成伤口处折断，不能正常生长。

成虫：体长雄 15～16mm；雌 16～17mm，体细长，茶褐色带绿或黄绿色；头部向前伸出，触角细长，4 节，第 1、4 节淡褐红色，满布深褐色刻点，正中有 1 刻点稀小的纵纹，小盾片呈长三角形；喙 4 节，黑褐色，第 3、4 节等长；足细长，淡黄褐稍带绿色。卵：椭圆形，底圆面平，无明显的卵盖，前端有 1 小白点，初产时卵淡黄褐色，中期赤褐色，后期黑褐色，并有光泽。若虫：共 5 龄。第 1 龄体长 1.5 ～ 2.5mm，体淡绿色，触角及足赤红色，胸部后缘平直，末出现翅芽。2 龄体长 3.5 ～ 4.5mm，体细长，淡绿色，足赤褐色，胸部后缘中央向前弯曲。3 龄体长 6.5 ～ 8.5mm，淡绿色，翅芽微现，第 4、5 腹节背面后缘有明显弯圆形的臭腺，4 龄体长 12 ～ 13mm，淡绿色，翅芽达第 2 腹节后缘，臭腺圆形，略向外突起。5 龄体长 14 ～ 15mm，翅芽达第 3 腹节后缘，臭腺扁圆形带红色（图 5-130）。

图 5-130　大稻缘蝽各虫态

【防治方法】

（1）清除草坪及附近杂草，集中处理，可减少虫源。

（2）人工捕杀或灯光诱杀成虫。

（3）在低龄若虫期喷50%马拉硫磷乳油1000倍液或2.5%功夫乳油2000～5000倍液、2.5%敌杀死（溴氰菊酯）乳油2000倍液、10%吡虫啉可湿性粉剂1500倍液，每667m²喷对好的药液50L。防治1次或2次。

（六）麦长蝽

麦长蝽半翅目长蝽科，学名 *Blissus leucopterus*，英文名 Common chinch bug。麦长蝽主要危害草坪草叶子，有时也危害其茎。被刺吸式口器刺伤的叶片，先出现黄色小斑点，逐渐扩大成黄褐色大斑，使茎叶松软、皱褶，轻者阻碍草坪草生长发育，重者造成植株干枯而死亡。受害草坪一块块变成淡灰褐色，发出臭气。近年来，由于气温的异常变化，麦长蝽的危害也越来越大，特别是对早熟禾、翦股颖等草坪危害严重（图5-131）。

成虫：体小型，约3.5mm×0.75mm，灰黑色。翅白色，与体等长（长翅型）或为体长的1/3～1/2（短翅型），折叠于背部，其外缘

图5-131 麦长蝽危害

中部有明显的三角形黑斑。足略带红色至红黄色（图5-132）。卵：约0.84mm×0.30mm，初产时白色，中期浅黄色，孵化前变为鲜橙色。若虫：共5龄。初龄若虫长0.9mm，腹部亮橙色具乳白色斑纹，头部、胸部褐色；2～4龄若虫腹部由橙色渐变为紫灰色，具2个黑斑，长渐达2mm；5龄若虫长约3mm，体黑色具翅芽，腹部蓝黑色具模糊的黑色斑点（图5-133）。

图5-132 麦长蝽成虫

图5-133 麦长蝽若虫

【防治方法】

（1）选择抗性品种。

（2）增施水肥，破坏害虫生境，促进草坪生长，增强草坪的抗逆能力以减轻受害。

（3）清除草坪及附近杂草，集中处理，可减少虫源。

（4）用 50% 西维因可湿性粉剂 2g/m²、25% 地亚农乳剂 1.2 ～ 2.4mL/m²、25% 地亚农可湿性粉剂 1.4g/m²、氯丹乳剂 2.4mL/m² 等进行化学防治。

十五、蝇 类

（一）美洲斑潜蝇

美洲斑潜蝇双翅目潜蝇科，别名蔬菜斑潜蝇、蛇形斑潜蝇、苜蓿斑潜蝇等，学名 *Liriomyza sativae*，英文名 Melon leaf-miner、Vegetable leaf-miner、Serpentina leaf-miner。美洲斑潜蝇分布范围很广，从热带、亚热带到温带均有分布，属世界性检疫的害虫，在我国海南始见，现已在全国蔓延，有些地区危害相当严重。成虫、幼虫均可危害，幼虫潜食寄主叶片是主要危害形式。雌成虫飞翔时把叶片刺伤，用以取食和产卵，尤其在幼

图 5-134　美洲斑潜蝇危害

嫩叶片上形成刻点后，随着叶片的进一步展开，刻痕也随之扩大，高温时在刻点处易形成坏死斑。成虫将卵产于寄主植物叶片表皮下，幼虫孵化后，取食叶肉栅栏组织，残留白色上表皮，形成潜道，潜道随幼虫龄期的增加不断增长、加宽，呈蛇形弯曲。潜道的存在降低了叶片的光合作用，当幼虫密度大时，叶片上潜道密布，严重时导致叶片枯萎、脱落。吃尽叶肉后，害虫还可钻进叶柄和茎部为害，致使草苗倒折、枯死（图 5-134）。

成虫：小型蝇类，腹面黄褐色，背面为灰黑色，体长 1.3 ～ 2.3mm，翅展 1.3 ～ 2.3mm，雌虫较雄虫体稍大。头部额区略突出于复眼上方。触角和颜面亮黄色，复眼后缘黑色，外顶鬃常生于黑色区，越近上侧额区暗色越淡，近内顶鬃基部色变褐色，内顶鬃多位于暗色区或黄色区，具 2 根上侧鬃和 2 根下侧鬃，后者较弱。中胸背板亮黄色，背中鬃 4 根，第 3 和第 4 根较弱，第 1 和第 2 鬃的距离为第 2 和第 3 根距离的两倍，第 2、3 和 4 鬃的距离几乎相等，中鬃排列成不规则的 4 列。中胸侧板黄色，有 1 变异的黑色区。侧板具 1 大的黑色三角形，其上缘常具宽的黄色区。小盾片鲜黄色。翅 M_{3+4} 脉前段长度为基段的 3 ～ 4 倍；腋瓣黄色，缘毛色暗。足的腿节和基节黄色，胫节和跗节色较暗，前足为黄褐色，后足为黑褐色

（图5-135）。卵：大小为（0.2～0.3）mm×（0.10～0.15）mm，米色，轻微半透明。幼虫：无头蛆状，最大可长到3mm长。共3龄，初孵幼虫无色，渐变为淡橙黄色，后期变为橙黄色。幼虫（和蛹）有1对形似圆锥的后气门。每侧后气门开口于3个气孔，锥突端部有1孔。蛹：椭圆形，腹面稍扁平，（1.3～2.3）mm×（0.5～0.75）mm，颜色变化大，淡橙黄色，常深至金黄色。幼虫脱出叶外化蛹（图5-136）。

图5-135　美洲斑潜蝇成虫

图5-136　美洲斑潜蝇卵、蛆与蛹

【防治方法】

（1）加强植物检疫，一般不从该虫发生的地区调进草皮、繁殖用营养体或材料。

（2）草坪建植前清除杂草和植株残体，耕翻土壤并灌水，以降低虫口基数。

（3）灭蝇纸诱杀成虫，在成虫始盛期至盛末期，每667m²置15个诱杀点，每个点放置1张诱蝇纸诱杀成虫，3～4d更换1次。也可用斑潜蝇诱杀卡，使用时把诱杀卡揭开挂在斑潜蝇多的地方，约15d更换1次。

（4）科学合理用药。喷药宜在早晨或傍晚，注意交替用药，最好选择兼具内吸和触杀作用的杀虫剂。可交替选用48%毒死蜱1500倍液、98%巴丹原粉1500倍液、1.8%爱福丁乳油3000倍液、1.5%阿巴丁乳油3000倍液、40%绿菜宝乳油1000倍液、40%斑潜净乳油1000倍液、48%乐斯本乳油1000倍液、潜虫灭、5%锐劲特悬浮剂2000倍液等喷雾防治。

（5）有条件的地块释放姬小蜂（*Diglyphus* spp.）、反颚茧蜂（*Dacnusin* spp）、潜蝇茧蜂（*Opius* spp.）等，让这3种寄生蜂将卵寄生于斑潜蝇的卵里，控制斑潜蝇的危害。

（二）豌豆潜叶蝇

豌豆潜叶蝇双翅目潜蝇科，又称夹叶虫、叶蛆、豌豆植潜蝇、豌豆彩潜蝇，学名 *Phytomyza horticola*，英文名 Pea leaf-miner、Vegetable leafminer。在国内分布较广，目前除西藏、新疆、青海尚无报道外，其他各地均有发生。以幼虫潜入草坪叶片表皮下，曲折穿行，取食绿色组织，造成不规则的灰白色线状隧道。危害严重时，叶片组织几乎全部受害，叶片上布满蛀道，尤以植株基部叶片受害最重，甚至枯萎死亡。成虫还可吸食植物汁液使被吸处成小白点。

成虫： 为小型蝇类，雌成虫体长 2～2.5mm，雄虫体长 1.8～2mm。翅展 5～7mm，头部黄色，短而宽，几乎与体等宽。复眼大，红褐色，椭圆形。胸、腹部灰白色，但腹节后缘黄色，其上疏生许多黑刚毛，胸部发达，上生 4 对粗大的背中鬃。翅 1 对透明，有紫色闪光，平衡棒黄色或橙黄色。足黑色，但腿、胫节的接连处为黄色。雌成虫腹部较肥大，末端有漆黑色产卵器，雄虫腹部则较瘦小，末端有 1 对明显的抱握器（图 5-137）。**卵：** 长椭圆形，乳白色，长约 0.3mm。**幼虫：** 蛆式，体长约 3mm。初龄体乳白色，后变黄白色。身体柔软，透明，体表光滑。从体外可以观察到消化道，头咽器通往后气门的气管。前气门成叉状，向前方伸出，后气门位于腹部末端背面，为 1 对极明显的小突起，末端褐色。**蛹：** 长 2～2.6mm，长扁椭圆形，初为淡黄色，后变为黄褐色和黑褐色。10 节。前气门 "Y" 形。一般雄虫蛹较小（图 5-138）。

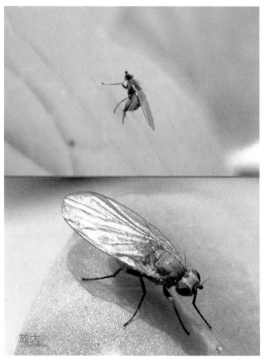

图 5-137　豌豆潜叶蝇成虫

图 5-138　豌豆潜叶蝇幼虫与蛹

【防治方法】

（1）农业措施。在草坪建植前清除杂草和植株残体，翻耕土壤并灌水，以降低虫口基数。

（2）利用成虫趋甜性诱杀成虫。用甘蔗或胡萝卜煮出液＋0.05% 敌百虫作为诱杀剂，于成虫盛发期，设点喷药，视天气情况 3～5d 喷 1 次，连喷 5～6 次，或用红糖：醋：水＝1：1：20 煮沸调匀，加入敌百虫晶体 1 份配成。

（3）药剂防治。见叶片出现虫隧道时开始，连喷 2～3 次，隔 7～10d 1 次，可连喷 90% 敌百虫结晶 1000 倍液，或 2.5% 功夫乳油 2000 倍液，或 20% 速灭杀丁乳油 2500 倍液，或 40% 菊马乳油 3000 倍液，或 21% 灭杀毙乳油 6000 倍液。

（4）保护和利用天敌。在福建已发现 1 种小茧蜂（*Opius* spp.）、3 种蚜小蜂（*Pleurotropis* spp.）和 1 种黑卵蜂，4 月下旬寄生率可达 80%。

（三）瑞典秆蝇

瑞典秆蝇双翅目秆蝇科，别名黑麦秆蝇、瑞典麦秆蝇，学名 *Oscinella frit*，英文名 Frit fly。主要分布于宁夏、甘肃、内蒙古、青海、陕西、山西、河北、北京等地。幼虫钻入心叶或幼穗中为害，受害部枯萎或造成枯心（图 5-139）。

成虫：体长 1.5～2mm，全身黑色具光泽，是较为粗壮的小型蝇类。触角黑色，喙端白色，前胸背板黑色，翅透明具金属光泽。腹部下面淡黄色。足的腿节黑色，胫节中部黑色，下端棕黄色，跗节棕黄色（图 5-140）。卵：长圆柱形，白色，有明显的纵沟和纵脊

图 5-139　瑞典秆蝇危害　　　　　　　　　图 5-140　瑞典秆蝇成虫

（图 5-141）。幼虫：初孵化时水样透明，体长约 1mm。老熟时为黄白色，圆柱形，蛆型，口钩镰刀状，体长 4.5mm，前端较小，末节圆形，其末端有 2 个短小突起，上有气孔（图 5-142）。蛹：长 2 ～ 3mm，棕褐色，圆柱形，前端有 4 个乳状突起，后端有 2 个突起。

【防治方法】秆蝇的防治，应采取以栽培防治为基础，结合必要的药剂防治的综合措施。

（1）农业防治。在越冬幼虫化蛹羽化前，及时清除越冬幼虫的杂草寄主以压低当年的虫口基数；选种抗虫品种。另外，因地制宜的进行深翻土地、消灭杂草、增施肥料、适期灌水等一系列措施，都能创造对草坪生长发育有利，对秆蝇繁殖危害不利的条件，从而达到减轻危害的效果。

（2）药剂防治。重点为第 1 代幼虫，因第 1 代幼虫危害重，盛孵期明显，发生整齐，有利于药剂防治。掌握成虫盛发期或幼虫盛孵期，可用 50% 甲基对硫磷乳油 3000 倍液喷雾，对成虫和卵防治效果都很好，或用 40% 乐果乳油与 50% 敌敌畏乳油（按 1∶1 混合）1000 倍、50% 马拉硫磷乳油 2000 倍液、50% 杀螟威乳油 3000 倍液喷雾；也可用 1.5% 对硫磷粉剂、4.5% 甲敌粉剂喷粉防治。

图 5-141　瑞典秆蝇卵

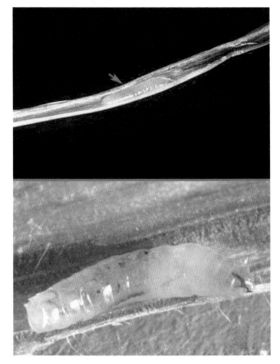

图 5-142　瑞典秆蝇幼虫

（四）稻小潜叶蝇

稻小潜叶蝇双翅目水蝇科，别名稻叶毛眼水蝇、大麦水蝇，俗称鞘潜蝇，学名 *Hydrellia griseola*，英文名 Small rice leaf-miner、Barley（mining）fly。广泛分布于黑龙江、吉林、辽宁、河北、内蒙古、山西、陕西、宁夏、湖北、湖南、上海、浙江、江西、福建等省份。以幼虫潜入叶体内部，潜食叶肉留下 2 层表皮，使叶片呈现白条斑。当叶内幼虫较多时，则整个叶体发白和腐烂，并引起全株枯死，受害的地块大量死苗（图 5-143）。

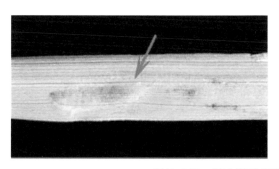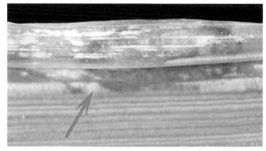

图 5-143 稻小潜叶蝇幼虫在叶片组织取食危害

成虫：为青灰色小蝇，有绿色的金属光泽。体长 2～3mm。头部暗灰色，复眼黑褐色。触角黑色，末端扁而椭圆，有 1 根粗长的触角芒，芒的一侧还排列有 5 根小短毛。停息时翅重叠在背面。足灰黑色，中、后足跳节第 1 节基部黄褐色（图 5-144）。卵：乳白色，长椭圆形，长宽 1.6mm×0.16mm，卵粒上有细纵纹（图 5-145）。幼虫：体长 3～4mm，圆筒形，稍扁平，乳白色至乳黄色，尾端有 2 个黑褐色气门突起（图 5-146）。蛹：长约 3.6mm，黄褐色或褐色，尾端也有 2 个黑褐色气门突起（图 5-147）。

图 5-144 稻小潜叶蝇成虫　　　　　　　　图 5-145 稻小潜叶蝇卵

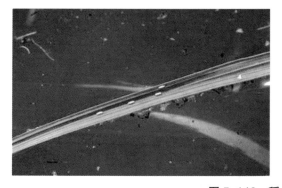

图 5-146 稻小潜叶蝇幼虫

【防治方法】

（1）适时灌溉，清除杂草，消灭越冬、越夏虫源，降低虫口基数。

（2）毒糖液诱杀成虫，用甘薯、胡萝卜煮汁（30% 糖液），加 0.05% 敌百虫，隔 3 ～ 5d 喷 1 次，共喷 4 ～ 5 次。

（3）掌握成虫盛发期，及时喷药防治成虫，防止成虫产卵。成虫主要在叶背面产卵，应喷药于叶背面。或在刚出现危害时喷药防治幼虫，防治幼虫要连续喷 2、3 次，农药可用 5% 卡死克乳油 1000 倍液，或 10% 吡虫淋

图 5-147　稻小潜叶蝇蛹

可湿性粉剂 1000 倍液，或 25% 喹硫磷乳油 1000 ～ 1500 倍液，或 40.7% 乐斯本乳油 1000 ～ 1500 倍液，或 20% 斑潜净微乳剂 1500 ～ 2000 倍液，或灭蝇胺 10% 悬浮剂 1500 倍液或 75% 可湿性粉剂 1000 倍液等。

十六、蚊　类

（一）白纹伊蚊

白纹伊蚊双翅目蚊科，俗称花斑蚊、麻蚊子，学名 *Aedes albopictus*，英文名 Asian tiger mosquito。分布于我国长江以北和长江以南各地区。属草坪卫生害虫，成虫白天会吸人、畜的血，是登革热及狗丝虫的媒介。

成虫：体中型，黑色。雌蚊的头顶及小盾片上皆有雪白色扁平的鳞片。中胸背片的中间有 1 条宽银白色纵纹，由前方达翅基的前方。翅根前鳞斑的鳞宽，呈雪白色。前、中、后足的跗节有基白环；前、中足的第 4、5 跗节全黑；后足跗节 5 全白。腹部背面黑色，基部有白带，两侧有三角形白斑。雄蚊与雌蚊相似。尾器第 9 背板的远端边缘中间形成 1 个钝突起（图 5-148）。卵：呈撇榄形，无浮囊，产出后单个沉在水底。幼虫：共 4 龄。头部有触角、复眼、单眼各 1 对，口器为咀嚼式，两侧有细毛密集的口刷，迅速摆动以摄取水中的食物。胸部略呈方形，不分节。腹部细长，可见分 9 节。在呼吸管中部有 1

图 5-148　白纹伊蚊成虫

束毛，2～3分支。栉梳齿有8～12个大壮齿，无侧小齿，排成1排。中胸背板上有1条明显的白色纵纹，后足各跗节上均有白环。

蛹：侧面观呈逗点状，胸背两侧有1对呼吸管。呼吸管长短不一，口斜向或三角形，无裂隙。蚊蛹不食能动，常停息在水面，若遇到惊扰时立即潜入水中（图5-149）。

【防治方法】彻底改善环境卫生，控制或消灭蚊虫孳生条件，加强草坪管理，达到根除蚊虫的孳生。力争把蚊虫消灭在幼虫阶段，并注意消灭第1代和末代蚊幼虫，发现成蚊时，应将其消灭在孳生地附近。要掌握蚊虫的栖息场所及活动规律，突出重点，抓住蚊虫发育中的薄弱环节和有利防治时机，并做到经常与突出相结合，采取综合防治的措施，达到事半功倍的目的。

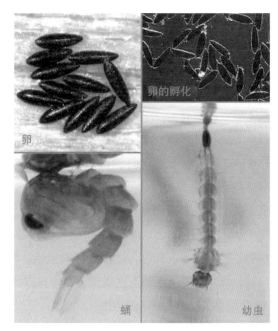

图5-149 白纹伊蚊卵、幼虫与蛹

（二）中华按蚊

中华按蚊双翅目蚊科，又名中华疟蚊、中华孳蚊，学名 *Anopheles sinensis*，在我国，除青海和新疆外，其他地区都有记载。成蚊吸人血，白天多栖息于草坪、作物和芦苇丛、灌木丛和牲畜棚中，黄昏后开始活动，一般高峰在子夜前后1h，是疟疾和马来丝虫病的主要传播媒介，也是班氏丝虫病的次要媒介。

成虫：体中型，体色一般发污，翅身上的鳞片黑白不鲜明。雌蚊触须具4个窄白环，其粗糙程度约占全长1/2以上，基部多有白色鳞片，有时多或少或缺如。中胸背片体壁为浅棕色，并有深棕色纵纹直至小盾片前方；两侧各有1条深棕色纵线，从前方止于背中部。有眼点。翅前缘脉基部有少量浅黄鳞片，前缘脉上有2个白斑，大小相近；还有1个端白斑，位于翅的尖端，有时此斑缺。径脉干黑，白鳞片均有。肱横脉上有鳞片。足基节有白鳞片丛；前足跗节1、2有端白环，约足宽2倍之长；跗节3有端白环，约与其足宽等长；跗节4端白环较窄，约其足宽之半；跗节5全黑；中足跗节的白环似前足；后足跗节1～3的端白环较前足窄，约与其足宽等长，但有少数的标本约是其足宽的2倍长，跗节4端白环有时不明显，仅有几个白鳞片，跗节5全黑。腹板两例有明显的白三角斑，被中间1个黑三角斑所隔开。腹部第7节腹板上有1深色鳞片丛，有时并有少量浅鳞片相混；第6腹板前端也有少量浅鳞片。雄蚊与雌蚊相似。尾器的抱肢基节背面密盖白鳞片及许多鬃毛，侧面有棕色鳞片及鬃毛。腹节第9背板有2个较细长的突起，其尖端稍膨大。阳茎小叶有4对，有时最多有5

对，其中有 1 个较宽大的叶，上面有大的端齿及亚端齿及几个侧齿，其余的小叶较细短并有 2 个基齿（图 5-150）。卵：小，长不到 1mm，舟形，两侧有浮囊，浮于水面。幼虫：共 4 龄。幼虫体分为头、胸、腹 3 部，各部着生毛或毛丛。头部有触角、复眼、单眼各 1 对，口器为咀嚼式，两侧有细毛密集的口刷。胸部略呈方形，不分节。腹部细长，9节，各节背面尚有背板和掌状毛（棕状毛）。孳生于阳光充足、水温较暖、面积较大的静

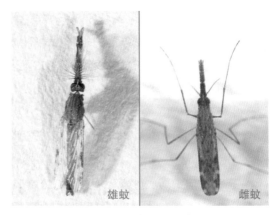

图 5-150　中华按蚊成虫

水中。蛹：大多灰褐色，侧面观呈逗点状，胸背两侧有 1 对呼吸管。呼吸管粗而短，漏斗状口阔，最深裂隙。蚊蛹不食能动，常停息在水面，若遇到惊扰时即潜入水中。

【防治方法】参照白纹伊蚊。

（三）大　蚊

大蚊双翅目大蚊科，学名 *Tipula praepotens*，英文名 Crane fly。大蚊主要分布于我国南方，常发生于潮湿的灌溉充分的草坪。成虫对草坪不造成危害，以幼虫取食植物，特别是草根，严重时可使草成株枯死，使草坪出现少量不规则的褐色斑块（图 5-151）。

成虫：小型至大型，有细长的身体和足，足脆弱而易脱落；翅上常有斑纹或晕。头大，无单眼。触角，雌线状，雄栉齿状或锯齿状，多毛。12 ～ 13 节。口器显著，须 4 ～ 5 节。中胸有明显的"V"字形缝。翅狭长。雄性腹部末端常膨大，有 2 对生殖突起（图 5-152）。幼虫：体肉质，圆柱形，11 ～ 12 节，表皮粗糙，头缩入或突出。触角明显，伪足状突起有或无，端气门式或后气门式。腹部末端通常有 6 个肉质突起。

图 5-151　大蚊危害

图 5-152　大蚊成虫

【防治方法】

（1）栽培防治。草坪建植前，平整土地，加强管理，及时清理残枝落叶。

（2）药剂防治。大蚊造成严重危害后，可用 50% 辛硫磷乳油 1000 倍液、20% 氰戊菊酯乳油 1200 倍液喷雾处理。

十七、蠓　类

（一）台湾铗蠓

台湾铗蠓双翅目蠓科，别名小黑虫、小咬子，学名 *Forcipomyia taiwana*。该虫主要分布在广东、广西、台湾、四川、福建、贵州、山东、湖南、湖北等地。常成群出现于草坪、树林、洼地及荫蔽的场所，侵袭人畜。

成虫：体长约 1.4mm，头黑色，触角及口器深褐色，触角 14 节，基节较大，2～9 节为念珠状，10～14 节明显延长。复眼发达，呈肾形。雄蠓两眼相邻接，雌蠓两眼距离较远。口器为刺吸式。中胸发达，前、后胸较小，胸部背面呈圆形隆起。翅短宽，翅上常有斑和微毛，其大小、颜色、位置等为分类依据。足细长。腹部 10 节，雌蠓有尾须 1 对；雄蠓的第 9、10 腹节转化为外生殖器（图 5-153）。卵：呈纺锤形，长约 0.3mm，褐黑色，散产于孳生场所，孵化时卵自末约 1/3 处斜裂，孵化后之卵呈拖鞋状。幼虫：细长，呈蠕虫状。共 4 龄，刚孵化幼虫约 0.35mm，体呈透明，老熟幼虫体长约 2.5mm，于前胸及最后 1 节有小勾状之伪足。蛹：裸蛹长约 2.1mm，于前胸两侧具呼吸管 1 对，黄褐色头粗尾细呈锥形，末龄幼虫脱皮之蜕黏附在其尾端以利羽化（图 5-154）。

图 5-153　台湾拉蠓成虫

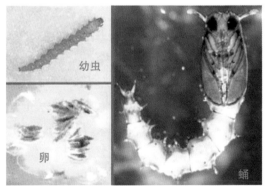

图 5-154　台湾拉蠓幼虫、卵及蛹

【防治方法】

（1）改善环境。消除和控制蠓的孳生栖息条件，在草坪周围，以 500m 为半径的范围内，结合其他工作，填平坑洼，平整地面；清除积水，疏通沟渠；堵塞树洞；及时清除垃圾污物，采用泥封堆肥发酵处理；畜圈、禽舍要勤扫、勤垫、勤除，保持清洁干燥，使蠓类无栖息和孳生之地。

（2）物理防治。一般采用灯光诱杀。用黑光诱虫灯或紫外线诱蚊灯，或蓝光诱蚊灯，于黄昏夜晚放在草坪周围成蠓较多的地方，开灯诱杀，效果良好。

（3）化学防治。① 灭蠓幼虫，对一时难以清除干净的孳生场所，可定期喷洒药剂杀灭蠓幼虫，使用方法如下：用 50% 对硫磷乳油、50% 倍硫磷乳油、50% 马拉硫磷乳油、50% 辛硫磷乳油，以 1:200 倍水稀释后，喷洒在积水的四周水面，使水中药含量为 1～2mg/kg，可杀灭水中蠓幼虫，能保持 1～2 周的残效；或用 2% 倍硫磷颗粒剂或 1% 对硫磷颗粒剂 7.5～15kg/km² 喷洒于水面，对灭蠓幼虫有较长的残效；对潮湿松软的地面，可喷洒 3% 马拉硫磷粉剂，或 2% 倍硫磷粉剂，用量为 30～50g/m²，杀灭蠓幼虫。② 灭成蠓，用超低容量喷雾机喷雾，以 50% 马拉硫磷乳油、50% 辛疏磷乳油、50% 杀螟松乳油，用量 450～1500mL/km²；或用 50% 害虫敌超低容量制剂，以煤油稀释 2.5 倍，用量 450～6000mL/km² 大面积灭成蠓。用背负式机动喷雾机，喷洒 0.5%～1% 马拉硫磷乳液 50～100mL/m²，或 1% 害虫敌乳液 50～100mL/m²，对成蠓有速杀作用而且残效期较大。喷烟机喷烟熏杀。选无风或风速在 1～2m/s 以下的傍晚或清晨，用 YW-14 型背负式喷烟机或 3MF-3 背负式植保多用机，在处理地段的上风向，沿与风向垂直的方向，背机缓慢行走，边走边喷烟。每台机器可在 20～30m 宽的线段上往返进行，所喷出的杀虫烟雾便弥漫覆盖在要处理的地段上。用 5% 敌敌畏柴油药液 4.5～6.0L/km²，或 5% 害虫敌煤油稀释液 2～2.5L/km² 喷雾，喷后 30min 可杀灭蠓 90% 以上。

十八、蓟马类

（一）稻蓟马

稻蓟马缨翅目蓟马科，学名 *Stenchaetothrips biformis*，英文名 Rice thrips。在我国分布于长江流域及华南各地。成虫、若虫锉吸寄主的嫩芽、嫩叶，使其生长缓慢、停滞、萎缩，被害嫩叶、嫩芽呈卷缩状，若虫孵化后，叶片呈褐色斑点，造成叶片逐渐枯黄萎缩甚至成片死亡，影响草坪的观赏价值（图 5-155）。

成虫：体长 1.2～1.3mm，黑褐色。触角 7 节，第 2 节端部和第 3、4 节色淡，其余黑褐色；第 3 节背面和第 4 节腹面各有叉状感觉

图 5-155　稻蓟马危害

锥。单眼间鬃短，位于单眼三角形连线的外缘。前胸后角鬃，每侧两根。前翅淡褐色，上脉鬃断续，基鬃5～7根，端鬃3根，其中近基部的1根常与其他2根远离；下脉鬃11～13根。第8腹节背面后缘有1排齿状栉；第9腹节较长，约为第10腹节的1.6倍，腹面产卵管锯齿状，腹部端鬃细长（图5-156）。卵：肾形，孵化前显出两个红色眼点。对光透视产卵叶片呈针尖大小半透明点。幼虫：初孵化时体长0.3～0.4mm，乳白色，头胸与腹部等长，触角连珠状，第4节膨大。2龄若虫体长0.6～1mm，乳白色至淡黄色。腹部可透见肠内食物，使体带绿色。3龄若虫为"前蛹"，体长0.8～1.2mm，淡黄色，翅芽明显，触角分向头的两边。4龄若虫又称"伪蛹"，大小与3龄相似，淡黄色，翅芽伸长达到腹部第5～7节。单眼3个，红褐色明显可见。触角向后平贴于头胸背面（图5-157）。

图5-156　稻蓟马成虫

图5-157　稻蓟马幼虫

【防治方法】

（1）减少虫源基数，防止转移危害。稻蓟马早春主要在游草及其他禾草嫩叶上存活，冬春季清除杂草，特别清除草坪附近的游草，是解决初侵虫源的有效措施。使用药剂防治早期危害草坪蓟马的同时，草坪附近的杂草一并防治，防止游草上的蓟马继续转移到草坪危害。

（2）保护天敌。草坪中天敌种类繁多，都可捕食蓟马，故应注意合理科学用药，以利发挥天敌的控制作用。

（3）药剂防治。应采取以苗情为基础，虫情为依据，主攻若虫，药打盛孵期的对策进行药剂防治。有效药剂有44%速凯乳油1500倍液或50%辛硫磷乳油1000倍液、10%除尽乳油 2000 倍液、10% 一遍净可湿性粉剂 2000 倍液、40% 七星保乳油 600 ～ 800 倍液、5% 锐劲特悬浮剂 2500 倍液、0.12% 灭虫丁可湿性粉剂 1500 倍液、2.5% 保得乳油 2000 倍液、1.8% 农家乐乳剂 3000 倍液、25% 爱卡士乳油 800 ～ 1000 倍液、1.8% 爱福丁乳油 3000 倍液、10% 赛波凯乳油 2000 倍液等，对其若虫和成虫的防治，一般均有良好效果。试验证明，用 50% 乐果乳油 10.5 ～ 15kg/km^2 兑水 900kg/km^2 进行喷雾，除对成虫和若虫有良好防治效果外，杀卵率可达 85% ～ 90%，施药后抑制蓟马的回升效果持久而又稳定。

（二）烟蓟马

烟蓟马缨翅目蓟马科，别名棉蓟马、葱蓟马、瓜蓟马，学名 *Thrips tabaci*，英文名 Onion thrips、Tobacco thrips、Cotton seedling thrips。在国内，除西藏尚无报道外，各地区都有分布。幼虫在叶背吸食汁液，使叶面现灰白色细密斑点或局部枯死，影响生长发育（图 5-158）。

成虫：体长 1.2 ～ 1.4mm，淡褐色，背面黑褐色，复眼紫红色。触角 7 节。前胸背板两后角各有 1 对长鬃。上脉鬃 4 ～ 6 根，若 4 根时，则均匀排列；若 5 ～ 6 根时，则多 2 ～ 3 根在一处。下脉鬃 14 ～ 17 根，均匀排列。翅狭长，翅脉稀少，翅的周缘长缨毛。**卵：**初期肾形，乳白色，长 0.29mm，后期卵圆形，黄白色，可见红色眼点。**若虫：**共 4 龄，体淡黄色，触角 6 节，淡灰色，第 4 节有微毛 3 排。复眼暗赤色。胸、腹各节有微细褐点，点上生有粗毛（图 5-159）。

图 5-158　烟蓟马危害

【**防治方法**】可喷洒 44% 速凯乳油 1500 倍液或 50% 辛硫磷乳油 1000 倍液、10% 除尽乳油 2000 倍液、10% 一遍净（吡虫啉）可湿性粉剂 2000 倍液、40% 七星保乳油 600 ～ 800 倍液、5% 锐劲特悬浮剂 2500 倍液、0.12% 天力 II 号（灭虫丁）可湿性粉剂 1500 倍液、2.5% 保得乳油 2000 倍液、1.8% 农家乐乳剂（阿维菌素）3000 倍液，25% 爱卡士乳油 800 ～ 1000 倍液、1.8% 爱福丁乳油 3000 倍液、10% 赛波凯乳油 2000 倍液等进行防治。其他防治方法同稻蓟马。

成虫　　　　　若虫

图 5-159　烟蓟马成虫与若虫

十九、蚁 类

（一）日本弓背蚁

日本弓背蚁膜翅目蚁科，别名大黑蚁、大黑杠蚁，学名 *Camponotus japonicus*，英文名 Japanese carpenter ant。全国分布。日本弓背蚁可取食草种、草根，影响草坪生长；同时群居地下，建筑巢穴或堆土于草坪之上，既影响景观，又妨碍草坪的正常生长（图5-160）。

图5-160 日本弓背蚁危害

成虫：体黑色，体表被淡黄红色柔毛，可分为工蚁、蚁后、雌性繁殖蚁和雄蚁4类（图5-161）。其中，工蚁分大小二型，大工蚁体长11～13mm，小工蚁体长6～10mm；体黑色，体表被淡红色柔毛；头部大，近方形，两侧凸圆，大工蚁的头部比小工蚁的大，约占其体长的1/3；触角13节，复眼椭圆形；胸部前方宽，后方急剧变狭，后背板后侧突然斜削；足大而粗壮，胫节略扁；腹柄节1个，较厚，腹部宽卵形。工蚁为雌性，无翅，从事取食、筑巢、清洁、保护和哺育等工作（图5-162）。蚁后体粗壮，胸部发达，体型

图5-161 日本弓背蚁群体

是蚁群中最大者，具单眼3个，中、后胸两侧有翅痕，起产卵和繁殖后代的作用。雌性繁殖蚁体粗壮，胸部发达，是蚁后的未成熟体，有翅两对，交尾后脱翅，成为蚁后（图5-163）。

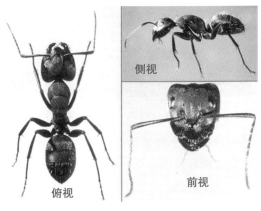

图5-162 日本弓背蚁工蚁

图5-163 日本弓背蚁蚁后

雄蚁体纤细，体长与工蚁相似，头小，触角膝状，共14节，单眼、复眼皆很发达，腹部椭圆形，长比宽大2倍以上，有翅两对，起交尾繁殖后代的作用。**卵**：长 1.4～1.6mm、宽 0.55～0.65mm；初产时乳白色、椭圆形，以后逐渐变成半透明状。**幼虫**：初孵幼虫长 1.6～2.0mm，呈半透明的乳白色；虫体呈蛆状，末端弯曲成钩状，体表长有细刚毛。幼虫老熟时长 7.5～8.0mm，半透明，可视腹中淡褐色内含物。前期幼虫常数十个聚集在

图 5-164　日本弓背蚁卵、幼虫与蛹

一起成疏松球状，随着虫体的长大而逐渐分散。**蛹**：幼虫老熟时化蛹，外包以黄白色茧（蛹壳），椭圆形。有性蚁蛹较大，长 13～14mm；工蚁蛹较小，长 7～8mm（图5-164）。

【防治方法】

（1）铲除小飞蓬、香丝草等杂草中间寄主。

（2）蚂蚁出现时，可撒施灭蚁灵或喷洒1500倍兴棉宝（10%），也可用白糖与敌敌畏混合诱杀；大发生时，可用50%辛硫磷乳油1000倍液、5%顺式氯氰菊酯乳油100倍液浇灌蚁洞。

（3）用灭蟑螂蚂蚁药，每15m^{2}用1～3管，每管2g，分放10～30堆，湿度大的地方可把药放在玻璃瓶内侧，长期诱杀蚂蚁。

（二）异色草蚁

异色草蚁膜翅目蚁科，别名玉米毛蚁、玉米田蚁，学名 *Lasius alienus*，英文名 Cornfield ant。异色草蚁可取食草坪草种，影响出苗；同时群居地下，建筑巢穴或堆土于草坪之上（蚁丘多为圆形或略为椭圆形），既影响景观，又妨碍草坪的正常生长（图5-165）。

工蚁：体长 2.5～3.3mm。体红褐色至深褐色；触角和足黄褐色；胸部浅褐色。头（不含上颚）呈四边形，两侧平直，后头横形，前后等宽。唇基凸，高宽相等，触角柄

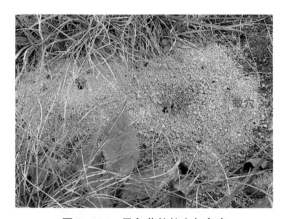

图 5-165　异色草蚁蚁穴与危害

节的1/4超出头顶。胸部较短宽，后胸背板后面特宽，腹柄结和腹部近方形（图5-166）。**卵**：呈不规则的椭圆形，白色。**幼虫**：多白色，无足，从头向尾部渐膨大。**蛹**：裸蛹或具茧，初为乳白色，后逐渐变深（图5-167）。

【防治方法】参照日本弓背蚁。

图 5-166　异色草蚁工蚁

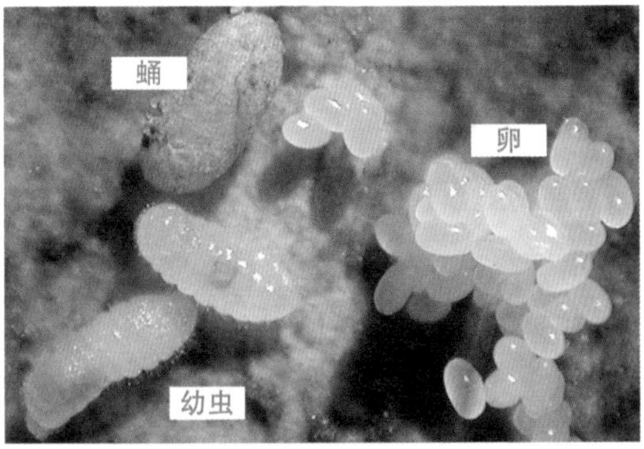

图 5-167　异色草蚁卵、幼虫与蛹

（三）黑亮草蚁

黑亮草蚁膜翅目蚁科，别名黑草蚁、黑臭蚁，学名 *Lasius fuliginosus*，英文名 Black odoreous ant。黑亮草蚁可取食草坪草种，影响出苗，同时群居地下，建筑巢穴或堆土于草坪之上，既影响景观，又妨碍草坪的正常生长（图 5-168）。

工蚁：体长 3 ～ 5mm，深褐色至黑色，有光泽，具稀而散生的直立毛。上鄂、触角和足色较浅。口器咀嚼式，上颚发达。触角膝状，4 ～ 13 节，柄节很长，末端 2 ～ 3 节

图 5-168　黑亮草蚁蚁穴与危害

膨大。头部宽，心脏形，复眼位于头侧方中线之上，单眼 3 个甚小。胸部较长，前胸后部有稀疏的直立毛；中胸背板稍窄，背中央有少量直立毛；后胸仅后背端有数根直立毛，末端斜截，有消失的刺痕。腹部较短，可见 4 节，背面具散生的直立毛。足都很发达，善于步行奔走（图 5-169）。卵：呈不规则的椭圆形，白至浅黄色。幼虫：多白色，无足，从头向尾部渐膨大。蛹：裸蛹或具茧，初为乳白色，后渐变为褐色（图 5-170）。

图 5-169　黑亮草蚁工蚁视图

图 5-170　黑亮草蚁卵、幼虫与蛹

【防治方法】参照日本弓背蚁。

（四）铺道蚁

铺道蚁膜翅目蚁科，又名草地蚁，学名 *Tetramorium caespitum*，英文名 Pavement ant。铺道蚁可取食草坪草种，影响出苗；同时群居地下，建筑巢穴或堆土于草坪之上（筑巢土粒堆积无固定形状，巢口一个或多个，直径 1.3～1.5mm），既影响景观，又妨碍草坪的正常生长（图 5-171）。

工蚁：体长 3mm 左右，体黑褐色，上颚、触角鞭节、足红褐色，足跗节黄褐色。头矩形，长大于宽，前后等宽，两侧缘略隆起，后头缘直。复眼中等大小，位于头中部两侧。触角 12 节，鞭节棒 3 节，柄节不达后头缘。唇基中部隆起，前缘平直，后头缘拱形伸入额脊间。额脊短，近平行，不及复眼下缘。上颚三角形，咀嚼缘 7 齿。侧面观前胸背板轻度隆起，肩角钝角状；前 - 中胸背板缝缺如，后胸沟浅凹，两侧明显；并胸腹节具短刺，后侧叶宽三角形，端部钝角状。腹柄结前面具短柄，前后缘向上变窄，背面平，后上角钝圆，背面观宽大于长；后腹柄结稍低，背面圆。上颚具纵条纹，唇基和头部背面具密集平行纵条纹。胸部背面具粗糙网状刻纹，并胸腹节侧面较光滑。腹柄具密集细刻点，但腹柄结和后腹柄结背面中央光滑发亮。腹部光滑发亮。头和体背面具丰富直立、亚直立毛，头背部两侧毛倒向中央。触角柄节具等长的亚倾斜柔毛，后足胫节具等长的亚直立柔毛（图 5-172）。幼虫：多白色，无足，从头向尾部渐膨大（图 5-173）。卵：呈不规则的椭圆形，白至浅黄色（图 5-174）。蛹：裸蛹或具茧，初为乳白色，后渐变为褐色。

图 5-171　铺道蚁蚁穴与危害

图 5-172　铺道蚁工蚁

幼虫

图 5-173　铺道蚁幼虫

【防治方法】参照日本弓背蚁。

（五）东方行军蚁

东方行军蚁膜翅目蚁科，别名东方植食行军蚁、东方食植矛蚁、黄蚂蚁、黄丝蚁、黄丝蚂，学名 *Dorylus orientalis*，英文名 Oriental driver ant。东方行军蚁主要是工蚁咬食草坪根、茎，形成孔洞或吃光，致茎叶枯黄致死，同时群居地下，建筑巢穴或堆土于草坪之上，既影响景观，又妨碍草坪的正常生长。

图 5-174 铺道蚁卵

成虫：工蚁有大小型两种。大型体长 5～6mm，体褐、栗褐色，腹部色较胸部淡；头近方形或矩形，后缘深凹，额中央具 1 条纵沟，触角 9 节，上颚内缘具 2 齿；无复眼、单眼；前、中胸背板之间缝不明显；腹柄节 1 节，胸部及腹柄节背面扁平。小型体长 2.5～3mm，体密黄色，额中央无纵沟。雄蚁体似胡蜂，具 2 对翅，体长 17～23mm，体表密生黄毛，翅黄色透明，复眼、单眼均发达（图 5-175）。卵：长椭圆形，长 1mm 左右，乳白色。幼虫：长 2mm 左右，米黄色。蛹：椭圆形，长 4mm 左右，米黄色。

图 5-175 东方行军蚁成虫

【防治方法】参照日本弓背蚁。

二十、蜂 类

（一）红足泥蜂

红足泥蜂膜翅目泥蜂总科（Sphecoidae），学名 *Ammophila atripes*，英文名 Thread-waisted wasp。泥蜂在土中掘洞筑巢，洞口直径可达 0.9cm，地下的巢室可扩展到 15～20cm 宽，常常是掘出新洞，旧洞就废弃。这种习性不仅直接影响草坪草根部的生长发育，还破坏了草坪的景观。另外，受到惊扰时可叮咬人、畜（图 5-176）。

图 5-176 红足泥蜂洞穴及危害

雌蜂：体长 21～30mm。体黑色，具黑色毛；触角第 1、2 节，各足的腿节、胫节、跗节、腹柄及腹部第 1 节均为红褐色，腹部其余节黑色具蓝色光泽；翅淡黄色，翅脉黄褐色；前胸背板和中胸背板具显著的横皱和粗糙的刻点，侧板具不规则的细皱纹和粗大的刻点；小盾片和后小盾片具明显的纵皱；并胸腹节中央小区三角形，具细的网状纹；腹部光滑，无刻点。雄蜂：体长 16～29mm。与雌蜂主要区别为体细小，头

图 5-177　红足泥蜂雌、雄蜂

部及胸部被银白色长毛；足及腹部密被微毛；触用第 1、2 节及足均为黑色；腹部第 1 节背板仅腹面红褐色；上颚完全黑色，内缘具齿，唇基长宽近等，唇基、额、触角窝周围均密被银白色的微毛；复眼内缘倾斜（图 5-177）。

【防治方法】泥蜂在草坪上发生时，可在黄昏时用 25% 西维因可湿性粉剂 200 倍液或 50% 辛硫磷乳油 100 倍液灌洞。

二十一、蚤　类

（一）人　蚤

人蚤蚤目蚤科，又名致痒蚤，学名 *Pulex irritans*，英文名 Human flea。分布广泛，我国各地均可见。人蚤吸人血，传播鼠疫，也是犬复孔绦虫、缩小膜壳绦虫、微小膜壳绦虫的中间宿主，对草坪功能的发挥起制约作用。

成虫：雌蚤长约 3mm，雄蚤稍短，椭圆形，暗棕色。没有颊栉及前胸栉。眼大而圆，眼鬃在眼的下方，毛 1 根。后头部只有 1 根大鬃，中胸侧板较窄，无纵脊。雄蚤上抱器突起宽大呈半圆形，围绕着 2 个钳状突起。雌蚤的受精囊头部圆形，尾部细长呈弯筒状（图 5-178）。卵：椭圆形，长 0.4～1.0mm，初产时白色、有光泽，以后逐渐变成暗黄色。卵常黏附于宿主皮毛或巢穴物之碎片上。幼

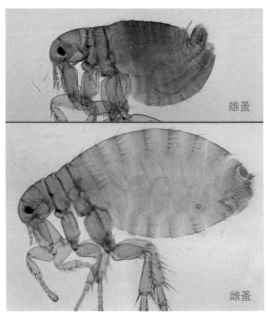

图 5-178　人蚤成虫

虫：形似蛆而小，有 3 龄期。体白色或淡黄色，连头共 14 节，无眼、无足，每个体节上均有 1～2 对鬃。幼虫甚活泼，爬行敏捷，在适宜条件下经 2～3 周发育，蜕皮 2 次即变为成熟幼虫，体长可达 4～6mm。蛹：成熟幼虫叶丝作茧，在茧内化蛹。茧呈黄白色，外面常黏着一些灰尘或碎屑，有伪装作用。发育的蛹已具成虫雏形，头、胸、腹及足均已形成，并逐渐变为淡棕色。蛹期长短取决于温度与湿度是否适宜。茧内的蛹羽化时需要外界的刺激（图 5-179）。

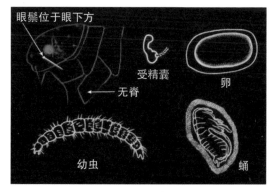

图 5-179　人蚤形态识别特征

【防治方法】蚤的繁殖和生存需有适宜的孳生条件和充足的血源，因此改善环境，控制和消除孳生条件；彻底灭鼠、断绝血源，是防蚤灭蚤的根本措施。

（1）环境防治。做好环境和草坪卫生工作，防止蚤类的孳生繁殖，如经常清扫刈剪草坪、堵鼠洞等。

（2）生物防治。蚤巢中常有几种隐翅甲科的甲虫捕食蚤类幼虫，某些蠕虫寄生幼虫体内，有些小蜂科寄生蚤蛹，应加以利用。

（3）化学防治。与其他害虫防治相结合，喷洒敌百虫、敌敌畏、溴氰菊酯、二氯苯醚菊酯和残杀威等有效药剂。

（二）印鼠客蚤

印鼠客蚤蚤目蚤科，又名印度鼠蚤、开皇客蚤，学名 *Xenopsylla cheopis*，英文名 Oriental rat flea。在国内，除宁夏、新疆、西藏无记录外，广泛分布。印鼠客蚤是鼠疫的重要媒介，也是地方性斑疹伤寒的媒介和缩小膜壳绦虫的中间宿主，对草坪功能的发挥起制约作用。

成虫：体型较小，长 2.5mm 左右，棕黄色。没有颊栉及前胸栉。眼发达，眼鬃位于眼前方，毛 1 根，后头鬃每侧有 5～6 根。中胸侧板宽，中间有 1 纵行内脊将侧板分为前、后 2 片。雄蚤上有明显的颅顶沟，抱器具 2 个基部交叉的突起，第 9 腹板后臂末端略膨大，端部和腹缘具许多细鬃。雌蚤受精囊近"C"字形，尾基部稍大于头部的宽度，头部球形，尾部细长末端稍细（图 5-180）。卵：白色近圆形。幼虫：黄白色，蛆形，无

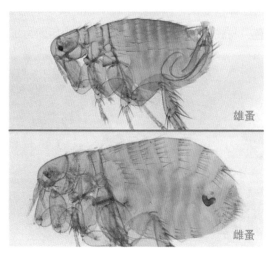

图 5-180　印鼠客蚤成虫

足，并有咀嚼式口器，共 3 龄（图 5-181）。

蛹：成熟幼虫叶丝作茧，在茧内化蛹。发育的蛹已具成虫雏形，头、胸、腹及足均已形成，并逐渐变为淡棕色。

【防治方法】参照人蚤。

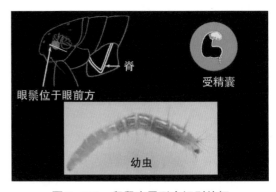

图 5-181　印鼠客蚤形态识别特征

二十二、螨类

（一）二斑叶螨

二斑叶螨蛛形纲蜱螨目叶螨科，别名棉叶螨、棉红蜘蛛，学名 *Tetranychus urticae*，英文名 Two-spotted spider mite。全国各地分布。二斑叶螨群集在叶背主脉附近，吐丝结网于网下为害，轻则红叶，重则叶枯黄，状如火烧，造成大面积死苗（图 5-182）。

成螨：雌螨体长 0.529mm，宽 0.323mm。体椭圆形，体色呈淡黄或黄绿色，体躯两侧各有黑斑 1 块，其外侧 3 裂形。须肢端感器长约为宽的 2 倍，背感器较端感器为短。气门沟呈 "U" 形分支。背表皮纹在第 3 对背中毛和内骶毛之间纵向，形成明显的菱形。肤纹突呈半圆形。背毛共 26 根，细长，超过背毛横列之间的距离。雄螨体长 0.365mm，宽 0.192mm。体色黄或黄绿色。须肢端感器细长，其长约为宽的 3 倍，背感器较端感器短。阳具端锤弯向背面，微小，两侧突起尖利，长近等。二斑叶螨的外部形态与朱砂叶螨极为相似，常有混淆，唯体色呈淡黄或黄绿色；肤纹突呈较宽阔的半圆形；雌螨有滞育；初产卵白色。卵：圆球形，直径 0.13mm，初产时透明无色，或略带乳白色，后转变为橙红色，将孵化时现出红色眼点。幼螨：体近圆形，长约 0.15mm，宽约 0.12mm。色透明，取食后体色变为暗绿，眼红色，足 3 对。若螨：分为第 1 若螨及第 2 若螨，均具足 4 对。第 1 若螨体长 0.21mm，宽 0.15mm，略呈椭圆形；体色变深，体侧露出较明显的块斑。第 2 若螨仅雌虫有，体长 0.36mm，宽 0.22mm，黄褐色，与成虫相似。雄性前期若虫脱皮后即为雄成虫（图 5-183）。

图 5-182　二斑叶螨危害

图 5-183　二斑叶螨各虫态

【防治方法】

（1）栽培防治。① 结合灌溉灭虫。如二斑叶螨喜干旱，灌溉对它有抑制作用；同时，在害螨的潜伏期进行灌水，或在危害期将虫震落进行灌水，能使它陷入淤泥中而死亡。适时灌水能使草坪生长健壮，增加抗虫能力。② 虫口密度大时，耙搪草坪，可大量杀伤虫体。

（2）保护利用天敌。螨的天敌很多，有应用价值的种类有瓢虫、草蛉、蜘蛛、食螨瘦蚊、塔六点蓟马等，有条件的地方可以引进释放或田间保护利用。

（3）药剂防治。应选用高效、低毒、低残留的农药或优先选用生物农药防治。如 1.8% 农克螨乳油 2000 倍液、20% 灭扫利乳油 2000 倍液、20% 螨克乳油 2000 倍液、40% 水胺硫磷乳油 2500 倍液、20% 双甲脒乳油 1000 ～ 1500 倍液、10% 天王星乳油 6000 ～ 8000 倍液、10% 吡虫啉可湿性粉剂 1500 倍液、1.8% 爱福丁（BA-1）乳油抗生素杀虫杀螨剂 5000 倍液、15% 哒螨灵（扫螨净、牵牛星）乳油 2500 倍液、20% 复方浏阳霉素乳油 1000 ～ 1500 倍液、20% 三氯杀螨醇乳油 800 ～ 1000 倍液、70% 克螨特乳油 2000 倍液、50% 久效磷乳油 2000 倍液等。应注意交换使用农药，视害螨情况考虑喷药次数，一般每隔 10 ～ 14d 喷 1 次，连喷 2 ～ 3 次。

（二）朱砂叶螨

朱砂叶螨蜱螨目叶螨科，又名棉红蜘蛛、红叶螨，学名 *Tetranychus cinnabarinus*，英文名 Carmine spider mite。全国各地分布。以成虫或若虫群聚在叶背吸取汁液，初期叶面上呈褪绿的小点，后变灰白色，严重时叶枯黄似火烧，造成大面积死苗（图 5-184）。

图 5-184　朱砂叶螨危害

成螨：雌螨体长 0.48 ～ 0.55mm，宽 0.32mm。体形椭圆，体色常随寄主而异，其基本色调为锈红色或深红色，颚体黄色。躯体两侧有黑斑 2 对，须肢端感长约为宽的 2 倍；背感器梭形，与端感器约等长。口针鞘前端圆钝，中央无凹陷，气门沟末端呈"U"形弯曲，内腰毛和内骶片间形成菱状肤纹，肤纹突三角形至半圆形。雄螨体长 0.35mm，宽 0.19mm，头胸部前端近圆形，腹部末端稍尖，体色比雌虫淡。第 1 对足跗节有两对双刚毛，彼此远离，各足爪间突裂成 3 对针状刺，爪变成两对粘毛，位于爪间突的两侧。须肢端感器长约为宽的 3 倍；背感器比端感器稍短。阳具弯向背面，形成端锤，其近侧突起尖利或稍圆，远侧突起尖利，长度约等。端锤背缘形成一钝角，形状和大小个体间常有差异。卵：圆球形，直径约 0.13mm，初产时无色透明，渐变淡黄，孵化前微红。幼螨：体近圆形，半透明，足 3 对。若螨：第 1 若螨较幼螨稍大，略呈椭圆形，体色较深，体侧透露出较明显的块状斑纹。

第 1 若螨再蜕皮为第 2 若螨，足 4 对，第 2
若螨蜕皮后为成螨（图 5-185）。

【防治方法】参照二斑叶螨。

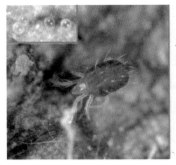

图 5-185　朱砂叶螨各虫态

二十三、软体动物

（一）同型巴蜗牛

同型巴蜗牛腹足纲柄眼目巴蜗牛科，别
名水牛、小旱螺，学名 Bradybaena similaris，英文名 Asian tramp snail、White bradybaena snail、
Small garden snail。全国分布。幼贝食量小，仅食叶肉，留下表皮或吃成小孔洞，稍大后可用
齿舌利食叶、茎，造成孔洞或缺刻，严重时可将叶片食光或将苗咬断，造成缺苗。凡出入的
地方留有白色闪光分泌物，有时还留下青绿色如细头绳状的粪便，污染草坪，造成菌类侵入
伤口，致使坪苗腐烂（图 5-186）。

成贝：中等大小，壳质厚而坚实，呈扁球形。有 5 ～ 6 个螺层，前几个螺层缓慢增长，
略膨大，螺旋部低矮，体螺层增长迅速，膨大。壳顶较钝，缝合线深。壳面呈黄褐、红褐或
栗色，有稠密而细致的生长线，在体螺层周缘或缝合线上，常有 1 条暗红褐色的色带，有些
个别无此色带，壳口呈马蹄形，口缘锋利，轴缘上、下部略外折，稍遮盖脐孔。脐孔小而
深，呈洞穴状。壳高约 12mm，宽约 16mm。本种在个体形态大小、颜色等方面有较大的变异
（图 5-187）。卵：圆球形，直径 1 ～ 1.5mm，乳白色有光泽，逐渐变成淡黄色，近孵化时变
成土黄色，并有两个淡黑小点。幼贝：形似成贝，细小，初孵时半透明，隐约可见乳白色肉
体，壳质薄而脆，随贝体不断增大，螺层增加，颜色加深，壳质变硬。

图 5-186　同型巴蜗牛危害

图 5-187　同型巴蜗牛成贝

【防治方法】

（1）加强检疫，严防传播扩散。

（2）清洁草坪，铲除杂草，并撒上生石灰粉，以减少蜗牛孳生地。

（3）在草坪中撒石灰带，用量为 75～112.5kg/km^2 生石灰粉或茶枯粉 45～75kg/km^2，蜗牛脱水死亡。

（4）用蜗牛敌（多聚己醛）配制成含 2.5%～6% 有效成分的豆饼（磨碎）或玉米粉等毒饵，于傍晚施于草坪中进行诱杀；也可选用 2% 灭旱螺毒饵、8% 灭蜗灵颗粒剂、6% 密达杀螺颗粒剂均匀撒施或间隙性条施于草坪中进行诱杀。

（5）将氨水用水稀释 70～100 倍，于夜间喷洒，既毒杀蜗牛，又同时施肥。

（6）人工捕捉成贝和幼贝或用树叶、杂草、菜叶等作诱集堆，天亮前蜗牛潜伏在诱集堆下，集中捕捉。

（二）灰巴蜗牛

灰巴蜗牛腹足纲柄眼目巴蜗牛科，别名蜓蚰螺、水牛，学名 *Bradybaena ravida ravida*，英文名 Ravidous bradybaena snail、Grey-snail。全国分布。与同型巴蜗牛混合危害。幼贝食量小，仅食叶肉，留下表皮或吃成小孔洞，稍大后可用齿舌利食叶、茎，造成孔洞或缺刻，严重时可将叶片食光或将苗咬断，造成缺苗。凡出入的地方留有白色闪光分泌物，有时还留下青绿色如细头绳状的粪便，污染草坪，造成菌类侵入伤口，致使坪苗腐烂。

成贝：中等大小，壳质稍厚，坚固，呈圆球形。壳高约 19mm，宽约 21mm，有 5.5～6 个螺层，顶部几个螺层增长缓慢、略膨胀，体螺层急骤增长、膨大。壳面黄褐色或琥珀色，具有细致而稠密的生长线和螺纹。壳顶尖，缝合线深。壳口呈椭圆形，口缘完整，略外折，锋利，易碎。轴缘在脐孔处外折，略遮盖脐孔。脐孔狭小，呈缘缝状。个体大小，螺体颜色变异较大（图 5-188）。
卵：一般 10～30 粒黏集在一起，成为卵块。卵壳质坚硬，卵径 1.5～2mm，圆球形，乳白色有光泽，不透明，孵化前卵壳色稍变深，暴露在空中则自行爆裂。幼贝：初孵时淡黄色、半透明，稍具光泽，肉体隐约可见。

图 5-188　灰巴蜗牛成贝及螺壳

【防治方法】参见同型巴蜗牛。

（三）非洲大蜗牛

非洲大蜗牛腹足纲柄眼目玛瑙螺科，又名褐云玛瑙螺、玛瑙蜗牛、非洲蜗牛，俗称菜螺、花螺、东风螺、路螺、法国螺，学名 *Achatina fulica*，英文名 Giant african snail、Giant african landsnail、Giant african land snail。非洲大蜗牛仅在我国局部地区分布，属二类进口植物检疫对象。杂食性，幼螺多为腐食性，成螺以舌头上锉形组织磨碎草坪的茎、叶或根，可将植物吃光。同时，非洲大蜗牛还是许多人畜寄生虫和病原菌的中间宿主，危害极大，应加以重视（图 5-189、图 5-190）。

成贝：贝壳大型，壳质稍厚，有光泽，呈长卵圆形。壳高 130mm，宽 54mm，为我国最大的一种陆生软体动物。有 6.5 ～ 8 个螺层，各螺层增长缓慢，螺旋部呈圆锥形，体螺层膨大，其高度为壳高的 3/4。壳顶尖，缝合线深，壳面为黄或深黄底色，带焦褐色雾状花纹，胚壳一般呈玉白色，其他各螺层有断续的棕色条纹，生长线粗而明显。壳内为淡紫色或蓝白色。体螺层上的螺纹不明显，各螺层的螺纹与生长线交错。壳口呈卵圆形，口缘简单、完整，外唇薄而锋利，易碎，内唇贴覆于体螺层上，形成"S"形的蓝白色胼胝部。轴缘外折，无脐孔。足部肌肉发达，背面呈暗棕黑色，遮面呈灰黄色，黏液无色（图 5-191、图 5-192）。卵：

图 5-189　非洲大蜗牛危害整体

图 5-190　非洲大蜗牛危害局部

图 5-191　非洲大蜗牛成贝

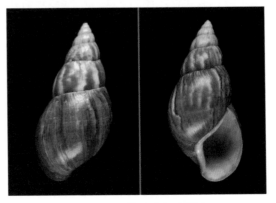

图 5-192　非洲大蜗牛螺壳

圆形或椭圆形，有石灰质的外壳，色泽乳白色或淡青黄色，卵粒长 4.5～7.0mm，宽 4～5mm。

幼贝：刚孵化的幼贝为 2.5 个螺层，各螺层增长缓慢。壳面为黄或深黄底色，似成螺。

【防治方法】参见同型巴蜗牛，但应加强检疫，一经发现应进行灭害处理。

（四）野蛞蝓

野蛞蝓腹足纲柄眼目蛞蝓科，别名无壳蜒蚰螺、鼻涕虫、旱螺，学名 *Agriolimax agrestis*，英文名 Field slug、Gray field slug、Gray slug、Grey field slug。分布广东、广西、福建、湖南、河北、北京、新疆等地（图 5-193）。野蛞蝓以齿舌刺刮叶片危害，受害植物叶片被刮食，并被排留的粪便污染，菌类易侵入，使叶片腐烂。大发生时，叶片被吃，仅剩叶脉，严重时可导致植物枯死。

图 5-193　野蛞蝓

成体：动物柔软、光滑而无外壳，体表暗灰色、黄白色或灰色，少数有不明显的暗带或斑点。触角 2 对，暗黑色，下边 1 对短，约 1mm，称前触角，有感觉作用；上边 1 对长约 4mm，称后触角，端部具眼。外套膜为体长的 1/3，边缘卷起，其内有退化的贝壳（即盾板），上有明显的同心圆线即生长线。同心圆线中心在外套膜后端偏右。呼吸孔在体右侧前方，其上有细小的色线环绕。黏液无色。在右触角后方约 2mm 处为生殖孔。蛞蝓伸直时体长为 30～60mm，体宽 4～6mm。贝壳长 4mm，宽 2.3mm。体具腺体，分泌黏液，爬行过的地方留有白色痕迹。卵：椭圆形，直径 2～2.5mm，透明、卵核明显；具有 2～3 个卵核的卵较大，但数量较少；有时数个或数十个卵粒由胶状物黏聚集成堆。幼体：初孵幼体长 2～2.5mm，淡褐色，体形同成体。

【防治方法】

（1）撒施石灰粉保护草坪。用初化为粉状的新鲜石灰，撒在草坪上，能阻碍其活动，甚至死亡，减轻受害。石灰应在傍晚时撒施。也可用 95% 氯化钡晶体 3kg/hm² 混鲜石灰粉 30kg/hm² 喷粉。

（2）夜晚喷施 70～100 倍的氨水，可杀灭野蛞蝓，同时达到施肥的目的。

（3）在野蛞蝓早晚活动时，浇洒茶饼液剂。用茶饼粉 0.5kg 加水 5kg 浸泡 1 夜，过滤再加水至 50kg 喷洒，毒杀效果可达 91.6%～100%。

（4）喷施灭蛭灵 800～1000 倍液，具有触杀、熏蒸、内吸等杀虫作用；或撒施 6% 密达（四聚乙醛）颗粒剂。

（5）施用蜗牛敌毒饵诱杀。蜗牛敌即多聚乙醛，对野蛞蝓有强烈引诱作用。用蜗牛敌 0.3kg、饴糖（或砂糖）0.1kg、砷酸钙 0.3kg 混合后，再拌磨碎的豆饼 4kg 即可，拌时应加入适量的水，使毒饵成颗粒状，傍晚时撒在草坪中，夜间野蛞蝓外出活动，食后即中毒死亡。

（6）堆草诱杀，人工捕捉。放置绿肥一小堆，每日清晨翻开绿肥堆，即可捉到大量野蛞蝓，也可用莴苣、白菜叶堆诱捕。

二十四、多足动物

（一）马　陆

马陆节肢动物门多足纲倍足亚纲山蚰目圆马陆科，别名千足虫，学名 *Julus hortensis*（巨马陆）、*Trigoniulus corallinus*（砖红厚甲马陆），英文名 Millipede、Diplopod。全国各地多有分布（图 5-194）。马陆一般生活在草坪土表、土块、方块下面或土缝内，白天潜伏，晚间活动危害。一般危害植物的幼根及幼嫩的小苗和嫩茎、嫩叶，使受害株枯萎或分枝不正常。同时，形成的伤口易被病菌侵入，造成病害或幼苗腐烂死亡。

图 5-194　马　陆

成体：分头和躯干两部分。体长圆而稍扁，多节，长 20～35mm，暗褐色，背面两侧和步肢赤黄色。头部有触角 1 对，大颚 1 对，小颚 1 对。躯干近 20 节，前 4 体节为胸部，第 1 节与头部愈合，2～4 节各有 1 对步足和 1 对气孔，自 5 节开始，各有 2 对步足和 2 对气孔。一般在第 5、7、9、10、12、13、15～19 节两侧各有臭腺孔 1 对。生殖孔 1 对，在第 2 对足基部。受到触碰时，会分泌一种很臭的黄色液体，身体可以卷曲成圆环形，呈"假死状态"。**卵：**成堆产于草坪土表，白色，圆球形，外有一层透明黏性物质。**幼体：**初孵化时白色，细长，经几次蜕皮后，体色逐渐加深。幼体也会卷缩成圆环状。

【防治方法】

（1）保持草坪卫生，清除草坪中的土、石块，减少马陆的隐蔽场所。

（2）在马陆危害严重时，用 20% 氰戊菊酯 2000 倍液或 50% 辛硫磷乳油 1000 倍液喷治。

（二）蜈　蚣

蜈蚣节肢动物门多足纲唇足亚纲，又名天龙、百足虫，学名 *Scolopendra mutilans*（少棘蜈蚣）、*Bothropolys asperatus*（糙背石蜈蚣），英文名 Centipede、Chilopod、Scolopendra。全国各地均有分布（图 5-195）。蜈蚣通常出现在草丛中、树皮下、石块下或其他荫蔽的地方，夜间活动，行动迅速。蜈蚣螫人后，分泌出的毒液能使人局部中毒，严重时可发生过敏性休克。

成体：长 10～100mm，扁平，红头黑背，分头和躯干两部分。头部为感觉和摄食的中心，背面两侧有 1 对集合眼，每 1 对集合眼包括若干单眼，腹面有口器，附肢包括 1 对触角、1 对大颚和 2 对小颚。躯干至少有 16 体节，较长和较短的体节互相间隔，第 1 节与头部结合，附肢称颚足，甚为发达，其前

图 5-195　蜈　蚣

端成利爪状，爪内有毒腺，爪的末端有 1 毒腺开口，用来毒杀小动物和作为防御外敌的武器。其他节各具 1 对 7 节的附肢，称足。末节是生殖孔所在的地方，其附肢与其他步足不同，特称生殖肢。具有几丁质的外骨骼，分布在躯干部每节的背面者称背板，腹部的为腹板，背版和腹版靠两侧的膜状薄板相连接。经常蜕皮，每次蜕皮需要 2～3h。卵：呈柠檬黄色，椭圆状，大小为 4mm×3.5mm，卵膜透明，略有黏性。幼体：刚孵出时呈乳白色，弯曲呈马蹄形，体长约 0.4cm；经 2 次蜕皮，体长达 2.4cm，相互间聚集成团；当体长 2.9cm 左右时，体色逐渐变为黄褐色，体表皮几丁质已加厚，肌肉系统也臻其完善，便可脱离母体独立生活。

【防治方法】

（1）保持草坪卫生，清除草坪中的土、石块，减少蜈蚣的隐蔽场所，并撒适量的石灰。

（2）危害严重时，可用 42.5% 农林乐乳油 1000 倍液或 4.5% 高效氯氰菊酯乳油 1000～1500 倍液或 50% 辛硫磷乳油 1000 倍液喷洒，施药后人畜不要接触草坪。环境条件适宜时，也可用绿僵菌进行防治。

二十五、环节动物

（一）参环毛蚓

参环毛蚓环节动物门寡毛纲后孔寡毛目钜蚓科，又名参状环毛蚓、蛐蟮、地龙，学名 *Pheretima aspergillum*，英文名 Earthworm、Rainworm、Fishworm。分布福建（福州、厦门）、台湾、海南、广东、广西等地。白天蛰居于泥土内，夜晚爬出地面，以地面落叶和其他腐殖质为食，夜间经常将前端钻入土内，后端伸出地面，将粪便（其实主要是泥土）排在地面上，成疏散的"蚓粪"，使草坪表面出现许多凹凸不平的小土堆，很不美观。同时，发生量大时，会损伤草根，甚至引起草坪退化（图 5-196、图 5-197）。

图 5-196　参环毛蚓危害整体

图 5-197　参环毛蚓危害细部

成体：圆筒状，腹方稍扁平，前端逐渐尖细，后端较浑圆，长 115～375mm，宽 6～12mm。全体多环节，除生殖环带外，每环节上均有 1 圈灰白色刚毛，手摸有粗糙感。环带前刚毛一般粗而硬，末端黑，距离宽，背面亦然。口在前端，有甚发达的口前叶，可不断伸缩，借以钻穿泥土。背孔自 11/12 节间始，位于节与节间的背方中央，能排出体腔液，借以润滑皮肤，减小摩擦损伤，又有利于体表呼吸的进行。雄性生殖孔 1 对，在

图 5-198　参环毛蚓成体

18 体节的腹侧面，每个雄性生殖孔周围约有 10 个副性腺的开口。雌性生殖孔 1 个，在 14 节的腹面。14～16 节可分泌戒指状的蛋白质管形成环绕，因此这 3 节具环带，又称生殖带。受精囊孔 3 对，位于腹面第 6～7、7～8、8～9 节间一椭圆形突起上。孔的腹侧有横排（1排或 2 排）乳突，约 10 个。盲肠简单，或腹侧有齿状小囊。受精囊袋形，管短，盲管亦短。每个副性腺成块状，表面成颗粒状，各有出粗索状管连接乳突。背部紫灰色，后部颜色较深，刚毛圈白色（图 5-198）。

【防治方法】

（1）提倡局部施药挑治。对蚯蚓造成危害的局部区域，施用 0.1% 茶枯水液，或 50% 辛硫磷乳油 1000 倍液，或 80% 敌百虫可湿性粉剂 1200 倍液，或 48% 毒死蜱（乐斯本）乳油 2000 倍液浇淋根部，用药量 375～450g/m²。

（2）慎重采取土壤消毒。常受蚯蚓为害的坪床，草坪种植前用 5% 辛硫磷颗粒剂 1.5～2.0g/m²，或 2% 乐果粉剂 1.5～2.0g/m²，或 10% 二嗪农颗粒剂 2～3kg，拌细土 30kg 均匀撒施。

二十六、鼠 类

（一）黄毛鼠

黄毛鼠兽纲啮齿目鼠科，别名田鼠、罗赛鼠、园鼠、拟家鼠，学名 *Rattus losea*，英文名 Lesser rice-field rat。长江以南地区分布。昼夜都活动，以清晨和傍晚活动频繁。食草坪的根茎、叶或种子，危害相当严重。同时在草坪上形成多个孔洞，洞外常有由洞内挖出的小土堆，洞口有鼠粪和跑道，严重影响草坪景观（图 5-199）。在福建草坪上，造成危害的鼠种还有褐家鼠（*Rattus norvegicus*）、黄胸鼠（*Rattus tanezumi*）、板齿鼠（*Bandicato*

图 5-199 黄毛鼠及其危害

neumoriyagn）、黑线姬鼠（*Apodemus agrarius*）、社鼠（*Rattus niviventer*）等。

成体：中等大小，躯干细，体长 140～180mm；尾长略大于或等于体长；耳薄且小，向前折拉达不到眼睛；后足短，一般长度小于 33mm。雌鼠乳头 6 对，胸部 3 对，鼠蹊部 3 对。背毛黄褐或棕褐色，腹毛灰白色；尾巴近乎一色，背面深褐色，底面略淡，尾环基部生有黑褐色密而短的毛，尾环不明显。前、后足的背面毛色污白。

【防治方法】在了解鼠害基本规律的基础上，应坚持"预防为主，综合防治"的防治方针，区别对待，以生态灭鼠为基础，化学药物毒鼠为重点，统一行动，做好防治工作。

（1）农业防治。① 彻底清除草坪及同边环境的杂草、杂物，消灭荒地，以便发现、破坏、堵塞鼠洞，减少害鼠栖息藏身之处；② 灌水灭鼠。用水灌洞，可降低害鼠数量。

（2）化学防治。投放灭鼠诱饵，选用慢性鼠药，避免使用急性剧毒鼠药。可用药物有 0.5% 的溴敌隆、7.5% 的杀鼠迷、80% 的敌鼠钠盐等，每隔 5～6m 放一小堆（10g 左右）或将毒饵置于鼠洞内（每洞 20g），然后封洞口，效果均很好。

（3）物理捕鼠。在鼠洞边放置并固定鼠夹，放上毒饵，在乏食季节效果非常好。

无论采用何种方法灭鼠，均应及时检查清除死鼠，既有利于稳固防效，又可减少环境污染和避免二次中毒。

二十七、鼠妇类

（一）卷球鼠妇

卷球鼠妇甲壳纲等足目鼠妇科，别名潮虫、西瓜虫，学名 *Armadillidium vulgare*，英文名

Pill bugs、Sow bugs、Rolly pollies。分布全国各地（图 5-200）。夜间及阴天为害，咬食草坪植物的幼芽、嫩根或茎基部，造成茎部溃疡，影响生长和观赏价值；同时，鼠妇的粪便有时危害栽培作物。

图 5-200　卷球鼠妇

成体：全体灰褐色或灰兰色。除头部外身体共分 14 节，其中胸节 7 节，占身体的绝大部分，每节有 1 对胸足；腹节 7 节，甚小。其中第 1 胸节与头部愈合，称头胸部。头部着生两对触角，第 1 对称小触角，乳白色，半透明，一般从体背面看不见；第 2 对称大触角，共分 7 节，其上密布刻点，各节末端色浅。口器位在头的下方，褐色，端部黑色，由 1 对大颚和 2 对小颚构成。复眼位于头壳两侧，含个眼 22 个，呈椭圆形排列。雌体长 9～12mm，少数个体长约 15mm。体灰褐色，体背有凸凹不平的刻纹，各节两侧形成弧形纵向条纹 7～9 个。各背甲边缘色浅，呈淡黄白色。胸部腹面有抱卵囊。雄体灰兰色，显著比雌体大，体长 14～16mm，平均 15mm 左右。背甲上凸凹斑纹与雌体相似。喜欢在潮、阴条件下生活，不耐干旱。秋季为繁殖旺期，怕光，受惊后立即卷缩成"西瓜"状，假死不动。卵：近圆形，淡黄色，直径 1mm，近孵化时色变为淡黄褐色。幼体：初孵幼体体长 1.5～1.8mm，体宽约 1mm，全体乳白色，略带淡黄色，体两侧及各节后缘有淡褐色斑纹。随着虫体长大，体色加深，最后呈灰揭色或灰兰色。头部有网状纹，口器淡褐色，复限红色，初孵化幼体的复眼含个眼 6～7 个，最后同成体。本种属于全节变态，初孵幼体即具有幼体最后体形，只是仅具 6 对胸肢，经 7～10d 后第 7 对胸腔伸出。幼体腹末端具 2 对突起，外侧 1 对大，内侧 1 对小。当年孵化的幼体至越冬前体长可达 6.5～7.5mm。

【防治方法】

（1）物理防治。清理草坪及周边环境的杂草及各种废弃物，或草地周围撒石灰粉阻隔鼠妇进入种植场地；同时，少用未经彻底腐熟的有机肥。

（2）化学防治。多采用毒饵诱杀法，用 50% 的辛硫磷乳油 25kg，加水 1.5kg 左右，均匀地撒在炒熟的 5kg 麦麸上拌匀，在傍晚将毒饵撒在草地上。也可与地下害虫防治相结合进行喷雾，可用药剂有 25% 爱卡士乳油 1500 倍液、20% 虫死净可湿性粉剂 2000 倍液、10% 吡虫啉可湿性粉剂 2500 倍液、20% 杀灭菊酯 2000 倍液等。

第六章　城市公共草坪杂草防除

任何植物出现在人们不愿意它出现的草坪之中时称之为草坪杂草。杂草入侵草坪之后，必然具备在频繁修剪条件下生存的能力。杂草能引起草坪危害，主要是具有以下特性所致：生长旺盛，能形成致密草丛，不易受修剪影响；具有较强的结实能力；许多杂草，像蒲公英有粗大的根系，铲除后仍具有顶部再生的能力；某些杂草如婆婆纳在修剪后，切断的营养体具有无性繁殖的再生能力；许多杂草有很长的地上匍匐枝在草坪上迅速蔓延滋生；有许多杂草叶表面具有蜡质层，对除草剂有较强的排斥能力；有些禾本科杂草由于具特殊的生活习性，易形成一个杂草群系。

阔叶杂草由于在外形和生理上与草坪草有很大区别，它们宽大的叶片破坏草坪的均一性和整齐美观的外貌。某些禾本科杂草叶质粗糙，植株高大，常形成与草坪草色泽差异的浓密草丛；某些禾本科一年生杂草每年枯黄，会在草坪中形成秃斑，降低草坪的质量并影响草坪的美观。杂草常以种子、地下茎、匍匐枝及球茎、块茎等地下器官以多种繁殖方式蔓延和侵占草坪，与草坪草争夺光线、养分、水分和空间，滋生病虫害，造成草坪生长不良，影响观赏价值。

第一节　草坪杂草防除

一、草坪杂草的种类与类型

在世界现有的 25 万种植物中，各类杂草有近 10 万种。我国目前杂草的种类已达 1 万多种，草坪杂草 450 种左右，分属 45 科 127 属。其中，菊科 47 种；藜科 18 种；蔷薇科 13 种；禾本科 9 种；玄参科 18 种；莎草科 16 种；石竹科 14 种；唇形科 28 种；豆科 27 种；伞形科 12 种；蓼科 27 种；十字花科 25 种；毛茛科 15 种；茄科 11 种；大戟科 11 种；百合科 8 种；罂粟科 7 种；龙胆科 7 种。

草坪杂草种类较多，有些草类则因草坪的类型、使用目的、培育程度，在某些情况下可能是草坪草，并能形成优质草坪，而在另一些情况下则变成草坪杂草。

草坪杂草通常按照生命周期、叶片形态、子叶数分类。

（一）按生命周期分类

生命周期主要以开花和结实为准，也就是植体产生后至开花和结实完成后所需时间长度，以年为单位。分为一年生、越年生、多年生杂草。

一年生杂草：春夏出土，夏秋开花结果，生命史在一年内完成。这些杂草基本以种子繁殖，幼苗不越冬。草坪中容易发生这类杂草。

越年生杂草：夏秋萌发，次年开花结实。以幼苗和根芽越冬，生命周期需跨2个年度。有春季出土的和秋季出土的。草坪中这类杂草，多以种子繁殖。

多年生杂草：生命周期在3年以上。一个周期中，多次开花，多次结果。第一年主要进行营养生长，以地下器官越冬。营养繁殖发达。不少这类杂草的种子繁殖率不及营养繁殖。草坪杂草中大量存在这类杂草。

（二）按叶片形态分类

按叶片形态分为阔叶杂草、细叶杂草和无叶杂草。通常将禾本科杂草称为细叶杂草；与禾本科杂草相比较叶片大的杂草称为阔叶杂草；而诸如菟丝子、木贼、藻类等没有叶片的杂草称为无叶杂草。将草坪杂草按照叶片形态分类后有助于化学除草剂的选择和使用。

（三）按子叶数分类

按子叶数分为单子叶杂草和双子叶杂草。从结构上区别，子叶为2片的为双子叶，单片的为单子叶。种子萌发出土后，露出种皮的叶片数，在正常状态下，单子叶为单叶，双子叶杂草为双叶。

二、杂草的生命体数量和寿命

多数杂草的种子数量在千粒以上。绿地常见禾本科杂草的种子数量几乎皆在万粒以上。一株稗草有20多个分枝，可达一万粒种子。艾蒿的种子数量达百万粒。一亩狗牙根的根茎长可达54km，有芽300000个（表6-1）。

由于不少杂草的生命体的表层有抗生素类物质存在，所以无论是种子还是其他器官，在自然界中存活时间很长。杂草不断产生新的生命体，死去的远不如产生的。稗草、萹蓄、狗尾草、蒿等种子在绿地土壤中寿命不低于3年。室内贮存苋菜种子17年后仍有活力。稗草15年后仍有活力，而马唐至少10年。

表 6-1 杂草植株体产生的生命体数量

杂草名称	种子量（粒/株）	杂草名称	种子量（粒/株）
稗草	100000	小飞蓬	685800
播娘蒿	37000	蒲公英	12200
马齿苋	200000	苣荬菜	30000
蟋蟀草	50000～13500	狼巴草	11800
灰菜	200～20000	菟丝子	114000
荠菜	3500～4000	田旋花	9800
反枝苋	1000～40000	野西瓜苗	15100
光头稗	42000	苘麻	36800
繁缕	200～20 000	大车前	320000
野燕麦	50～1000	金狗尾草	2300
看麦娘	80～2000	马唐	5000
狗尾草	6000	小画眉	910000
黄花蒿	100000	雀稗	5000
地肤	10000	鹤虱	1500
野苋	700000	小蓟	40000
萹蓄	5400	田菁	10300
龙葵	282300	荞麦蔓	65600
曼陀罗	45500	白花草木犀	35000
黄花草木犀	33000	苍耳	4600
天蓝苜蓿	5700	飞扬草	67100
蒺藜	5700	艾蒿	2372100
夏至草	5000	野萝卜	12 00
皱叶酸模	7000	小酸模	10000

注：引自唐洪元，1991。

　　整株（地上下部分皆有）杂草离开原地后，杂草植株部分生命体仍然有很长的生命力。根的寿命长于茎，茎的寿命长于叶。一些无性繁殖的杂草地下部分，在地表存放时，能安全越冬。一些杂草在太阳底下暴晒后仍有活力。马齿苋拔出后暴晒 3d，给它充足的环境条件，仍能恢复活力。小蓟 10cm 的段根，埋入土中 5～20cm 深处，成活率高达 80%。水莎草、白茅、芦苇等，在铲除地上部后，植株体能够再生。白茅和芦苇根风干后，埋入土中仍能成活。有的地方，一种杂草年拔 7 次，仍然不除根，所以为什么不提倡手工除草，原因就在于此（表 6-2）。

表 6-2　一些杂草在不同条件下的种子或生命体的寿命

杂草	寿命（年）	贮存条件	杂草	寿命（年）	贮存条件
马齿苋	20～40	土壤	苣荬菜	5	土壤
灰菜	10～15	室内	狼巴草	6	土壤
灰菜	39～1700	土壤	菟丝子	15	土壤
泽漆	68	土壤	田旋花	50	土壤
小蓟	20	土壤	野西瓜苗	57	土壤
早熟禾	68	土壤	苘麻	12	土壤
龙葵	739	土壤	皱叶酸模	80	室内
繁缕	600	土壤	金狗尾草	40	室内
稗草	4000	古墓	马唐	10	室内
稗草	动物体内一个循环	动物体内	小画眉	11	室内
野燕麦	38	自然	雀稗	2	土壤
野燕麦	13～20	室内	小蓟	20	室内
野燕麦	动物体内一个循环	动物体内	遏蓝草	30	自然
野燕麦	40	40℃厩肥	虞美人	1	自然
马齿苋（植株）	3	阳光下	卷茎蓼	8	自然
蒲公英	7	室内	辣子草	10～15	室内
荠菜	16～35	土壤	猪殃殃	7～10	室内
荠菜	8～11	室内	毒麦	7～10	室内
大爪草	1700	室内	卷茎蓼	15～17	室内
匍枝毛茛	600	土壤	荞麦曼	10	自然
狗尾草	739	土壤	白花草木犀	77	自然
辣子草	39	自然	虞美人	9	室内
猪殃殃	11	自然	遏蓝草	5～7	室内
毒麦	7～8	自然	独脚金属	20	自然

注：引自李善林，1999；卢盛林，1987。

三、杂草种子数量库

　　草坪是截留空中杂草种子的重要场所之一。草坪的土壤多年不更换，表层截面种子比较多。而由于草坪草的遮蔽作用，可以保护种子再次移动（风或动物）和被鸟等动物食去。土壤中杂草种子量大，这从调查中可以发现（表 6-3）。

表 6-3　不同区域土壤杂草种子数量库构成

土壤类型	种子量（粒 /m²）	土壤类型	种子量（粒 /m²）
热带农田	7600	耕地	34000 ~ 75000
热带次生林	1900 ~ 3900	一年生草草地	9000 ~ 54000
热带雨林	170 ~ 900	牧场	2000 ~ 17000
高原	300 ~ 800	荒地	1200 ~ 13200
森林	200 ~ 3300	耕地	34000 ~ 75000

注：引自李善林，1999。

四、杂草的危害

草坪杂草的危害主要表现在影响草坪草生长，破坏草坪美观效果，为一些病虫提供寄宿地等三个方面：

（1）影响草坪草生长。一些一年生或越年生杂草，早春出苗或返青快于草坪草，等草坪草返青后，杂草在高度上已经领先，草坪草对生长空间的占据处于劣势。还有一些杂草在繁殖季节或雨季生长迅速，3 ~ 5d 内生长高度就可明显超过草坪草，分蘖的数量和分枝在雨季或多水分条件下大力发展，速度超过了草坪草。一些杂草生长紧凑，几乎平铺生长，它们排挤和遮蔽草坪，侵占草坪面积，影响草坪草生长。一些杂草的根系能分泌一些物质，影响草坪草的生长，如果不加强管理，它所到之处，草坪草就极易退化。一些杂草的根系分布在浅层土壤中，截留草坪草所需的水分和养分。一些杂草的根在土层中扎的比草坪草深，挤占草坪草地下生长的空间。

（2）破坏草坪美观效果。一是纯粹的降低草坪的均一性；二是造成草坪的退化。一些杂草发生与水分关系密切，它们在雨季的生长速度快，一旦侵入草坪，遇上雨季，生长的速度快至能覆盖地面上的草坪草。一些杂草在繁殖季节会快速抽薹、抽穗或植株猛然增高，破坏草坪平整度和景观。一些杂草生长紧凑，与草坪草争水争肥，排挤和遮蔽草坪，最终导致草坪形成裸斑、退化。

（3）病虫的寄宿地。草坪杂草的地上部分是一些病虫的寄宿地，病虫可利用杂草越冬、繁殖，待到草坪草生长季节进一步感染草坪草，造成草坪草生长缓慢或死亡。一些开花杂草植物体会挥发出一些气味，吸引飞虫，给草坪管理者和在草坪上休闲的人们带来不便。一些杂草比草坪草更易感染病虫害，当其遭受病虫害侵染后，容易形成新的传染源。

五、杂草的防除

杂草的防除方法很多，各种方法均可收到一定的效果，但也或多或少的存在着一定的缺陷。栽培防治是草坪杂草防除的最佳方法，即对草坪施行合理的水肥管理，以促进草坪草的

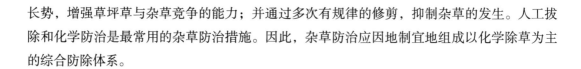

长势，增强草坪草与杂草竞争的能力；并通过多次有规律的修剪，抑制杂草的发生。人工拔除和化学防治是最常用的杂草防治措施。因此，杂草防治应因地制宜地组成以化学除草为主的综合防除体系。

（一）草坪杂草的防除方法

1.机械防除

手工拔草和锄草是一种古老的除草法，沿用至今，仍不失为有效的杂草防除方法。在草坪面积较小或杂草集中危害期时，手工拔除还是很有效的。在杂草开花结籽以前拔除杂草可收到良好的防除效果。拔除的时间常在大雨过后或灌水后，这样可以将杂草的地上部分和地下部分同时拔除。直根系的杂草，甚至一些多年生杂草也可因此而被根除。

草坪有规律的定期修剪，可以剪去杂草的顶端，抑制它们的营养生长，减弱杂草的生存竞争能力，并可阻止某些杂草产生大量的种子，从而达到防除的目的。

建坪前的耕作措施常能在一定程度上防除杂草。由于坪床土壤内含有大量杂草种子，建坪前，通过翻耕等耕作措施，促进其发芽生长，然后将它们清除和消灭。

在一年生、二年生、多年生杂草的机械防除中，重要的是防止种子侵入，并尽力消灭埋在土壤中的杂草种子。二年生与多年生杂草具有很强的持续性，主要用营养体繁殖，对于这些杂草必须用耕作手段将其营养体，如根、根茎、匍匐茎、块茎等清除干净。因此，用耕作法防除杂草，应遵循下述原则：第一是对于一年生杂草首先应减弱其竞争能力；第二是防止其种子的产生与入侵；第三是通过促进杂草萌生的方式在建坪前消灭坪床中的杂草。对于二年生及多年生杂草除与一年生杂草一样处理外，还应通过修剪等措施来耗竭其根、根茎及营养繁殖器官的养分使其死亡。

2.生物防除

杂草生物防除包括以虫治草、以菌除草、以草食动物治草以及以草治草等内容。

（1）以虫治草。据统计，目前世界上已有100多种昆虫被成功地用于控制杂草的危害。我国地域辽阔，天敌资源丰富，各地都发现了一些杂草的天敌昆虫，研究利用的前景十分广阔。

（2）以菌除草。我国在20世纪60年代利用鲁保1号真菌制剂防治大豆菟丝子，是国际上以菌除草最早取得成功的实例。据报道，近年来我国利用一些真菌防治马唐等杂草也取得明显成效。国外在利用微生物的代谢产物防治杂草方面取得很大进展，开发了一些生物除草剂，如双丙氨磷和草丁磷等。

3.化学防除

在草坪杂草的防治实践中，较为直接的方法是化学防除。化学防除是使用化学药剂引起杂草生理异常导致其死亡，以达到杀死杂草的目的。

除草剂是对杂草具有杀灭或抑制作用的药剂。按其对杂草作用的性质可分为灭生性除草剂、选择性除草剂，按其对杂草的作用方式可分为输导型除草剂、触杀型除草剂。

（1）选择性除草剂。在一定剂量或浓度下，除草剂能有选择性的杀死特殊目标的杂草，例如专门杀死阔叶杂草的除草剂，或专门杀死莎草科杂草的除草剂等。具有这种特性的除草剂称为选择性除草剂。目前使用的除草剂大多数都属于此类。

（2）灭生性除草剂。在常用剂量下可以杀死所有接触到药剂的绿色植物体的药剂，如草甘膦。

（3）输导型除草剂。施用后通过内吸作用传至杂草的敏感部位或整个植株，使之中毒死亡的药剂。

（4）触杀型除草剂。不能在植物体内传导移动，只能杀死所接触到的植物组织的药剂。

（二）草坪常用除草剂及其使用方法

草坪除草剂的用量一般按单位面积草坪上承受的药量来计算。如20%的二甲四氯乳剂用量为 $0.2 \sim 1.0 \mathrm{mL/m^2}$。50%西玛津粉剂与50%扑草净粉剂的用量为 $0.2 \sim 1.0 \mathrm{g/m^2}$，常用除草剂见表6-4。

表6-4　草坪常用除草剂及其使用方法

除草剂类型	除草剂名称	参考用量	作用杂草	药品特点
苯氧羧酸类	2,4-D 丁酯（72%乳油）	$700 \sim 1000$ mL/hm²	一年和多年生阔叶杂草及莎草、藜、苍耳、问荆、芥、苋、萹蓄、莘草、马齿苋、独行菜、蓼、猪殃殃、繁缕等	选择性内吸传导型、激素型除草剂
	2甲4氯（20%水剂）	$2300 \sim 3000$ mL/hm²	异型莎草、水苋菜、蓼、大巢菜、猪殃殃、毛茛、荠菜、蒲公英、刺儿菜等阔叶杂草和莎草科杂草	选择性内吸传导型、激素型除草剂
	稳杀得（35%乳油）	$700 \sim 1200$ mL/hm²	稗草、马唐、狗尾草、雀稗、看麦娘、牛筋草、千金子、白茅等一年生及多年生禾本科杂草，对阔叶杂草无效	高度选择性的苗后茎叶除草剂
芳氧苯氧丙酸类	禾草克（10%乳剂）	$600 \sim 1200$ mL/hm²	看麦娘、野燕麦、雀麦、马唐、稗草、牛筋草；画眉草、秋稷、狗尾草、千金子等多种一年生及多年生禾本科杂草，对阔叶杂草无效	高效选择性内吸型苗后除草剂
	高效盖草能	500mL/hm²	一年生或多年生禾本科杂草，如稗草、千金子、马唐、牛筋草、狗尾草、看麦娘、雀麦、野燕麦、狗牙根、双穗雀稗等杂草，对阔叶杂草及莎草无效	选择性内吸传导型茎叶处理剂（也可作土壤处理剂）
	盖草能（12.5%乳油）	$600 \sim 1200$ mL/hm²	稗草、马唐、牛筋草、千金子、狗尾草、野黍、雀麦、芒稷等一年生及多年生禾本科杂草，对阔叶杂草和莎草科杂草无效	选择性内吸传导型苗后除草剂
	精禾草克	$450 \sim 1000$ mL/hm²	对禾本科杂草有很高的防效，如野燕麦、马唐、看麦娘、牛筋草、狗尾草、狗牙根、双穗雀稗；两耳草、芦苇等，对莎草及阔叶杂草无效	高选择性内吸型茎叶处理剂
	骠马（10%乳油）	$41 \sim 83$ g/hm²	看麦娘、野燕麦、稗草、狗尾草、黑麦草等禾本科杂草	传导性芽后除草剂
	禾草灵（28%乳油）	$1950 \sim 3000$ mL/hm²	野燕麦、稗草、牛筋草、牛毛草、看麦娘、马唐、狗尾草、毒麦、画眉草、千金子等禾本科杂草	高度选择性、苗后使用除草剂

（续）

除草剂类型	除草剂名称	参考用量	作用杂草	药品特点
三氮苯类	阿特拉津（40%胶悬剂）	1600～4500 g/hm²	马唐、稗草、狗尾草、莎草、看麦娘、蓼、藜及十字花科、豆科等一年生禾本科杂草和阔叶杂草	选择性、内吸传导型苗前；苗后除草剂
	杀草净（80%可湿性粉剂）	1500～2300 g/hm²	野苋、马齿苋、龙葵、牵牛花、藜、苍耳、曼陀罗、蓼、稗、马唐、牛筋草、狗尾草、画眉草等	选择性土壤处理除草剂
	西玛津（40%胶悬剂）	300～7500 mL/hm²	狗尾草、画眉草、虎尾草、莎草、苍耳、野苋、马齿苋、灰菜、马唐、牛筋草、稗草、荆三棱、藜等一年生阔叶杂草和禾本科杂草	选择性内吸型土壤处理除草剂
取代脲类	绿麦隆（25%可湿性粉剂）	3000～4500 g/hm²	看麦娘、牛繁缕、雀舌草、狗尾草、马唐、稗草、苋、附地菜、藜、苍耳、婆婆纳等一年生杂草	高度选择性、内吸传导型土壤、茎叶处理除草剂
	杀草隆（50%可湿性粉剂）	1500～4250 g/hm²	异型莎草、香附子等莎草科杂草，对稗草有一定的防效，对其他禾本科和阔叶杂草无效	选择性土壤处理除草剂
	敌草隆（25%可湿性粉剂）	2250～3750 g/hm²	马唐、狗尾草、稗草、旱稗、野苋菜、蓼、藜莎草等一年生禾本科杂草和阔叶杂草，对多年生杂草香附子等也有良好的防除效果，还可以防除水田眼子菜等杂草	内吸型除草剂，低剂量时具选择性，高剂量时为灭生性
氨基甲酸酯类杀草丹（50%乳油）		2250～3750 g/hm²	稗草、马唐、牛筋草、马齿苋、繁缕、看麦娘、牛筋草等	选择性内吸型除草剂
酰胺类	拉索（48%乳油）	3000～3750 mL/hm²	稗草、马唐、牛筋草、狗尾草、马齿苋、苋、蓼、藜等一年生禾本科杂草和阔叶杂草，对菟丝子也有一定的防效	选择性芽前除草剂
	乙草胺（86%乳油）	1500～2550 mL/hm²	稗草、狗尾草、马唐、牛筋草、藜、苋、马齿苋、菟丝子、香附子等	选择性芽前除草剂
	丁草胺（60%乳油）	1500～1800 mL/hm²	稗草、异型莎草、碎米莎草、千金子等一年生禾本科杂草及莎草杂草	选择性内吸型芽前除草剂
	敌稗（20%乳油）	11250～15000 mL/hm²	稗草、水芹、马齿苋、马唐、看麦娘、狗尾草、苋、蓼等	高度选择性触杀型除草剂
苯甲酸类	百草敌（48.2%水剂）	300～370 mL/hm²	猪殃殃、大巢菜、牛繁缕、繁缕、蓼、藜、香薷、猪毛菜、苍耳、荠菜、黄花蒿、问荆、酢浆草、独行菜、刺儿菜、田旋花、苦菜、蒲公英等大多数一年生及多年生阔叶杂草	高效选择性内吸激素型芽后除草剂
	敌草索（50%可湿性粉剂）	4～10 mL/hm²	狗尾草、马唐、马齿苋、繁缕等一年生禾本科杂草及某些阔叶杂草	调节型播后苗前土壤处理剂
二苯醚类	除草醚（25%可湿性粉剂）	6000～7500 g/hm²	稗草、鸭舌草、异型莎草、日照飘拂草、瓜皮草、三方草、节节草、碱草、蓼、藜、狗尾草、蟋蟀草、马唐、马齿苋、野苋菜等一年生禾本科杂草和阔叶杂草	具有一定选择性的触杀型除草剂

（续）

除草剂类型	除草剂名称	参考用量	作用杂草	药品特点
二硝基苯胺类	氟乐灵（48%水剂）	1130～2250 mL/hm²	稗草、马唐、牛筋草、石茅高粱、千金子、大画眉草、雀麦苋藜、马齿苋、繁缕、蓼、萹蓄、藜藜、猪毛草等一年生的禾本科杂草和部分阔叶杂草	选择性芽前土壤处理除草剂
	除草通（33%乳油）	3000～4500 mL/hm²	稗草、马唐、狗尾草、藜、苋、蓼、鸭舌草等一年生禾本科杂草和某些阔叶杂草	选择性土壤处理除草剂
有机杂环类	恶草灵（12%乳油）	1500～2250 mL/hm²	稗草、千金子、雀稗、异型莎草、球花碱草、鸭舌草以及苋科、藜科、土戟科、酢浆科、旋花科等一年生的禾本科阔叶杂草	选择性触杀型除草剂，芽前与芽后均可使用
	苯达松（48%水剂）	2000～4500 mL/hm²	黄花蒿、小白酒草、蒲公英、刺儿菜、春葵、铁苋菜、问荆、苣荬菜、马齿苋、苍耳等阔叶杂草及莎草科杂草，但对禾本科杂草无效	选择性触杀型茎叶处理剂
有机磷类	草甘膦（10%水剂）	7500～11250 g/hm²	一年生及多年生禾本科杂草，莎草科杂草和阔叶杂草	灭生性内吸型茎叶处理除草剂
	莎敌磷（30%乳油）	750～1125 mL/hm²	稗草、异型莎草、碎米莎草、鸭舌草等	选择性内吸型除草剂
酚类	五氯酚钠（80%粉剂）	75009000 g/hm²	稗草、鸭舌草、节节草、蓼等有一定抑制作用	触杀型灭生性除草剂
脂肪类	茅草枯（87%可湿性粉剂）	1500～7500 g/hm²	茅草、芦苇、狗牙根、马唐、狗尾草、牛筋草等一年生及多年生禾本科杂草	选择性内吸型除草剂
	阔叶散（75%悬浮剂）	20～45 g/hm²	百枝苋、马齿苋、婆婆纳茅草、芦苇、狗牙根、马唐、狗尾草、牛筋草等一年生及多年生禾本科杂草	选择性内吸传导型芽后茎叶处理除草剂
	阔叶净（75%悬浮散）	12～45 g/hm²	繁缕、直立蓼、播娘蒿、地肤、藜、芥菜、百枝苋、琐叶莴苣、荠菜、猪毛菜等一年或多年生阔叶杂草	选择性苗后茎叶处理除草剂
磺酰脲类	稗净（50%乳油）	2250～3750 mL/hm²	对稗草有特效	选择性内吸传导型茎叶处理除草剂
	农得时（10%可湿性粉剂）	225～450 mL/hm²	水苋菜、鸭舌草、眼子草、异型莎草碎生莎草、水莎草、水芹菜有一定抑制作用	选择性内吸传导型除草剂
	治莠灵（20%乳油）	975～1500 mL/hm²	猪殃殃、卷茎蓼、繁缕、马齿苋、龙葵、野豌豆、酸模、小旋花、	内吸传导型茎叶处理除草剂
	巨星（75%巨星干悬浮剂）	15～30 g/hm²	一年生及多年生阔叶杂草、繁缕、地肤、藜、荠菜、猪毛菜、播娘蒿、猪殃殃、田蓟、苍耳、反枝苋、问荆、苣荬菜、刺儿菜、对野燕麦、雀麦等禾本科杂草无效	选择性内吸传导型苗后除草剂
	草克星（10%可湿性粉剂）	150～300 g/hm²	一年生阔叶杂草日和莎草科杂草，泽泻、繁缕、鸭舌草、节节草、蓼、水苋菜、浮生水马齿、异型莎草、眼子菜、野慈姑	高活性选择性内吸传导型茎叶处理除草剂

（续）

除草剂类型	除草剂名称	参考用量	作用杂草	药品特点
联吡啶类	百草枯（20%水剂）	113～4500 mL/hm²	对一年生的单、双子叶杂草都具有较好效果，对多年生杂草，尤其是靠地下茎生长的杂草，只杀地上部分	快速灭生性触杀型兼有一定内吸作用的茎叶除草剂
	敌草快（20%水剂）	370～1000 g/hm²	阔叶杂草和禾本科杂草	非选择性有一定传导性能的触杀型苗前除草剂
吡啶类	使它隆	1275～1500 mL/hm²	天胡荽、马兰、猪殃殃、繁缕、田旋花、蒲公英、播娘蒿、问荆、卷茎蓼、马齿苋等	选择性内吸型、传导型茎叶处理剂

注：引自孙吉雄，韩烈保，2015。

（三）杂草防除时机及注意事项

使用除草剂时应注意天气情况，草坪养护者应在无风、干燥的天气喷施除草剂。雨天会影响除草剂的除草效果，而大风天气会使除草剂喷雾飘移，严重时会对其他植物造成危害。气温和地温都会对除草剂效果产生影响。气温过低，除草剂效果得不到发挥；气温过高，则叶面气孔关闭而不利于药物吸收。一般来说，当气温在20～30℃时施用效果最佳。土壤温度尤其是低温会对药效产生影响。科学的施药方法是在地表下5cm深处的土壤温度连续3～4d维持在13℃以上时施药。有的除草剂则需等到连续2周气温平均13～16℃甚至更高时施药才有效。如果土壤干燥，则施药前应进行灌溉，避免在长而过分干旱的季节施药；施用颗粒状除草剂时，杂草叶面应湿润，施药后8～12h内不宜灌水。

使用除草剂时多选用萌前除草剂和选择性除草剂，灭生性除草剂大范围使用时应尤其注意，若无特殊要求或绝对的经验和把握最好别用。多年生禾草类杂草，其生理与形态结构均与草坪草相似，施用禾本科杂草的除草剂亦能伤害草坪草，因此，不宜使用选择性除草剂。生产中多采用如达拉朋之类的非选择性除草剂，并采用杂草植株喷施的方法进行个体杀灭。萌前除草剂在表土形成的毒药层，依药物的不同，药力可以保持6～12周，最后为微生物所破坏。因此，萌前除草剂必须在杂草种子萌发前1～2周施用，最迟也不要晚于杂草种子的始萌期。有草坪播种计划的区域，播种前一定时期内不能喷施萌前除草剂。香附子是莎草科的多年生单子叶植物，在杂草防除中通常把它与多年生禾草型杂草相提并论，多用有机砷除草剂进行防除。灭草松是一种新型除草剂，对香附子有良好的防除作用，且对草坪草毒性较小。

喷药与修剪时间不能相隔太近。修剪后应等杂草适当生长，以保证杂草有足够的叶面积与除草剂接触；施药2d后方可修剪，以避免除草剂在产生效果前随草屑被排出草地。除草剂对草坪草生长有一定的影响，新建草坪应在草坪草开始修剪2～3次后方可施药。施药后修剪3～4次以后的草屑方可供家畜利用。

杂草死亡需 1～4 周，因此第二次施药至少在第一次施药 2 周之后进行。一年内同一草坪使用除草剂次数一般不超过 4 次。除草剂的残效期较长，因此土壤施药后至少一个月后方能播种。

第二节 草坪常见杂草

一、车前草科（Plantaginaceae）

生活型：一年生、二年生或多年生草本，稀为小灌木，陆生、沼生，稀为水生。根为直根系或须根系。茎：通常变态成紧缩的根茎，根茎通常直立，稀斜升，少数具直立和节间明显的地上茎。叶：螺旋状互生，通常排成莲座状，或于地上茎上互生、对生或轮生；单叶，全缘或具齿，稀羽状或掌状分裂，弧形脉 3～11 条，少数仅有 1 中脉；叶柄基部常扩大成鞘状；无托叶。花：穗状花序狭圆柱状、圆柱状至头状，偶尔简化为单花，稀为总状花序；花序梗通常细长，出自叶腋；每花具 1 苞片。花小，两性，稀杂性或单性，雌雄同株或异株，风媒，少数为虫媒，或闭花受粉。花萼 4 裂，前对萼片与后对萼片常不相等，裂片分生或后对合生，宿存。花冠干膜质，白色、淡黄色或淡褐色，高脚碟状或筒状，筒部合生，檐部（3）4 裂，辐射对称，裂片覆瓦状排列，开展或直立，多数于花后反折，宿存。雄蕊 4，稀 1 或 2，相等或近相等，无毛；花丝贴生于冠筒内面，与裂片互生，丝状，外伸或内藏；花药背着，丁字药，先端骤缩成一个三角形至钻形的小突起，2 药室平行，纵裂，顶端不汇合，基部多少心形；花粉粒球形，表面具网状纹饰，萌发孔 4～15 个。花盘不存在。雌蕊由背腹向 2 心皮合生而成；子房上位，2 室，中轴胎座，稀为 1 室基底胎座；胚珠 1～40 个，横生至倒生；花柱 1，丝状，被毛。果：通常为周裂的蒴果，果皮膜质，无毛，内含 1～40 个种子，稀为含 1 种子的骨质坚果。种子盾状着生，卵形、椭圆形、长圆形或纺锤形，腹面隆起、平坦或内凹成船形，无毛；胚直伸，稀弯曲，肉质胚乳位于中央。

（一）车前（*Plantago asiatica*）

别名蛤蟆草、饭匙草、车轱辘菜、蛤蟆叶、猪耳朵。

【特征】二年生或多年生草本。须根多数。根茎短，稍粗。叶基生呈莲座状，平卧、斜展或直立；叶片薄纸质或纸质，宽卵形至宽椭圆形，长 4～12cm，宽 2.5～6.5cm，先端钝圆至急尖，边缘波状、全缘或中部以下有锯齿、牙齿或裂齿，基部宽楔形或近圆形，多少下延，两面疏生短柔毛；脉 5～7 条；叶柄长 2～15（27）cm，基部扩大成鞘，疏生短柔毛。花序 3～10 个，直立或弓曲上升；花序梗长 5～30cm，有纵条纹，疏生白色短柔毛；穗状花序细圆柱状，长 3～40cm，紧密或稀疏，下部常间断；苞片狭卵状三角形或三角状披针形，长

2～3mm，长过于宽，龙骨突宽厚，无毛或先端疏生短毛。花具短梗；花萼长2～3mm，萼片先端钝圆或钝尖，龙骨突不延至顶端，前对萼片椭圆形，龙骨突较宽，两侧片稍不对称，后对萼片宽倒卵状椭圆形或宽倒卵形。花冠白色，无毛，冠筒与萼片约等长，裂片狭三角形，长约1.5mm，先端渐尖或急尖，具明显的中脉，于花后反折。雄蕊着生于冠筒内面近基部，与花柱明显外伸，花药卵状

图6-1 车 前

椭圆形，长1～1.2mm，顶端具宽三角形突起，白色，干后变淡褐色。胚珠7～15（18）。蒴果纺锤状卵形、卵球形或圆锥状卵形，长3～4.5mm，于基部上方周裂。种子5～6（12），卵状椭圆形或椭圆形，长（1.2）1.5～2mm，具角，黑褐色至黑色，背腹面微隆起；子叶背腹向排列。花期4～8月，果期6～9月（图6-1）。

二、唇形科（Lamiaceae）

生活型：灌木或亚灌木。茎：茎、枝常四棱。叶：对生、稀轮生或互生，单叶稀复叶；无托叶。花：聚伞花序常组成轮伞花序，稀总状花序或单花腋生；花两性；两侧对称，稀近辐射对称；花萼宿存，具5齿，上唇3齿或全缘，下唇2或4齿，萼筒内有时具毛环；花冠冠檐常二唇形，上唇2裂，下唇3裂，稀上唇全缘、下唇4裂，稀冠檐4～5裂，冠筒内具毛环或无；雄蕊着生花冠上，4或2，离生，稀花丝合生，有时具1退化雄蕊，花药1～2室，常纵裂；子房上位，2室，每室2胚珠，花柱近顶生，或子房4裂，每裂片具1胚珠，花柱近基生，柱头2浅裂，花盘宿存。果：常为4枚小坚果；种子有或无胚乳。

（一）细风轮菜（*Clinopodium gracile*）

别名瘦风、苦草、野仙人草、野薄荷、臭草、山薄荷。

【特征】纤细草本。茎多数，自匍匐茎生出，柔弱，上升，不分枝或基部具分枝，高8～30cm，径约1.5mm，四棱形，具槽，被倒向的短柔毛。最下部的叶圆卵形，细小，长约1cm，宽0.8～0.9cm，先端钝，基部圆形，边缘具疏圆齿，较下部或全部叶均为卵形，较大，长1.2～3.4cm，宽1～2.4cm，先端钝，基部圆形或楔形，边缘具疏牙齿或圆齿状锯齿，薄纸质，上面榄绿色，近无毛，下面较淡，脉上被疏短硬毛，侧脉2～3对，与中肋两面微隆起但下面明显呈白绿色，叶柄长0.3～1.8cm，腹凹背凸，基部常染紫红色，密被短柔毛；上部叶及苞叶卵状披针形，先端锐尖，边缘具锯齿。轮伞花序分离，或密集于茎端成短总状花序，疏花；苞片针状，远较花梗为短；花梗长1～3mm，被微柔毛。花萼管状，基部圆形，

花时长约 3mm，果时下倾，基部一边膨胀，长约 5mm，13 脉，外面沿脉上被短硬毛，其余部分被微柔毛或几无毛，内面喉部被稀疏小疏柔毛，上唇 3 齿，短，三角形，果时外反，下唇 2 齿，略长，先端钻状，平伸，齿均被睫毛。花冠白至紫红色，超过花萼长约 1/2 倍，外面被微柔毛，内面在喉部被微柔毛，冠筒向上渐扩大，冠檐二唇形，上唇直伸，先端微缺，下唇 3 裂，中裂片较大。雄蕊 4，前对能育，与上唇等齐，花药 2 室，室略叉开。花柱先端略增粗，2 浅裂，前裂片扁平，披针形，后裂片消失。花盘平顶。子房无毛。小坚果卵球形，褐色，光滑。花期 6～8 月，果期 8～10 月（图 6-2）。

图 6-2 细风轮菜

（二）活血丹（*Glechoma longituba*）

别名连金钱、金钱草、连钱草、佛耳草、铍儿草、落地金钱。

【特征】多年生草本，具匍匐茎，上升，逐节生根。茎高 10～20（30）cm，四棱形，基部通常呈淡紫红色，几无毛，幼嫩部分被疏长柔毛。叶草质，下部者较小，叶片心形或近肾形，叶柄长为叶片的 1～2 倍；上部者较大，叶片心形，长 1.8～2.6cm，宽 2～3cm，先端急尖或钝三角形，基部心形，边缘具圆齿或粗锯齿状圆齿，上面被疏粗伏毛或微柔毛，叶脉不明显，下面常带紫色，被疏柔毛或长硬毛，常仅限于脉上，脉隆起，叶柄长为叶片的 1.5 倍，被长柔毛。轮伞花序通常 2 花，稀具 4～6 花；苞片及小苞片线形，长达 4mm，被缘毛。花萼管状，长 9～11mm，外面被长柔毛，尤沿肋上为多，内面多少被微柔毛，齿 5，上唇 3 齿，较长，下唇 2 齿，略短，齿卵状三角形，长为萼长 1/2，先端芒状，边缘具缘毛。花冠淡蓝、蓝至紫色，下唇具深色斑点，冠筒直立，上部渐膨大成钟形，有长筒与短筒两型，长筒者长 1.7～2.2cm，短筒者通常藏于花萼内，长 1～1.4cm，外面多少被长柔毛及微柔毛，内面仅下唇喉部被疏柔毛或几无毛，冠檐二唇形（图 6-3）。上唇直立，2 裂，裂片近肾形，下唇伸长，斜展，3

图 6-3 活血丹

裂，中裂片最大，肾形，较上唇片大1～2倍，先端凹入，两侧裂片长圆形，宽为中裂片之半。雄蕊4，内藏，无毛，后对着生于上唇下，较长，前对着生于两侧裂片下方花冠筒中部，较短；花药2室，略叉开。子房4裂，无毛。花盘杯状，微斜，前方呈指状膨大。花柱细长，无毛，略伸出，先端近相等2裂。成熟小坚果深褐色，长圆状卵形，长约1.5mm，宽约1mm，顶端圆，基部略呈三棱形，无毛，果脐不明显。花期4～5月，果期5～6月。

（三）紫 苏（*Perilla frutescens*）

别名假紫苏、大紫苏、野苏麻、野苏、臭苏、香苏、鸡苏、青苏。

【特征】一年生、直立草本。茎高0.3～2m，绿色或紫色，钝四棱形，具四槽，密被长柔毛。叶阔卵形或圆形，长7～13cm，宽4.5～10cm，先端短尖或突尖，基部圆形或阔楔形，边缘在基部以上有粗锯齿，膜质或草质，两面绿色或紫色，或仅下面紫色，上面被疏柔毛，下面被贴生柔毛，侧脉7～8对，位于下部者稍靠近，斜上升，与中脉在

图6-4 紫 苏

上面微突起下面明显突起，色稍淡；叶柄长3～5cm，背腹扁平，密被长柔毛。轮伞花序2花，组成长1.5～15cm、密被长柔毛、偏向一侧的顶生及腋生总状花序；苞片宽卵圆形或近圆形，长宽约4mm，先端具短尖，外被红褐色腺点，无毛，边缘膜质；花梗长1.5mm，密被柔毛。花萼钟形，10脉，长约3mm，直伸，下部被长柔毛，夹有黄色腺点，内面喉部有疏柔毛环，结果时增大，长至1.1cm，平伸或下垂，基部一边肿胀，萼檐二唇形，上唇宽大，3齿，中齿较小，下唇比上唇稍长，2齿，齿披针形。花冠白色至紫红色，长3～4mm，外面略被微柔毛，内面在下唇片基部略被微柔毛，冠筒短，长2～2.5mm，喉部斜钟形，冠檐近二唇形，上唇微缺，下唇3裂，中裂片较大，侧裂片与上唇相近似。雄蕊4，几不伸出，前对稍长，离生，插生喉部，花丝扁平，花药2室，室平行，其后略叉开或极叉开。花柱先端相等2浅裂。花盘前方呈指状膨大。小坚果近球形，灰褐色，直径约1.5mm，具网纹。花期8～11月，果期8～12月（图6-4）。

三、大戟科（Euphorbiaceae）

生活型：乔木、灌木或草本，稀为木质或草质藤本。叶：互生，少有对生或轮生，单叶，稀为复叶，或叶退化呈鳞片状，边缘全缘或有锯齿，稀为掌状深裂；具羽状脉或掌状脉；叶柄长至极短，基部或顶端有时具有1～2枚腺体；托叶2，着生于叶柄的基部两侧，早落或

宿存，稀托叶鞘状，脱落后具环状托叶痕。花：单性，雌雄同株或异株，单花或组成各式花序，通常为聚伞或总状花序，在大戟类中为特殊化的杯状花序（此花序由1朵雌花居中，周围环绕以数朵或多朵仅有1枚雄蕊的雄花所组成）；萼片分离或在基部合生，覆瓦状或镊合状排列，在特化的花序中有时萼片极度退化或无；花瓣有或无；花盘环状或分裂成为腺体状，稀无花盘；雄蕊1枚至多数，花丝分离或合生成柱状，在花蕾时内弯或直立，花药外向或内向，基生或背部着生，药室2，稀3～4，纵裂，稀顶孔开裂或横裂，药隔截平或突起；雄花常有退化雌蕊；子房上位，3室，稀2或4室或更多或更少，每室有1～2颗胚珠着生于中轴胎座上，花柱与子房室同数，分离或基部连合，顶端常2至多裂，直立、平展或卷曲，柱头形状多变，常呈头状、线状、流苏状、折扇形或羽状分裂，表面平滑或有小颗粒状凸体，稀被毛或有皮刺。果：为蒴果，常从宿存的中央轴柱分离成分果爿，或为浆果状或核果状；种子常有显著种阜，胚乳丰富、肉质或油质，胚大而直或弯曲，子叶通常扁而宽，稀卷叠式。

（一）斑地锦（*Euphorbia maculata*）

【特征】一年生草本。根纤细，长4～7cm，直径约2mm。茎匍匐，长10～17cm，直径约1mm，被白色疏柔毛。叶对生，长椭圆形至肾状长圆形，长6～12mm，宽2～4mm，先端钝，基部偏斜，不对称，略呈渐圆形，边缘中部以下全缘，中部以上常具细小疏锯齿；叶面绿色，中部常具有一个长圆形的紫色斑点，叶背淡绿色或灰绿色，新鲜时可见紫色斑，干时不清楚，两面无毛；叶柄极短，长约1mm；托叶钻状，不分裂，边缘具睫毛。花序单生于叶腋，基部具短柄，柄长1～2mm；总苞狭杯状，高0.7～1.0 mm，直径约0.5mm，外部具白色疏柔毛，边缘5裂，裂片三角状圆形；腺体4，黄绿色，横椭圆形，边缘具白色附属物。雄花4～5，微伸出总苞外；雌花1，子房柄伸出总苞外，且被柔毛；子房被疏柔毛；花柱短，近基部合生；柱头2裂。蒴果三角状卵形，长约2mm，直径约2mm，被稀疏柔毛，成熟时易分裂为3个分果爿。种子卵状四棱形，长约1mm，直径约0.7mm，灰色或灰棕色，每个棱面具5个横沟，无种阜。花果期4～9月（图6-5）。

图6-5 斑地锦

（二）地锦草（*Euphorbia humifusa*）

别名千根草、小虫儿卧单、血见愁草、草血竭、小红筋草、奶汁草、红丝草。

【特征】一年生草本。根纤细，长10～18cm，直径2～3mm，常不分枝。茎匍匐，自基部以上多分枝，偶尔先端斜向上伸展，基部常红色或淡红色，长达20（30）cm，直径

1～3mm，被柔毛或疏柔毛。叶对生，矩圆形或椭圆形，长5～10mm，宽3～6mm，先端钝圆，基部偏斜，略渐狭，边缘常于中部以上具细锯齿；叶面绿色，叶背淡绿色，有时淡红色，两面被疏柔毛；叶柄极短，长1～2mm。花序单生于叶腋，基部具1～3mm的短柄；总苞陀螺状，高与直径各约1mm，边缘4裂，裂片三角形；腺体4，矩圆形，边缘具白色或淡红色附属物。雄花数枚，近与总苞边缘等长；雌花1枚，子房柄伸出至总苞边缘；子房三棱状卵形，光滑无毛；花柱3，分离；柱头2裂。蒴果三棱状卵球形，长约2mm，直径约2.2mm，成熟时分裂为3个分果爿，花柱宿存。种子三棱状卵球形，长约1.3mm，直径约0.9mm，灰色，每个棱面无横沟，无种阜。花果期5～10月（图6-6）。

图6-6　地锦草

（三）叶下珠（*Phyllanthus urinaria*）

【特征】一年生草本，高10～60cm，茎通常直立，基部多分枝，枝倾卧而后上升；枝具翅状纵棱，上部被一纵列疏短柔毛。叶片纸质，因叶柄扭转而呈羽状排列，长圆形或倒卵形，长4～10mm，宽2～5mm，顶端圆、钝或急尖而有小尖头，下面灰绿色，近边缘或边缘有1～3列短粗毛；侧脉每边4～5条，明显；叶柄极短；托叶卵状披针

图6-7　叶下珠

形，长约1.5mm。花雌雄同株，直径约4mm；雄花：2～4朵簇生于叶腋，通常仅上面1朵开花，下面的很小；花梗长约0.5mm，基部有苞片1～2枚；萼片6，倒卵形，长约0.6mm，顶端钝；雄蕊3，花丝全部合生成柱状；花粉粒长球形，通常具5孔沟，少数3、4、6孔沟，内孔横长椭圆形；花盘腺体6，分离，与萼片互生；雌花：单生于小枝中下部的叶腋内；花梗长约0.5mm；萼片6，近相等，卵状披针形，长约1mm，边缘膜质，黄白色；花盘圆盘状，边全缘；子房卵状，有鳞片状凸起，花柱分离，顶端2裂，裂片弯卷。蒴果圆球状，直径1～2mm，红色，表面具一小凸刺，有宿存的花柱和萼片，开裂后轴柱宿存；种子长1.2mm，橙黄色。花期4～6月，果期7～11月（图6-7）。

（四）铁苋菜（*Acalypha australis*）

别名蛤蜊花、海蚌含珠、蚌壳草。

【特征】一年生草本，高 0.2～0.5m，小枝细长，被贴柔毛，毛逐渐稀疏。叶膜质，长卵形、近菱状卵形或阔披针形，长 3～9cm，宽 1～5cm，顶端短渐尖，基部楔形，稀圆钝，边缘具圆锯，上面无毛，下面沿中脉具柔毛；基出脉 3 条，侧脉 3 对；叶柄长 2～6cm，具短柔毛；托叶披针形，长 1.5～2mm，具短柔毛。雌雄花同序，花序腋生，稀顶生，长 1.5～5cm，花序梗长 0.5～3cm，花序轴具短毛，雌花苞片 1～2（4）枚，卵状心形，花后增大，长 1.4～2.5cm，宽 1～2cm，边缘具三角形齿，外面沿掌状脉具疏柔毛，苞腋具雌花 1～3 朵；花梗无；雄花生于花序上部，排列呈穗状或头状，雄花苞片卵形，长约 0.5mm，苞腋具雄花 5～7 朵，

图 6-8 铁苋菜

簇生；花梗长 0.5mm；雄花：花蕾时近球形，无毛，花萼裂片 4 枚，卵形，长约 0.5mm；雄蕊 7～8 枚；雌花：萼片 3 枚，长卵形，长 0.5～1mm，具疏毛；子房具疏毛，花柱 3 枚，长约 2mm，撕裂 5～7 条。蒴果直径 4mm，具 3 个分果爿，果皮具疏生毛和毛基变厚的小瘤体；种子近卵状，长 1.5～2mm，种皮平滑，假种阜细长。花果期 4～12 月（图 6-8）。

四、大麻科（Cannabaceae）

生活型：乔木或灌木，稀为草本或草质藤本。叶：单叶，互生或对生，基部偏斜或对称，羽状脉、基出 3 脉或掌状分裂；托叶早落，有时形成托叶环。花：单被花，两性或单性，雌雄同株或异株；花被裂片（0）4～8；雄蕊常与花被裂片同数而对生；子房上位，通常 1 室，胚珠 1 枚，倒生，花柱 2，柱头丝状。果：常为核果，稀为瘦果或带翅的坚果。

（一）葎 草（*Humulus scandens*）

别名锯锯藤、拉拉藤、葛勒子秧、勒草、拉拉秧、割人藤、拉狗蛋。

【特征】缠绕草本，茎、枝、叶柄均具倒钩刺。叶纸质，肾状五角形，掌状 5～7 深裂稀为 3 裂，长宽 7～10cm，基部心脏形，表面粗糙，疏生糙伏毛，背面有柔毛和黄色腺体，裂片卵状三角形，边缘具锯齿；叶柄长 5～10cm。雄花小，黄绿色，圆锥花序，长约

15 ～ 25cm；雌花序球果状，径约 5mm，苞片纸质，三角形，顶端渐尖，具白色绒毛；子房为苞片包围，柱头 2，伸出苞片外。瘦果成熟时露出苞片外。花期春夏，果期秋季（图 6-9）。

图 6-9　葎　草

五、豆　科（Leguminosae）

生活型：乔木、灌木。叶：互生，稀对生，常为羽状或掌状复叶（含羽状或掌状 3 小叶），稀单叶或退化为鳞片状；托叶常存在，有时变为刺；小托叶存在或无。花：两性，单生或组成总状或圆锥状花序，稀为头状总状花序和穗状花序，腋生、顶生或与叶对生；苞片和小苞片小，稀大；花萼钟形或筒形，萼齿或裂片 5，最下方 1 齿通常较长，芽时作上升覆瓦状排列或镊合状排列，有时因上方 2 齿较下方 3 齿在合生程度上较多而稍呈二唇形，当下方全部合生成 1 齿时则呈佛焰苞状；花瓣 5，不等大，两侧对称，作下降覆瓦状排列构成蝶形花冠，瓣柄分离或部分连合，上面 1 枚为旗瓣在花蕾中位于外侧，2 翼瓣位于两侧，对称，2 龙骨瓣位于最内侧，其瓣片前缘常连合，有时先端呈喙状至旋曲，并包裹着雄蕊及雌蕊，在个别属中翼瓣和龙。果：荚果沿腹线或背腹线开裂或不裂，有时具翅，或具横向关节而断裂成节荚，稀呈核果状；种子 1 至多数，通常具革质种皮，无胚乳或具很薄的内胚乳，种脐常较显著，圆形或伸长或线形，中央有 1 条脐沟，种阜或假种皮有时甚发达；胚轴延长并弯曲，胚根内贴或折叠于子叶下缘之间；子叶 2 枚，卵状椭圆形，基部不呈心形。

（一）白车轴草（*Trifolium repens*）

别名荷兰翘摇、白三叶、三叶草。

【特征】短期多年生草本，生长期达 5 年，高 10 ～ 30cm。主根短，侧根和须根发达。茎匍匐蔓生，上部稍上升，节上生根，全株无毛。掌状三出复叶（图 6-10）；托叶卵状披针形，膜质，基部抱茎成鞘状，离生

图 6-10　白车轴草

部分锐尖；叶柄较长，长 10 ～ 30cm；小叶倒卵形至近圆形，长 8 ～ 20（30）mm，宽 8 ～ 16（25）mm，先端凹头至钝圆，基部楔形渐窄至小叶柄，中脉在下面隆起，侧脉约 13 对，与中脉作 50° 展开，两面均隆起，近叶边分叉并伸达锯齿齿尖；小叶柄长 1.5mm，微被柔毛。花序球形，顶生，直径 15 ～ 40mm；总花梗甚长，比叶柄长近 1 倍，具花 20 ～ 50（80）朵，密集；无总苞；苞片披针形，膜质，锥尖；花长 7 ～ 12mm；花梗比花萼稍长或等长，开花立即下垂；萼钟形，具脉纹 10 条，萼齿 5，披针形，稍不等长，短于萼筒，萼喉开张，无毛；花冠白色、乳黄色或淡红色，具香气。旗瓣椭圆形，比翼瓣和龙骨瓣长近 1 倍，龙骨瓣比翼瓣稍短；子房线状长圆形，花柱比子房略长，胚珠 3 ～ 4 粒。荚果长圆形；种子通常 3 粒。种子阔卵形。花果期 5 ～ 10 月。

（二）决　明（*Senna tora*）

别名马蹄决明、假绿豆、假花生、草决明。

【特征】直立、粗壮、一年生亚灌木状草本，高 1 ～ 2m。叶长 4 ～ 8cm；叶柄上无腺体；叶轴上每对小叶间有棒状的腺体 1 枚；小叶 3 对，膜质，倒卵形或倒卵状长椭圆形，长 2 ～ 6cm，宽 1.5 ～ 2.5cm，顶端圆钝而有小尖头，基部渐狭，偏斜，上面被稀疏柔毛，下面被柔毛；小叶柄长 1.5 ～ 2mm；托叶线状，被柔毛，早落。花腋生，通常 2 朵聚生；总花梗长 6 ～ 10mm；花梗长 1 ～ 1.5cm，丝状；

图 6-11　决　明

萼片稍不等大，卵形或卵状长圆形，膜质，外面被柔毛，长约 8mm；花瓣黄色，下面二片略长，长 12 ～ 15mm，宽 5 ～ 7mm；能育雄蕊 7 枚，花药四方形，顶孔开裂，长约 4mm，花丝短于花药；子房无柄，被白色柔毛。荚果纤细，近四棱形，两端渐尖，长达 15cm，宽 3 ～ 4mm，膜质；种子约 25 颗，菱形，光亮。花果期 8 ～ 11 月（图 6-11）。

（三）救荒野豌豆（*Vicia sativa*）

别名苕子、野毛豆、山扁豆、箭舌野豌豆、野菉豆、野豌豆、大巢菜。

【特征】一年生或二年生草本，高 15 ～ 90（105）cm。茎斜升或攀缘，单一或多分枝，具棱，被微柔毛。偶数羽状复叶长 2 ～ 10cm，叶轴顶端卷须有 2 ～ 3 分支；托叶戟形，通常 2 ～ 4 裂齿，长 0.3 ～ 0.4cm，宽 0.15 ～ 0.35cm；小叶 2 ～ 7 对，长椭圆形或近心形，长 0.9 ～ 2.5cm，宽 0.3 ～ 1cm，先端圆或平截有凹，具短尖头，基部楔形，侧脉不甚明显，两面被贴伏黄柔毛。花 1 ～ 2（4）腋生，近无梗；萼钟形，外面被柔毛，萼齿披针形或锥形；

花冠紫红色或红色，旗瓣长倒卵圆形，先端圆，微凹，中部缢缩，翼瓣短于旗瓣，长于龙骨瓣；子房线形，微被柔毛，胚珠 4 ～ 8，子房具柄短，花柱上部被淡黄白色髯毛。荚果线长圆形，长 4 ～ 6cm，宽 0.5 ～ 0.8cm，表皮土黄色种间缢缩，有毛，成熟时背腹开裂，果瓣扭曲。种子 4 ～ 8，圆球形，棕色或黑褐色，种脐长相当于种子圆周 1/5。花期 4 ～ 7 月，果期 7 ～ 9 月（图 6-12）。

图 6-12　救荒野豌豆

六、禾本科（Poaceae）

生活型：一年生、二年生或多年生草本或木本。根：大多数为须根。茎：地上茎（秆）中空，很少实心；无棱；有节。叶：茎生叶呈二行排列；叶鞘开裂。花：颖花。果：颖果、浆果或坚果。

（一）狗尾草（*Setaria viridis*）

别名莠、谷莠子。

一年生。根为须状，高大植株具支持根。秆直立或基部膝曲，高 10 ～ 100cm，基部径达 3 ～ 7mm。叶鞘松弛，无毛或疏被柔毛或疣毛，边缘具较长的密绵毛状纤毛；叶舌极短，缘有长 1 ～ 2mm 的纤毛；叶片扁平，长三角状狭披针形或线状披针形，先端长渐尖或渐尖，基部钝圆形，几呈截状或渐窄，长 4 ～ 30cm，宽 2 ～ 18mm，通常无毛或疏被疣毛，边缘粗糙。圆锥花序紧密呈圆柱状或基部稍疏离，直立或稍弯垂，主轴被较长柔毛，长 2 ～ 15cm，宽 4 ～ 13mm（除刚毛外），刚毛长 4 ～ 12mm，粗糙或微粗糙，直或稍扭曲，通常绿色或褐黄到紫红或紫色；小穗 2 ～ 5 个簇生于主轴上或更多的小穗着生在短小枝上，椭圆形，先端钝，长 2 ～ 2.5mm，铅绿色（图 6-13）。

图 6-13　狗尾草

（二）狗牙根（*Cynodon dactylon*）

别名咸沙草、爬根草、绊根草。

【特征】低矮草本，具根茎。秆细而坚韧，下部匍匐地面蔓延甚长，节上常生不定根，直立部分高 10～30cm，直径 1～1.5mm，秆壁厚，光滑无毛，有时略两侧压扁。叶鞘微具脊，无毛或有疏柔毛，鞘口常具柔毛；叶舌仅为一轮纤毛；叶片线形，长 1～12cm，宽 1～3mm，通常两面无毛。穗状花序（2）3～5（6）枚，长 2～5（6）cm；小穗灰绿色或带紫色，长 2～2.5mm，仅含 1 小花；颖长 1.5～2mm，第二颖稍长，均具 1 脉，背部成脊而边缘膜质；外稃舟形，具 3 脉，背部明显成脊，脊上被柔毛；内稃与外稃近等长，具 2 脉。鳞被上缘近截平；花药淡紫色；子房无毛，柱头紫红色。颖果长圆柱形。花果期 5～10 月（图 6-14）。

图 6-14 狗牙根

（三）光头稗（*Echinochloa colona*）

别名芒稷、穆草、扒草。

【特征】一年生草本。秆较细弱；叶鞘压扁。叶线形。圆锥花序狭窄，分枝为总状花序，长不超过 2cm，排列于主轴一侧，在一个平面上，小穗规则地成四行排列于分枝轴一侧。小穗无芒（图 6-15）。

（四）画眉草（*Eragrostis pilosa*）

别名蚊子草、星星草。

【特征】一年生。秆丛生，直立或基部膝

图 6-15 光头稗

曲，高 15～60cm，径 1.5～2.5mm，通常具 4 节，光滑。叶鞘松裹茎，长于或短于节间，扁压，鞘缘近膜质，鞘口有长柔毛；叶舌为一圈纤毛，长约 0.5mm；叶片线形扁平或卷缩，长 6～20cm，宽 2～3mm，无毛。圆锥花序开展或紧缩，长 10～25cm，宽 2～10cm，分枝单生，簇生或轮生，多直立向上，腋间有长柔毛，小穗具柄，长 3～10mm，宽 1～1.5mm，含 4～14 小花；颖为膜质，披针形，先端渐尖。第一颖长约 1mm，无脉；第二颖长约 1.5mm，具 1 脉；第一外稃长约 1.8mm，广卵形，先端尖，具 3 脉；内稃长约 1.5mm，稍作弓形弯曲，脊上有纤毛，迟落或宿存；雄蕊 3 枚，花药长约 0.3mm。颖果长圆形，长约 0.8mm。花果期 8～11 月（图 6-16）。

（五）马 唐（*Digitaria sanguinalis*）

别名蹲倒驴。

【特征】一年生。秆直立或下部倾斜，膝曲上升，高 10～80cm，直径 2～3mm，无毛或节生柔毛。叶鞘短于节间，无毛或散生疣基柔毛；叶舌长 1～3mm；叶片线状披针形，长 5～15cm，宽 4～12mm，基部圆形，边缘较厚，微粗糙，具柔毛或无毛。总状花序长 5～18cm，4～12 枚成指状着生于长 1～2cm 的主轴上；穗轴直伸或开展，两侧具宽翼，边缘粗糙；小穗椭圆状披针形，长 3～3.5mm；第一颖小，短三角形，无脉；第二颖具 3 脉，披针形，长为小穗的 1/2 左右，脉间及边缘大多具柔毛；第一外稃等长于小穗，具 7 脉，中脉平滑，两侧的脉间距离较宽，无毛，边脉上具小刺状粗糙，脉间及边缘生柔毛；第二外稃近革质，灰绿色，顶端渐尖，等长于第一外稃；花药长约 1mm。花果期 6～9 月（图 6-17）。

（六）牛筋草（*Eleusine indica*）

别名蟋蟀草。

【特征】一年生草本。根系极发达。秆

图 6-16　画眉草

图 6-17　马　唐

丛生，基部倾斜，高 10～90cm。叶鞘两侧压扁而具脊，松弛，无毛或疏生疣毛；叶舌长约 1mm；叶片平展，线形，长 10～15cm，宽 3～5mm，无毛或上面被疣基柔毛。穗状花序 2～7 个指状着生于秆顶，很少单生，长 3～10cm，宽 3～5mm；小穗长 4～7mm，宽

2～3mm，含 3～6 小花；颖披针形，具脊，脊粗糙；第一颖长 1.5～2mm；第二颖长 2～3mm；第一外稃长 3～4mm，卵形，膜质，具脊，脊上有狭翼，内稃短于外稃，具 2 脊，脊上具狭翼。囊果卵形，长约 1.5mm，基部下凹，具明显的波状皱纹。鳞被 2，折叠，具 5 脉。花果期 6～10 月（图 6-18）。

（七）双穗雀稗（*Paspalum distichum*）

别名红绊根草。

【特征】多年生。匍匐茎横走、粗壮，长达 1m，向上直立部分高 20～40cm，节生柔毛。叶鞘短于节间，背部具脊，边缘或上部被柔毛；叶舌长 2～3mm，无毛；叶片披针形，长 5～15cm，宽 3～7mm，无毛。总状花序 2 枚对连，长 2～6cm；穗轴宽 1.5～2mm；小穗倒卵状长圆形，长约 3mm，顶端尖，疏生微柔毛；第一颖退化或微小；第二颖贴生柔毛，具明显的中脉；第一外稃具 3～5 脉，通常无毛，顶端尖；第二外稃草质，等长于小穗，黄绿色，顶端尖，被毛。花果期 5～9 月（图 6-19）。

（八）早熟禾（*Poa annua*）

别名小鸡草。

【特征】一年生或冬性禾草。秆直立或倾斜，质软，高 6～30cm，全体平滑无毛。叶鞘稍压扁，中部以下闭合；叶舌长 1～3（5）mm，圆头；叶片扁平或对折，长 2～12cm，宽 1～4mm，质地柔软，常有横脉纹，顶端急尖呈船形，边缘微粗糙。圆锥花序宽卵形，长 3～7cm，开展；分枝 1～3 枚着生各节，平滑；小穗卵形，含 3～5 小花，长 3～6mm，绿色；颖质薄，具宽膜质边缘，顶

图 6-18　牛筋草

图 6-19　双穗雀稗

端钝，第一颖披针形，长 1.5～2（3）mm，具 1 脉，第二颖长 2～3（4）mm，具 3 脉；外稃卵圆形，顶端与边缘宽膜质，具明显的 5 脉，脊与边脉下部具柔毛，间脉近基部有柔毛，基盘无绵毛，第一外稃长 3～4mm；内稃与外稃近等长，两脊密生丝状毛；花药黄色，长 0.6～0.8mm。颖果纺锤形，长约 2mm。花期 4～5 月，果期 6～7 月（图 6-20）。

图 6-20　早熟禾

（九）止血马唐（*Digitaria ischaemum*）

【特征】一年生。秆直立或基部倾斜，高 15～40cm，下部常有毛。叶鞘具脊，无毛或疏生柔毛；叶舌长约 0.6mm；叶片扁平，线状披针形，长 5～12cm，宽 4～8mm，顶端渐尖，基部近圆形，多少生长柔毛。总状花序长 2～9cm，具白色中肋，两侧翼缘粗糙；小穗长 2～2.2mm，宽约 1mm，2～3 枚着生于各节；第一颖不存在；第二颖具 3～5 脉，等长或稍短于小穗；第一外稃具 5～7 脉，与小穗等长，脉间及边缘具细柱状棒毛与柔毛。第二外稃成熟后紫褐色，长约 2mm。有光泽。花果期 6～11 月（图 6-21）。

（十）竹叶草（*Oplismenus compositus*）

别名多穗缩箬。

【特征】秆较纤细，基部平卧地面，节着地生根，上升部分高 20～80cm。叶鞘短于或上部者长于节间，近无毛或疏生毛；叶片披针形至卵状披针形，基部多少包茎而不对称，长 3～8cm，宽 5～20mm，近无

图 6-21　止血马唐

毛或边缘疏生纤毛，具横脉。圆锥花序长 5～15cm，主轴无毛或疏生毛；分枝互生而疏离，长 2～6cm；小穗孪生（有时其中 1 个小穗退化）稀上部者单生，长约 3mm；颖草质，近等长，长为小穗的 1/2～2/3，边缘常被纤毛，第一颖先端芒长 0.7～2cm；第二颖顶端的芒长 1～2mm；第一小花中性，外稃革质，与小穗等长，先端具芒尖，具 7～9 脉，内稃膜质，

狭小或缺；第二外稃革质，平滑，光亮，长约 2.5mm，边缘内卷，包着同质的内稃；鳞片 2，薄膜质，折叠；花柱基部分离（图 6-22）。

图 6-22　竹叶草

图 6-23　两耳草

（十一）两耳草（*Paspalum conjugatum*）

【特征】多年生。植株具长达 1m 的匍匐茎，秆直立部分高 30 ～ 60cm。叶鞘具脊，无毛或上部边缘及鞘口具柔毛；叶舌极短，与叶片交接处具长约 1mm 的一圈纤毛；叶片披针状线形，长 5 ～ 20cm，宽 5 ～ 10mm，质薄，无毛或边缘具疣柔毛。总状花序 2 枚，纤细，长 6 ～ 12cm，开展；穗轴宽约 0.8mm，边缘有锯齿；小穗柄长约 0.5mm；小穗卵形，长 1.5 ～ 1.8mm，宽约 1.2mm，顶端稍尖，复瓦状排列成两行；第二颖与第一外稃质地较薄，无脉，第二颖边缘具长丝状柔毛，毛长与小穗近等。第二外稃变硬，背面略隆起，卵形，包卷同质的内稃。颖果长约 1.2mm，胚长为颖果的 1/3。花果期 5 ～ 9 月（图 6-23）。

（十二）千金子（*Leptochloa chinensis*）

【特征】一年生。秆直立，基部膝曲或倾斜，高 30 ～ 90cm，平滑无毛。叶鞘无毛，大多短于节间；叶舌膜质，长 1 ～ 2mm，常撕裂具小纤毛；叶片扁平或多少卷折，先端渐尖，两面微粗糙或下面平滑，长 5 ～ 25cm，宽 2 ～ 6mm。圆锥花序长 10 ～ 30cm，分枝及主轴均微粗糙；小穗多带紫色，长 2 ～ 4mm，含 3 ～ 7 小花；颖具 1 脉，脊上粗糙，第一颖较短而狭窄，长 1 ～ 1.5mm，第二颖长 1.2 ～ 1.8mm；外稃顶端钝，无毛或下部被微毛，第一外稃长约 1.5mm；花药长约 0.5mm。颖果长圆球形，长约 1mm。花果期 8～11月（图 6-24）。

七、胡椒科（Piperaceae）

生活型：草本、灌木或攀缘藤本，稀为乔木，常有香气。叶：互生，少有对生或轮生，单叶，两侧常不对称，具掌状脉或羽状脉；托叶多少贴生于叶柄上或否，或无托叶。花：小，两性、单性雌雄异株或间有杂性，密集成穗状花序或由穗状花序再排成伞形花序，极稀有成总状花序排列，花序与叶对生或腋生，少有顶生；苞片小，通常盾状或杯状，少有勺状；花被无；雄蕊 1～10 枚，花丝通常离生，花药 2 室，分离或汇合，纵裂；雌蕊由 2～5 心皮所组成，连合，子房上位，1 室，有直生胚珠 1 颗，柱头 1～5，无或有极短的花柱。果：浆果，小，具肉质、薄或干燥的果皮；种子具少量的内胚乳和丰富的外胚乳。

图 6-24　千金子

（一）草胡椒（*Peperomia pellucida*）

【特征】一年生、肉质草本，高 20～40cm；茎直立或基部有时平卧，分枝，无毛，下部节上常生不定根。叶互生，膜质，半透明，阔卵形或卵状三角形，长和宽近相等，约 1～3.5cm，顶端短尖或钝，基部心形，两面均无毛；叶脉 5～7 条，基出，网状脉不明显；叶柄长 1～2cm。穗状花序顶生和与叶对生，细弱，长 2～6cm，其与花序轴均无毛；花疏生；苞片近圆形，直径约 0.5mm，中央有细短柄，盾状；花药近圆形，有短花丝；子房椭圆形，柱头顶生，被短柔毛。浆果球形，顶端尖，直径约 0.5mm。花期 4～7月（图 6-25）。

图 6-25　草胡椒

八、葫芦科（Cucurbitaceae）

生活型：一年生或多年生草质或木质藤本，极稀为灌木或乔木状；一年生植物的根为须根，多年生植物常为球状或圆柱状块根；茎通常具纵沟纹，匍匐或借助卷须攀缘。具卷须或极稀无卷须，卷须侧生叶柄基部，单1，或2至多歧，大多数在分歧点之上旋卷，少数在分歧点上下同时旋卷，稀伸直、仅顶端钩状。**叶**：互生，通常为2/5叶序，无托叶，具叶柄；叶片不分裂，或掌状浅裂至深裂，稀为鸟足状复叶，边缘具锯齿或稀全缘，具掌状脉。**花**：单性（罕两性），雌雄同株或异株，单生、簇生或集成总状花序、圆锥花序或近伞形花序。**雄花**：花萼辐状、钟状或管状，5裂，裂片覆瓦状排列或开放式；花冠插生于花萼筒的檐部，基部合生成筒状或钟状，或完全分离，5裂，裂片在芽中覆瓦状排列或内卷式镊合状排列，全缘或边缘成流苏状；雄蕊5或3，插生在花萼筒基部、近中部或檐部，花丝分离或合生成柱状，花药分离或靠合，药室在5枚雄蕊中，全部1室，在具3枚雄蕊中，通常为1枚1室，2枚2，室或稀全部2室，药室通直、弓曲或S形折曲至多回折曲，药隔伸出或不伸出，纵向开裂，花粉粒圆形或椭圆形；退化雌蕊有或无。**雌花**：花萼与花冠同雄花；退化雄蕊有或无；子房下位或稀半下位，通常由3心皮合生而成，极稀具4～5心皮，3室或1（2）室，有时为假4～5室，侧膜胎座，胚珠通常多数，在胎座上常排列成2列，水平生、下垂或上升呈倒生胚珠，有时仅具几个胚珠、极稀具1枚胚珠；花柱单1或在顶端3裂、稀完全分离，柱头膨大，2裂或流苏状。**果**：果实大型至小型，常为肉质浆果状或果皮木质，不开裂或在成熟后盖裂或3瓣纵裂，1室或3室。种子常多数，稀少数至1枚，扁压状，水平生或下垂生，种皮骨质、硬革质或膜质，有各种纹饰，边缘全缘或有齿；无胚乳；胚直，具短胚根，子叶大、扁平，常含丰富的油脂。

（一）马㼎儿（*Zehneria japonica*）

别名老鼠拉冬瓜、马交儿。

【特征】攀缘或平卧草本；茎、枝纤细，疏散，有棱沟，无毛。叶柄细，长2.5～3.5cm，初时有长柔毛，最后变无毛；叶片膜质，多型，三角状卵形、卵状心形或戟形、不分裂或3～5浅裂，长3～5cm，宽2～4cm，若分裂时中间的裂片较长，三角形或披针状长圆形；侧裂片较小，三角形或披针状三角形，上面深绿色，粗糙，脉上有极短的柔毛，背面淡绿色，无毛；顶端急尖或稀短渐尖，基部弯缺半圆形，边缘微波状或有疏齿，脉掌状。雌雄同株（图6-26）。雄花：单生

图6-26　马㼎儿

或稀 2～3 朵生于短的总状花序上；花序梗纤细，极短，无毛；花梗丝状，长 3～5mm，无毛；花萼宽钟形，基部急尖或稍钝，长 1.5mm；花冠淡黄色，有极短的柔毛，裂片长圆形或卵状长圆形，长 2～2.5mm，宽 1～1.5mm；雄蕊 3，2 枚 2 室，1 枚 1 室，有时全部 2 室，生于花萼筒基部，花丝短，长 0.5mm，花药卵状长圆形或长圆形，有毛，长 1mm，药室稍弓曲，有毛，药隔宽，稍伸出。雌花：在与雄花同一叶腋内单生或稀双生；花梗丝状，无毛，长 1～2cm，花冠阔钟形，径 2.5mm，裂片披针形，先端稍钝，长 2.5～3mm，宽 1～1.5mm；子房狭卵形，有疣状凸起，长 3.5～4mm，径 1～2mm，花柱短，长 1.5mm，柱头 3 裂，退化雄蕊腺体状。果梗纤细，无毛，长 2～3cm；果实长圆形或狭卵形，两端钝，外面无毛，长 1～1.5cm，宽 0.5～0.8（1）cm，成熟后橘红色或红色。种子灰白色，卵形，基部稍变狭，边缘不明显，长 3～5mm，宽 3～4mm。花期 4～7 月，果期 7～10 月。

（二）栝 楼（*Trichosanthes kirilowii*）

别名药瓜、瓜楼、瓜蒌。

【特征】攀缘藤本，长达 10m；块根圆柱状，粗大肥厚，富含淀粉，淡黄褐色。茎较粗，多分枝，具纵棱及槽，被白色伸展柔毛。叶片纸质，轮廓近圆形，长、宽均 5～20cm，常 3～5（7）浅裂至中裂，稀深裂或不分裂而仅有不等大的粗齿，裂片菱状倒卵形、长圆形，先端钝，急尖，边缘常再浅裂，叶基心形，弯缺深 2～4cm，上表面深绿色，粗糙，背面淡绿色，两面沿脉被长柔毛状硬毛，基出掌状脉 5 条，细脉网状；叶柄长 3～10cm，具纵条纹，被长柔毛。卷须 3～7 歧，被柔毛。花雌雄异株。雄总状花序单生，或与一单花并生，或在枝条上部者单生，总状花序长 10～20cm，粗壮，具纵棱与槽，被微柔毛，顶端有 5～8 花，单花花梗长约 15cm，花梗长约 3mm，小苞片倒卵形或阔卵形，长 1.5～2.5（3）cm，宽 1～2cm，中上部具粗齿，基部具柄，被短柔毛；花萼筒状，长 2～4cm，顶端扩大，径约 10mm，中、下部径约 5mm，被短柔毛，裂片披针形，长 10～15mm，宽 3～5mm，全缘；花冠白色，裂片倒卵形，长 20mm，宽 18mm，顶端中央具 1 绿色尖头，两侧具丝状流苏，被柔毛；花药靠合，长约 6mm，径约 4mm，花丝分离，粗壮，被长柔毛。雌花单生，花梗长 7.5cm，被短柔毛；花萼筒圆筒形，长 2.5cm，径 1.2cm，裂片和花冠同雄花；子房椭圆形，绿色，长 2cm，径 1cm，花柱长 2cm，柱头 3（图 6-27）。果梗粗壮，

图 6-27　栝　楼

长 4 ～ 11cm；果实椭圆形或圆形，长 7 ～ 10.5cm，成熟时黄褐色或橙黄色；种子卵状椭圆形，压扁，长 11 ～ 16mm，宽 7 ～ 12mm，淡黄褐色，近边缘处具棱线。花期 5 ～ 8 月，果期 8 ～ 10 月。

九、堇菜科（Violaceae）

生活型：多年生草本、半灌木或小灌木，稀为一年生草本、攀缘灌木或小乔木。叶：单叶，通常互生，少数对生，全缘、有锯齿或分裂，有叶柄；托叶小或叶状。花：两性或单性，少有杂性，辐射对称或两侧对称，单生或组成腋生或顶生的穗状、总状或圆锥状花序，有 2 枚小苞片，有时有闭花受精花；萼片下位，5，同形或异形，覆瓦状，宿存；花瓣下位，5，覆瓦状或旋转状，异形，下面 1 枚通常较大，基部囊状或有距；雄蕊 5，通常下位，花药直立，分离、或围；绕子房成环状靠合，药隔延伸于药室顶端成膜质附属物，花丝很短或无，下方两枚雄蕊基部有距状蜜腺；子房上位，完全被雄蕊覆盖，1 室，由 3 ～ 5 心皮联合构成，具 3 ～ 5 侧膜胎，座，花柱单一稀分裂，柱头形状多变化，胚珠 1 至多数，倒生。果：沿室背弹裂的蒴果或为浆果状；种子无柄或具极短的种柄，种皮坚硬，有光泽，常有油质体，有时具翅，胚乳丰富，肉质，胚直立。

（一）白花堇菜（*Viola lactiflora*）

别名宽叶白花堇菜。

【特征】多年生草本，无地上茎，高 10 ～ 18cm。根状茎稍粗，垂直或斜生，上部具短而密的节，散生数条淡褐色长根。叶多数，均基生；叶片长三角形或长圆形，下部者长 2 ～ 3cm，宽 1.5 ～ 2.5cm，上部者长 4 ～ 5cm，宽 1.5 ～ 2.5cm，先端钝，基部明显浅心形或截形，有时稍呈戟形，边缘具钝圆齿，两面无毛，下面叶脉明显隆起；叶柄长 1 ～ 6cm，无翅，下部者较短，上部者较长；托叶明显，淡绿色或略呈褐色，近膜质，中部以上与叶柄合生，合生部分宽约 4mm，离生部分线状披针形，边缘疏生细齿或全缘。花白色，中等大，长 1.5 ～ 1.9cm（图 6-28）；花梗不超出或稍超出于叶，在中部或中部以上有 2 枚线形小苞片；萼片披针形或宽披针

图 6-28 白花堇菜

形，长 5～7mm，先端渐尖，基部附属物短而明显，末端截形，具钝齿或全缘，边缘狭膜质，具 3 脉；花瓣倒卵形，侧方花瓣里面有明显的须毛，下方花瓣较宽，先端无微缺，末端具明显的筒状距；距长 4～5mm，粗约 3mm，末端圆；花药长约 2mm，与药隔顶端附属物近等长，下方 2 枚雄蕊背部的距呈短角状，长约 2.5mm，末端渐细；子房无毛，花柱棍棒状，基部细，稍向前膝曲，向上渐增粗，柱头两侧及后方稍增厚成狭的缘边，前方具短喙，喙端有较细的柱头孔。蒴果椭圆形，长 6～9mm，无毛，先端常有宿存的花柱。种子卵球形，长约 1.5mm，呈淡褐色。

（二）心叶堇菜（*Viola yunnanfuensis*）

【特征】多年生草本，无地上茎和匍匐枝。根状茎粗短，节密生，粗 4～5mm；支根多条，较粗壮而伸长，褐色。叶多数，基生；叶片卵形、宽卵形或三角状卵形，稀肾状，长 3～8cm，宽 3～8cm，先端尖或稍钝，基部深心形或宽心形，边缘具多数圆钝齿，两面无毛或疏生短毛；叶柄在花期通常与叶片近等长，在果期远较叶片为长，最上部具极狭的翅，通常无毛（图 6-29）；托叶短，下部与叶柄合生，长约 1cm，离生部分开展。花淡紫色；花梗不高出于叶片，被短毛或无毛，近中部有 2 枚线状披针形小苞片；

图 6-29　心叶堇菜

萼片宽披针形，长 5～7mm，宽约 2mm，先端渐尖，基部附属物长约 2mm，末端钝或平截；上方花瓣与侧方花瓣倒卵形，长 1.2～1.4cm，宽 5～6mm，侧方花瓣里面无毛，下方花瓣长倒心形，顶端微缺，连距长约 1.5cm，距圆筒状，长 4～5mm，粗约 2mm；下方雄蕊的距细长，长约 3mm；子房圆锥状，无毛，花柱棍棒状，基部稍膝曲，上部变粗，柱头顶部平坦，两侧及背方具明显缘边，前端具短喙，柱头孔较粗。蒴果椭圆形，长约 1cm。

（三）七星莲（*Viola diffusa*）

别名蔓茎堇菜、须毛蔓茎堇菜、光蔓茎堇菜、短须毛七星莲。

【特征】一年生草本，全体被糙毛或白色柔毛，或近无毛，花期生出地上匍匐枝。匍匐枝先端具莲座状叶丛，通常生不定根。根状茎短，具多条白色细根及纤维状根。基生叶多数，丛生呈莲座状，或于匍匐枝上互生（图 6-30）；叶片卵形或卵状长圆形，长 1.5～3.5cm，宽 1～2cm，先端钝或稍尖，基部宽楔形或截形，稀浅心形，明显下延于叶柄，边缘具钝齿及缘毛，幼叶两面密被白色柔毛，后渐变稀疏，但叶脉上及两侧边缘仍被较密的毛；叶柄长 2～4.5cm，具明显的翅，通常有毛；托叶基部与叶柄合生，2/3 离生，线状披针形，长 4～12mm，先端渐尖，边缘具稀疏的细齿或疏生流苏状齿。花较小，淡紫色或浅黄色，具长梗，生于基生叶或匍匐枝叶丛的叶腋间；花梗纤细，长 1.5～8.5cm，无毛或被疏柔毛，中部有 1 对线形苞片；萼片披针形，长 4～5.5mm，先端尖，基部附属物短，末端圆或具稀疏细齿，边缘疏生睫毛；侧方花瓣倒卵形或长圆状倒卵形，长 6～8mm，无须毛，下方花瓣连距长约 6mm，较其他花瓣显著短；距极短，长仅 1.5mm，稍露出萼片附属物之外；下方 2 枚雄蕊背部的距短而宽，呈三角形；子房无毛，花柱棍棒状，基部稍膝曲，上部渐增粗，柱头两侧及后方具肥厚的缘边，中央部分稍隆起，前方具短喙。

图 6-30 七星莲

蒴果长圆形，直径约 3mm，长约 1cm，无毛，顶端常具宿存的花柱。花期 3～5 月，果期 5～8 月。

十、菊 科（Asteraceae）

生活型：草本、亚灌木或灌木，稀为乔木。有时有乳汁管或树脂道。**叶**：通常互生，稀对生或轮生，全缘或具齿或分裂，无托叶，或有时叶柄基部扩大成托叶状。**花**：两性或单性，极少有单性异株，整齐或左右对称，五基数，少数或多数密集成头状花序或为短穗状花序，为 1 层或多层总苞片组成的总苞所围绕；头状花序单生或数个至多数排列成总状、聚伞状、伞房状或圆锥状；花序托平或凸起，具窝孔或无窝孔，无毛或有毛；具托片或无托片；萼片不发育，通常形成鳞片状、刚毛状或毛状的冠毛；花冠常辐射对称，管状，或左右对称，两唇形，或舌状，头状花序盘状或辐射状，有同形的小花，全部为管状花或舌状花，或有异形小花，即外围为雌花，舌状，中央为两性的管状花；雄蕊 4～5 个，着生于花冠管上，花药内向，合生成筒状，基部钝，锐尖，戟形或具尾；花柱上端两裂，花柱分枝上端有附器或无附器；子房下位，合生心皮 2 枚，1 室，具 1 个直立的胚珠。**果**：为不开裂的瘦果；种子无胚乳，具 2 个，稀 1 个子叶。

（一）拟鼠麴草（*Pseudognaphalium affine*）

别名田艾、清明菜、鼠曲草、鼠麴草。

【特征】一年生草本。茎直立或基部发出的枝下部斜升，高 10 ～ 40cm 或更高，基部径约 3mm，上部不分枝（图 6-31），有沟纹，被白色厚棉毛，节间长 8 ～ 20mm，上部节间罕有达 5cm。叶无柄，匙状倒披针形或倒卵状匙形，长 5 ～ 7cm，宽 11 ～ 14mm，上部叶长 15 ～ 20mm，宽 2 ～ 5mm，基部渐狭，稍下延，顶端圆，具刺尖头，两面被白色棉毛，上面常较薄，叶脉 1 条，在下面不明显。头状花序较多或较少数，径 2 ～ 3mm，近无柄，在枝顶密集成伞房花序，花黄色至淡黄色；总苞钟形，径 2 ～ 3mm；总苞片 2 ～ 3层，金黄色或柠檬黄色，膜质，有光泽，外层倒卵形或匙状倒卵形，背面基部被棉毛，顶端圆，基部渐狭，长约 2mm，内层长匙形，背面通常无毛，顶端钝，长 2.5 ～ 3mm；花托中央稍凹入，无毛。雌花多数，花冠细管状，长约 2mm，花冠顶端扩大，3 齿裂，裂片无毛。两性花较少，管状，长约 3mm，向上渐扩大，檐部 5 浅裂，裂片三角状渐尖，无毛。瘦果倒卵形或倒卵状圆柱形，长约 0.5mm，有乳头状突起。冠毛粗糙，污白色，易脱落，长约 1.5mm，基部联合成 2 束。花期 1 ～ 4 月，8 ～ 11 月。

图 6-31　拟鼠麴草

（二）马　兰（*Aster indicus*）

别名蓑衣莲、鱼鳅串、路边菊、田边菊、鸡儿肠、马兰头、狭叶马兰、多型马兰。

【特征】根状茎有匍枝，有时具直根。茎直立，高 30 ～ 70cm，上部有短毛，上部或从下部起有分枝。基部叶在花期枯萎；茎部

图 6-32　马　兰

叶倒披针形或倒卵状矩圆形，长 3 ～ 6cm 稀达 10cm，宽 0.8 ～ 2cm 稀达 5cm，顶端钝或尖，基部渐狭成具翅的长柄，边缘从中部以上具有小尖头的钝或尖齿或有羽状裂片，上部叶小，全缘，基部急狭无柄，全部叶稍薄质，两面或上面有疏微毛或近无毛，边缘及下面沿脉有短粗毛，中脉在下面凸起。头状花序单生于枝端并排列成疏伞房状。总苞半球形，径 6 ～ 9mm，长 4 ～ 5mm；总苞片 2 ～ 3 层，覆瓦状排列；外层倒披针形，长 2mm，内层倒披针状矩圆形，长达 4mm，顶端钝或稍尖，上部草质，有疏短毛，边缘膜质，有缘毛。花托圆锥形。舌状花 1 层，15 ～ 20 个，管部长 1.5 ～ 1.7mm；舌片浅紫色，长达 10mm，宽 1.5 ～ 2mm；管状花长 3.5mm，管部长 1.5mm，被短密毛。瘦果倒卵状矩圆形，极扁，长 1.5 ～ 2mm，宽 1mm，褐色，边缘浅色而有厚肋，上部被腺及短柔毛。冠毛长 0.1 ～ 0.8mm，弱而易脱落，不等长。花期 5 ～ 9 月，果期 8 ～ 10 月（图 6-32）。

（三）香丝草（*Erigeron bonariensis*）

别名蓑衣草、野地黄菊、野塘蒿。

【特征】一年生或二年生草本，根纺锤状，常斜升，具纤维状根。茎直立或斜升，高 20 ～ 50cm，稀更高，中部以上常分枝，常有斜上不育的侧枝，密被贴短毛，杂有开展的疏长毛。叶密集，基部叶花期常枯萎，下部叶倒披针形或长圆状披针形，长 3 ～ 5cm，宽 0.3 ～ 1cm，顶端尖或稍钝，基部渐狭成长柄，通常具粗齿或羽状浅裂，中部和上部叶具短柄或无柄，狭披针形或线形，长 3 ～ 7cm，宽 0.3 ～ 0.5cm，中部叶具齿，上部叶全缘，两面均密被贴糙毛。头状花序多数，径约 8 ～ 10mm，在茎端排列成总状或总状圆锥花序，花序梗长 10 ～ 15mm；总苞椭圆状卵形，长约 5mm，宽约 8mm，总苞片 2 ～ 3 层，线形，顶端尖，背面密被灰白色短糙毛，外层稍短或短于内层之半，内层长约 4mm，宽 0.7mm，具干膜质边缘。花托稍平，有明显的蜂窝孔，径 3 ～ 4mm；雌花多层，白色，花冠细管状，长 3 ～ 3.5mm，无舌片或顶端仅有 3 ～ 4 个细齿；两性花淡黄色，花冠管状，长约 3mm，管部上部被疏微毛，上端具 5 齿裂；瘦果线状披针形，长 1.5mm，扁压，被疏短毛；冠毛 1 层，淡红褐色，长约 4mm。花期 5 ～ 10 月（图 6-33）。

图 6-33　香丝草

（四）小蓬草（*Erigeron canadensis*）

别名小飞蓬、飞蓬、加拿大蓬、小白酒草、蒿子草。

【特征】一年生草本，根纺锤状，具纤维状根。茎直立，高 50～100cm 或更高，圆柱状，多少具棱，有条纹，被疏长硬毛，上部多分枝。叶密集，基部叶花期常枯萎，下部叶倒披针形，长 6～10cm，宽 1～1.5cm，顶端尖或渐尖，基部渐狭成柄，边缘具疏锯齿或全缘，中部和上部叶较小，线状披针形或线形，近无柄或无柄，全缘或少有具 1～2 个齿（图 6-34），两面或仅上面被疏短毛边缘常被上弯的硬缘毛。头状花序多数，小，径 3～4mm，排列成顶生多分枝的大圆锥花序；花序梗细，长 5～10mm，总苞近圆柱状，长 2.5～4mm；总苞片 2～3 层，淡绿色，线状披针形或线形，顶端渐尖，外层约短于内层之半背面被疏毛，内层长 3～3.5mm，宽约 0.3mm，边缘干膜质，无毛；花托平，径

图 6-34　小蓬草

2～2.5mm，具不明显的突起；雌花多数，舌状，白色，长 2.5～3.5mm，舌片小，稍超出花盘，线形，顶端具 2 个钝小齿；两性花淡黄色，花冠管状，长 2.5～3mm，上端具 4 或 5 个齿裂，管部上部被疏微毛；瘦果线状披针形，长 1.2～1.5mm 稍扁压，被贴微毛；冠毛污白色，1 层，糙毛状，长 2.5～3mm。花期 5～9 月。

（五）一年蓬（*Erigeron annuus*）

别名治疟草、千层塔。

【特征】一年生或二年生草本，茎粗壮，高 30～100cm，基部径 6mm，直立，上部有分枝，绿色，下部被开展的长硬毛，上部被较密的上弯的短硬毛。基部叶花期枯萎，长圆形或宽卵形，少有近圆形，长 4～17cm，宽 1.5～4cm，或更宽，顶端尖或钝，基部狭成具翅的长柄，边缘具粗齿，下部叶与基部叶同形，但叶柄较短，中部和上部叶较小，长圆状披针形或披针形，长 1～9cm，宽 0.5～2cm，顶端尖，具短柄或无柄，边缘有不规则的齿或近全缘，最上部叶线形，全部叶边缘被短硬毛，两面被疏短硬毛，或有时近无毛。头状花序数个或多数，排列成疏圆锥花序，长 6～8mm，宽 10～15mm，总苞半球形，总苞片 3 层，草质，披针形，长 3～5mm，宽 0.5～1mm，近等长或外层稍短，淡绿色或多少褐色，背面

密被腺毛和疏长节毛；外围的雌花舌状，2层，长 6 ～ 8mm，管部长 1 ～ 1.5mm，上部被疏微毛，舌片平展，白色，或有时淡天蓝色，线形，宽 0.6mm，顶端具 2 小齿，花柱分枝线形；中央的两性花管状，黄色，管部长约 0.5mm，檐部近倒锥形，裂片无毛；瘦果披针形，长约 1.2mm，扁压，被疏贴柔毛；冠毛异形，雌花的冠毛极短，膜片状连成小冠，两性花的冠毛 2 层，外层鳞片状，内层为 10 ～ 15 条长约 2mm 的刚毛。花期 6 ～ 9月（图 6-35）。

图 6-35　一年蓬

（六）银背风毛菊（*Saussurea nivea*）

【特征】多年生草本，高 30 ～ 120cm。根状茎斜升，颈部被褐色叶柄残迹。茎直立，被稀疏蛛丝毛或后脱毛，上部有伞房花房状分枝。基生叶花期脱落；下部与中部茎叶有长柄，柄长 3 ～ 8cm，叶片披针状三角形、心形或戟形，长 10 ～ 12cm，宽 5 ～ 6cm，基部心形、戟形或截形，顶部渐尖，边缘有锯齿，齿顶有小尖头；上部茎叶渐小，与中下部茎叶同形或卵状椭圆形、长椭圆形至披针形，有短柄或几无柄，全部叶两面异色，上面绿色，无毛，下面银灰色，被稠密的棉毛。头状花序在茎枝顶端排列成伞房花序，花梗长 0.5 ～ 5cm，有线形苞叶。总苞钟状，直径 1 ～ 1.2cm；总苞片 6 ～ 7 层，被白色棉

图 6-36　银背风毛菊

毛，外层卵形，长 4mm，宽 2mm，顶端短渐尖，有黑紫色尖头，中层椭圆形或卵状椭圆形，长 7mm，宽 3mm，顶端稍钝或急尖，内层线形，长 1cm，宽 1.5mm，顶端急尖。小花紫色，长 10 ～ 12mm，细管部与檐部几等长。瘦果圆柱状，褐色，长 5mm，无毛。冠毛 2 层，白色，外层短，糙毛状，长 4mm，内层长，羽毛状，长 9 ～ 10mm。花果期 7 ～ 9 月（图 6-36）。

（七）艾（*Artemisia argyi*）

别名金边艾、艾蒿、祈艾、医草、灸草、端阳蒿。

【特征】多年生草本或略成半灌木状，植株有浓烈香气。主根明显，略粗长，直径达1.5cm，侧根多；常有横卧地下根状茎及营养枝。茎单生或少数，高80～150（～250）cm，有明显纵棱，褐色或灰黄褐色，基部稍木质化，上部草质，并有少数短的分枝，枝长3～5cm；茎、枝均被灰色蛛丝状柔毛。叶厚纸质，上面被灰白色短柔毛，并有白色腺点与小凹点，背面密被灰白色蛛丝状密绒毛；基生叶具长柄，花期萎谢；茎下部叶近

图6-37 艾

圆形或宽卵形，羽状深裂，每侧具裂片2～3枚，裂片椭圆形或倒卵状长椭圆形，每裂片有2～3枚小裂齿，干后背面主、侧脉多为深褐色或锈色，叶柄长0.5～0.8cm；中部叶卵形、三角状卵形或近菱形，长5～8cm，宽4～7cm，一（至二）回羽状深裂至半裂，每侧裂片2～3枚，裂片卵形、卵状披针形或披针形，长2.5～5cm，宽1.5～2cm，不再分裂或每侧有1～2枚缺齿，叶基部宽楔形渐狭成短柄，叶脉明显，在背面凸起，干时锈色，叶柄长0.2～0.5cm，基部通常无假托叶或极小的假托叶；上部叶与苞片叶羽状半裂、浅裂或3深裂或3浅裂，或不分裂，而为椭圆形、长椭圆状披针形、披针形或线状披针形（图6-37）。头状花序椭圆形，直径2.5～3（～3.5）mm，无梗或近无梗，每数枚至10余枚在分枝上排成小型的穗状花序或复穗状花序，并在茎上通常再组成狭窄、尖塔形的圆锥花序，花后头状花序下倾；总苞片3～4层，覆瓦状排列，外层总苞片小，草质，卵形或狭卵形，背面密被灰白色蛛丝状绵毛，边缘膜质，中层总苞片较外层长，长卵形，背面被蛛丝状绵毛，内层总苞片质薄，背面近无毛；花序托小；雌花6～10朵，花冠狭管状，檐部具2裂齿，紫色，花柱细长，伸出花冠外甚长，先端2叉；两性花8～12朵，花冠管状或高脚杯状，外面有腺点，檐部紫色，花药狭线形，先端附属物尖，长三角形，基部有不明显的小尖头，花柱与花冠近等长或略长于花冠，先端2叉，花后向外弯曲，叉端截形，并有睫毛。瘦果长卵形或长圆形。花果期7～10月。

（八）黄鹌菜（*Youngia japonica*）

别名黄鸡婆。

【特征】一年生草本，高10～100cm。根垂直直伸，生多数须根。茎直立，单生或少数茎成簇生，粗壮或细，顶端伞房花序状分枝或下部有长分枝，下部被稀疏的皱波状长或短毛。基生叶全形倒披针形、椭圆形、长椭圆形或宽线形，长2.5～13cm，宽1～4.5cm，大头羽状深裂或全裂，极少有不裂的，叶柄长1～7cm，有狭或宽翼或无翼，顶裂片卵形、倒卵形或卵状披针形，顶端圆形或急尖，边缘有锯齿或几全缘，侧裂片3～7对，椭圆形，向

下渐小，最下方的侧裂片耳状，全部侧裂片边缘有锯齿或细锯齿或边缘有小尖头，极少边缘全缘；无茎叶或极少有 1～2 枚茎生叶，且与基生叶同形并等样分裂；全部叶及叶柄被皱波状长或短柔毛。头花序含10～20 枚舌状小花，少数或多数在茎枝顶端排成伞房花序，花序梗细。总苞圆柱状，长 4～5mm，极少长 3.5～4mm；总苞片 4 层，外层及最外层极短，宽卵形或宽形，长宽不足 0.6mm，顶端急尖，内层及最内层长，长 4～5mm，极少长 3.5～4mm，宽1～1.3mm，披针形，顶端急尖，边缘白色宽膜质，内面有贴伏的短糙毛；全部总苞片外面无毛。舌状小花黄色，花冠管外面有短柔毛。瘦果纺锤形，压扁，褐色或红褐色，长 1.5～2mm，向顶端有收缢，顶端无喙，有 11～13 条粗细不等的纵肋，肋上有小刺毛。冠毛长 2.5～3.5mm，糙毛状。花果期4～10 月（图 6-38）。

图 6-38 黄鹌菜

（九）大翅蓟（*Onopordum acanthium*）

【特征】二年生草本，通常分枝。主根直伸，直径达 2cm。茎粗壮，高达 2m，无毛或被蛛丝毛。基生叶及下部茎叶长椭圆形或宽卵形，长 10～30cm，宽 4～15cm，基部渐狭成短柄，中部叶及上部茎叶渐小，长椭圆形或倒披针形，无柄。全部叶边缘有稀疏的大小不等的三角形刺齿，齿顶有黄褐色针刺，或羽状浅裂，两面无毛或两面被薄蛛丝毛或两面灰白色，被厚棉毛。茎翅 2～5cm，羽状半裂或三角形刺齿，裂片宽三角形，裂顶及齿顶有黄褐色针刺，针刺长达 5mm。头状花序多数或少数在茎枝顶端排成不明显或不规则的伞房花序，少有植株含有 1 个头状花序而单生茎顶的。总苞卵形或球形，直径达 5cm，幼时被蛛丝毛，后变无毛。总苞片多层，外层与中层质地坚硬，革质，卵状钻形或披针状

图 6-39 大翅蓟

钻形，长 1.7 ～ 1.8cm，上部钻状针刺状长渐尖，向外反折或水平伸出；内层披针状钻形或线钻形，长 2.5 ～ 3cm，上部钻状长渐尖。全部苞片边缘短缘毛，外面有腺点。小花紫红色或粉红色，花冠 2.4cm，檐部长 1.2cm，5 裂至中部，裂片狭线形，细管部长 1.2cm。瘦果倒卵形、长椭圆或倒卵形，三棱状，长 6mm，灰色或灰黑色，有多数横皱褶，有黑色或棕色色斑，顶端果缘不明显。冠毛土红色，多层，基部连合成环，整体脱落；冠毛刚毛睫毛状，不等长，内层长，长达 1.2cm。花果期 6 ～ 9 月（图 6-39）。

（十）台湾翅果菊（*Lactuca formosana*）

别名台湾山苦荬、细喙翅果菊。

【特征】一年生草本，高 0.5 ～ 1.5m。根分枝常成萝卜状。茎直立，单生，基部直径达 7mm，上部伞房花序状分枝，分枝长或短，上部茎枝有稠密或稀疏的长刚毛或脱毛而至无毛。下部及中部茎叶全形椭圆形、长椭圆形、披针形或倒披针形，羽状深裂或几全裂，有长达 5cm 的翼柄，柄基稍扩大抱茎，顶裂片长披针形或线状披针形或三角形，侧裂片 2 ～ 5 对，对生、偏斜或互生，椭圆形或宽镰刀状，上方侧裂片较大（图 6-40），下方侧裂片较小，全部裂片边缘有锯齿；上部茎叶与中部茎叶同形并等样分裂或不裂而为披针形，边缘全缘，基部圆耳状扩大半抱

图 6-40　台湾翅果菊

茎；全部叶两面粗糙，下面沿脉有小刺毛。头状花序多数，在茎枝顶端排成伞房状花序。总苞果期卵球形，长 1.5cm，宽 8mm；总苞片 4 ～ 5 层，最外层宽卵形，长 2mm，宽 1mm，顶端长渐尖，外层椭圆形，长 7mm，宽 1.8mm，顶端渐尖，中内层披针形或长椭圆形，长达 1.5cm，宽 1 ～ 2mm 或过之，顶端渐尖。舌状小花约 21 枚，黄色。瘦果椭圆形，长 4mm，宽 2mm，压扁，棕黑色，边缘有宽翅，顶端急尖成长 2.8mm 的细丝状喙，每面有 1 条高起的细脉纹。冠毛白色，几为单毛状，长约 8mm。花果期 4 ～ 11 月。

（十一）蒲公英（*Taraxacum mongolicum*）

别名黄花地丁、婆婆丁、蒙古蒲公英、灯笼草、姑姑英、地丁。

【特征】多年生草本。根圆柱状，黑褐色，粗壮。叶倒卵状披针形、倒披针形或长圆状披针形，长 4 ～ 20cm，宽 1 ～ 5cm，先端钝或急尖，边缘有时具波状齿或羽状深裂，有时倒向羽状深裂或大头羽状深裂，顶端裂片较大，三角形或三角状戟形，全缘或具齿，每侧裂片

3～5 片，裂片三角形或三角状披针形，通常具齿，平展或倒向，裂片间常夹生小齿，基部渐狭成叶柄，叶柄及主脉常带红紫色，疏被蛛丝状白色柔毛或几无毛。花葶 1 至数个，与叶等长或稍长，高 10～25cm，上部紫红色，密被蛛丝状白色长柔毛；头状花序直径 30～40mm；总苞钟状，长 12～14mm，淡绿色；总苞片 2～3 层，外层总苞片卵状披针形或披针形，长 8～10mm，宽 1～2mm，边缘宽膜质，基部淡绿色，上部紫红色，先端增厚或具小到中等的角状突起；内层总苞片线状披针形，长 10～16mm，宽 2～3mm，先端紫红色，具小角状突起；舌状花黄色，舌片长约 8mm，宽约 1.5mm，边缘花舌片背面具紫红色条纹，花药和柱头暗绿色。瘦果倒卵状披针形，暗褐色，长 4～5mm，宽 1～1.5mm，上部具小刺，下部具成行排列

图 6-41　蒲公英

的小瘤，顶端逐渐收缩为长约 1mm 的圆锥至圆柱形喙基，喙长 6～10mm，纤细；冠毛白色，长约 6mm。花期 4～9 月，果期 5～10 月（图 6-41）。

（十二）鬼针草（*Bidens pilosa*）

别名粘人草、对叉草、蟹钳草、虾钳草、三叶鬼针草、铁包针、狼把草。

【特征】一年生草本，茎直立，高 30～100cm，钝四棱形，无毛或上部被极稀疏的柔毛，基部直径可达 6mm。茎下部叶较小，3 裂或不分裂，通常在开花前枯萎，中部叶具长 1.5～5cm 无翅的柄，三出，小叶 3 枚，很少为具 5（7）小叶的羽状复叶，两侧小叶椭圆形或卵状椭圆形，长 2～4.5cm，宽 1.5～2.5cm，先端锐尖，基部近圆形或阔楔形，有时偏斜，不对称，具短柄，边缘有锯齿、顶生小叶较大，长椭圆形或卵状长圆形，长 3.5～7cm，先端渐尖，基部渐狭或近圆形，具长 1～2cm 的柄，边缘有锯齿，无毛或被极稀疏的短柔毛，上部叶小，3 裂或不分裂，条状披针形。头状花序直径 8～9mm，有长 1～6cm（果时长 3～10cm）的花序梗。总苞基部被短柔毛，苞片 7～8 枚，条状匙形，上部稍宽，开花时长 3～4mm，果时长至 5mm，草质，边缘疏被短柔毛或几无毛，外层托片披针形，果时长 5～6mm，干膜质，背面褐色，具黄色边缘，内层较狭，条状披针形。无舌状花，盘花筒状，长约 4.5mm，冠檐 5 齿裂。瘦果黑色，条形，略扁，具棱，长 7～13mm，宽约 1mm，上部具稀疏瘤状突起及刚毛，顶端芒刺 3～4 枚，长 1.5～2.5mm，具倒刺毛（图 6-42）。

图 6-42　鬼针草

图 6-43　一枝黄花

（十三）一枝黄花（*Solidago decurrens*）

别名千斤癀、兴安一枝黄花。

【特征】多年生草本，高（9）35～100cm。茎直立，通常细弱，单生或少数簇生，不分枝或中部以上有分枝。中部茎叶椭圆形，长椭圆形、卵形或宽披针形，长 2～5cm，宽 1～1.5（2）cm，下部楔形渐窄，有具翅的柄，仅中部以上边缘有细齿或全缘；向上叶渐小；下部叶与中部茎叶同形，有长 2～4cm 或更长的翅柄。全部叶质地较厚，叶两面、沿脉及叶缘有短柔毛或下面无毛。头状花序较小，长 6～8mm，宽 6～9mm，多数在茎上部排列成紧密或疏松的长 6～25cm 的总状花序或伞房圆锥花序，少有排列成复头状花序的（图 6-43）。总苞片 4～6 层，披针形或披狭针形，顶端急尖或渐尖，中内层长 5～6mm。舌状花舌片椭圆形，长 6mm。瘦果长 3mm，无毛，极少有在顶端被稀疏柔毛的。花果期 4～11 月。

（十四）刺儿菜（*Cirsium arvense* var. *integrifolium*）

别名大刺儿菜、野红花、大小蓟、小蓟、大蓟、小刺盖、蓟蓟芽、刺刺菜。

【特征】多年生草本。茎直立，高 30～80（100～120）cm，基部直径 3～5mm，有时可达 1cm，上部有分枝，花序分枝无毛或有薄绒毛（图 6-44）。基生叶和中部茎叶椭圆形、长椭圆形或椭圆状倒披针形，顶端钝或圆形，基部楔形，有时有极短的叶柄，通常无叶柄，长 7～15cm，宽 1.5～10cm，上部茎叶渐小，椭圆形或披针形或线状披针形，或全部茎叶不分裂，叶缘有细密的针刺，针刺紧贴叶缘。或叶缘有刺齿，齿顶针刺大小不等，针刺长达 3.5mm，或大部茎叶羽状浅裂或半裂或边缘粗大圆锯齿，裂片或锯齿斜三角形，顶端钝，齿顶及裂片顶端有较长的针刺，齿缘及裂片边缘的针刺较短且贴伏。全部茎叶两面同色，绿色或下面色淡，两面无毛，极少两面异色，上面绿色，无毛，下面被稀疏或稠密的绒毛而呈现灰色的，亦极少两面同色，灰绿色，两面被薄绒毛。头状花序单生茎端，或植株含少数或多数头状花序在茎枝顶端排成伞房花序。总苞卵形、长卵形或卵圆形，直径 1.5～2cm。总苞片约 6 层，覆瓦状排列，向内层渐长，外层与中层宽 1.5～2mm，包

图 6-44 刺儿菜

括顶端针刺长 5～8mm；内层及最内层长椭圆形至线形，长 1.1～2cm，宽 1～1.8mm；中外层苞片顶端有长不足 0.5mm 的短针刺，内层及最内层渐尖，膜质，短针刺。小花紫红色或白色，雌花花冠长 2.4cm，檐部长 6mm，细管部细丝状，长 18mm，两性花花冠长 1.8cm，檐部长 6mm，细管部细丝状，长 1.2mm。瘦果淡黄色，椭圆形或偏斜椭圆形，压扁，长 3mm，宽 1.5mm，顶端斜截形。冠毛污白色，多层，整体脱落；冠毛刚毛长羽毛状，长 3.5cm，顶端渐细。花果期 5～9 月。

十一、蓼 科（Polygonaceae）

生活型：草本稀灌木或小乔木。茎：直立，平卧、攀缘或缠绕，通常具膨大的节，稀膝曲，具沟槽或条棱，有时中空。叶：单叶，互生，稀对生或轮生，边缘通常全缘，有时分裂，具叶柄或近无柄；托叶通常联合成鞘状（托叶鞘），膜质，褐色或白色，顶端偏斜、截形或 2 裂，宿存或脱落。花：花序穗状、总状、头状或圆锥状，顶生或腋生；花较小，两性，稀单性，雌雄异株或雌雄同株，辐射对称；花梗通常具关节；花被 3～5 深裂，覆瓦状或花被片 6 成 2 轮，宿存，内花被片有时增大，背部具翅、刺或小瘤；雄蕊 6～9，稀较少或较多，花丝离生或基部贴生，花药背着，2 室，纵裂；花盘环状，腺状或缺，子房上位，1 室，心皮通常 3，稀 2～4，合生，花柱 2～3，稀 4，离生或下部合生，柱头头状、盾状或画笔状，胚珠 1，直生，极少倒生。果：瘦果卵形或椭圆形，具三棱或双凸镜状，极少具四棱，有时具翅或刺，包于宿存花被内或外露；胚直立或弯曲，通常偏于一侧，胚乳丰富，粉末状。

（一）酸模叶蓼（*Polygonum lapathifolium*）

别名大马蓼。

【特征】一年生草本，高 40～90cm。茎直立，具分枝，无毛，节部膨大。叶披针形或宽披针形，长 5～15cm，宽 1～3cm，顶端渐尖或急尖，基部楔形，上面绿色，常有一个大的黑褐色新月形斑点，两面沿中脉被短硬伏毛，全缘，边缘具粗缘毛；叶柄短，具短硬伏毛；托叶鞘筒状，长 1.5～3cm，膜质，淡褐色，无毛，具多数脉，顶端截形，无缘毛，稀具短缘毛。总状花序呈穗状，顶生或腋生，近直立，花紧密，通常由数个花

图 6-45　酸模叶蓼

穗再组成圆锥状，花序梗被腺体；苞片漏斗状，边缘具稀疏短缘毛；花被淡红色或白色，4（5）深裂，花被片椭圆形，外面两面较大，脉粗壮，顶端叉分，外弯；雄蕊通常 6。瘦果宽卵形，双凹，长 2～3mm，黑褐色，有光泽，包于宿存花被内。花期 6～8 月，果期 7～9 月（图 6-45）。

（二）杠板归（*Polygonum perfoliatum*）

别名贯叶蓼、刺犁头、河白草、蛇倒退、梨头刺、蛇不过、老虎舌。

【特征】一年生草本。茎攀缘，多分枝，长 1～2m，具纵棱，沿棱具稀疏的倒生皮刺。叶三角形，长 3～7cm，宽 2～5cm，顶端钝或微尖，基部截形或微心形，薄纸质，上面无毛，下面沿叶脉疏生皮刺；叶柄与叶片近等长，具倒生皮刺，盾状着生于叶片的近基部（图 6-46）；托叶鞘叶状，草质，绿色，圆形或近圆形，穿叶，直径 1.5～3cm。总状花序呈短穗状，不分枝顶生或腋生，长 1～3cm；苞片卵圆形，每苞片内具花 2～4朵；花被 5 深裂，白色或淡红色，花被片椭

图 6-46　杠板归

圆形，长约 3mm，果时增大，呈肉质，深蓝色；雄蕊 8，略短于花被；花柱 3，中上部合生；柱头头状。瘦果球形，直径 3～4mm，黑色，有光泽，包于宿存花被内。花期 6～8 月，果期 7～10 月。

十二、马齿苋科（Portulacaceae）

生活型：一年生或多年生草本，稀半灌木。叶：单叶，互生或对生，全缘，常肉质；托叶干膜质或刚毛状，稀不存在。花：两性，整齐或不整齐，腋生或顶生，单生或簇生，或成聚伞花序、总状花序、圆锥花序；萼片2，稀5，草质或干膜质，分离或基部连合；花瓣4～5片，稀更多，覆瓦状排列，分离或基部稍连合，常有鲜艳色，早落或宿存；雄蕊与花瓣同数，对生，或更多、分离或成束或与花瓣贴生，花丝线形，花药2室，内向纵裂；雌蕊3～5心皮合生，子房上位或半下位，1室，基生胎座或特立中央胎座，有弯生胚珠1至多粒，花柱线形，柱头2～5裂，形成内向的柱头面。果：蒴果，近膜质，盖裂或2～3瓣裂，稀为坚果；种子肾形或球形，多数，稀为2颗，种阜有或无，胚环绕粉质胚乳，胚乳大多丰富。

（一）马齿苋（*Portulaca oleracea*）

别名马蛇子菜、马齿菜、蚂蚱菜、马苋菜、马齿草、长命菜、五行草、马苋。

【特征】一年生草本，全株无毛。茎平卧或斜倚，伏地铺散，多分枝，圆柱形，长10～15cm淡绿色或带暗红色。叶互生，有时近对生，叶片扁平，肥厚，倒卵形，似马齿状，长1～3cm，宽0.6～1.5cm，顶端圆钝或平截，有时微凹，基部楔形，全缘，上面暗绿色，下面淡绿色或带暗红色，中脉微隆起；叶柄粗短。花无梗，直径4～5mm，常3～5朵簇生枝端，午时盛开；苞片2～6，叶状，膜质，近轮生；萼片2，对生，绿色，盔形，左右压扁，长约4mm，顶端急尖，背部具龙骨状凸起，基部合生；花瓣5，稀4，黄色，倒卵形，长3～5mm，顶端微凹，基

图6-47　马齿苋

部合生；雄蕊通常8，或更多，长约12mm，花药黄色；子房无毛，花柱比雄蕊稍长，柱头4～6裂，线形。蒴果卵球形，长约5mm，盖裂（图6-47）；种子细小，多数，偏斜球形，黑褐色，有光泽，直径不及1mm，具小疣状凸起。花期5～8月，果期6～9月。

（二）土人参（*Talinum paniculatum*）

别名力参、煮饭花、紫人参、红参、土高丽参、参草、假人参、栌兰。

【特征】一年生或多年生草本，全株无毛，高30～100cm。主根粗壮，圆锥形，有少数

分枝，皮黑褐色，断面乳白色。茎直立，肉质，基部近木质，多少分枝，圆柱形，有时具槽。叶互生或近对生，具短柄或近无柄，叶片稍肉质，倒卵形或倒卵状长椭圆形，长5～10cm，宽2.5～5cm，顶端急尖，有时微凹，具短尖头，基部狭楔形，全缘。圆锥花序顶生或腋生，较大形，常二叉状分枝，具长花序梗；花小，直径约6mm；总苞片绿色或近红色，圆形，顶端圆钝，长3～4mm；苞片2，膜质，披针形，顶端急尖，长约1mm；花梗长5～10mm；萼片卵形，紫红色，早落；花瓣粉红色或淡紫红色，长椭圆形、倒卵形或椭圆形，长6～12mm，顶端圆钝，稀微凹；雄蕊（10）15～20，比花瓣

图6-48　土人参

短；花柱线形，长约2mm，基部具关节；柱头3裂，稍开展；子房卵球形，长约2mm。蒴果近球形，直径约4mm，3瓣裂，坚纸质；种子多数，扁圆形，直径约1mm，黑褐色或黑色，有光泽。花期6～8月，果期9～11月（图6-48）。

十三、牻牛儿苗科（Geraniaceae）

生活型：草本，稀为亚灌木或灌木。**叶**：互生或对生，叶片通常掌状或羽状分裂，具托叶。**花**：聚伞花序腋生或顶生，稀花单生；花两性，整齐，辐射对称或稀为两侧对称；萼片通常5或稀为4，覆瓦状排列；花瓣5或稀为4，覆瓦状排列；雄蕊10～15，2轮，外轮与花瓣对生，花丝基部合生或分离，花药丁字着生，纵裂；蜜腺通常5，与花瓣互生；子房上位，心皮2～3（5），通常3～5室，每室具1～2倒生胚珠，花柱与心皮同数，通常下部合生，上部分离。**果**：蒴果，通常由中轴延伸成喙，稀无喙，室间开裂或稀不开裂，每果瓣具1种子，成熟时果瓣通常爆裂或稀不开裂，开裂的果瓣常由基部向上反卷或成螺旋状卷曲，顶部通常附着于中轴顶端。种子具微小胚乳或无胚乳，子叶折叠。

（一）野老鹳草（*Geranium carolinianum*）

【特征】一年生草本，高20～60cm，根纤细，单一或分枝，茎直立或仰卧，单一或多数，具棱角，密被倒向短柔毛。基生叶早枯，茎生叶互生或最上部对生；托叶披针形或三角状披针形，长5～7mm，宽1.5～2.5mm，外被短柔毛；茎下部叶具长柄，柄长为叶片的2～3倍，被倒向短柔毛，上部叶柄渐短；叶片圆肾形，长2～3cm，宽4～6cm，基部心形，掌状5～7

裂近基部，裂片楔状倒卵形或菱形，下部楔形、全缘，上部羽状深裂，小裂片条状矩圆形，先端急尖，表面被短伏毛，背面主要沿脉被短伏毛。花序腋生和顶生，长于叶，被倒生短柔毛和开展的长腺毛，每总花梗具2花，顶生总花梗常数个集生，花序呈伞形状；花梗与总花梗相似，等于或稍短于花；苞片钻状，长3～4mm，被短柔毛；萼片长卵形或近椭圆形，长5～7mm，宽3～4mm，先端急尖，具长约1mm尖头，外被短柔毛或沿脉被开展的糙柔毛和腺毛；花瓣淡紫红色，倒卵形，稍长于萼，先端圆形，基部宽楔形，

图6-49 野老鹳草

雄蕊稍短于萼片，中部以下被长糙柔毛；雌蕊稍长于雄蕊，密被糙柔毛。蒴果长约2cm，被短糙毛，果瓣由喙上部先裂向下卷曲。花期4～7月，果期5～9月（图6-49）。

十四、葡萄科（Vitaceae）

生活型：攀缘木质藤本，稀草质藤本，具有卷须，或直立灌木，无卷须。叶：单叶、羽状或掌状复叶，互生；托叶通常小而脱落，稀大而宿存。花：花小，两性或杂性同株或异株，排列成伞房状多歧聚伞花序、复二歧聚伞花序或圆锥状多歧聚伞花序，4～5基数；萼呈碟形或浅杯状，萼片细小；花瓣与萼片同数，分离或凋谢时呈帽状黏合脱落；雄蕊与花瓣对生，在两性花中雄蕊发育良好，在单性花雌花中雄蕊常较小或极不发达，败育；花盘呈环状或分裂，稀极不明显；子房上位，通常2室，每室有2颗胚珠，或多室而每室有1颗胚珠。果：浆果，有种子1至数颗。胚小，胚乳形状各异，W形、T形或呈嚼烂状。

（一）乌蔹莓（*Cayratia japonica*）

别名五爪龙、五叶莓、地五加、过山龙、五将草、五龙草。

【特征】草质藤本。小枝圆柱形，有纵棱纹，无毛或微被疏柔毛。卷须2～3叉分枝，相隔2节间断与叶对生。叶为鸟足状5小叶，中央小叶长椭圆形或椭圆披针形，长2.5～4.5cm，宽1.5～4.5cm，顶端急尖或渐尖，基部楔形，侧生小叶椭圆形或长椭圆形，长1～7cm，宽0.5～3.5cm，顶端急尖或圆形，基部楔形或近圆形，边缘每侧有6～15个锯齿，上面绿色，无毛，下面浅绿色，无毛或微被毛；侧脉5～9对，网脉不明显；叶柄长1.5～10cm，中央小叶柄长0.5～2.5cm，侧生小叶无柄或有短柄，侧生小叶总柄长0.5～1.5cm，无毛或微被毛；托叶早落。花序腋生，复二歧聚伞花序；花序梗长1～13cm，无毛或微被毛；花

梗长 1 ～ 2mm，几无毛；花蕾卵圆形，高
1 ～ 2mm，顶端圆形；萼碟形，边缘全缘或
波状浅裂，外面被乳突状毛或几无毛；花瓣
4，三角状卵圆形，高 1 ～ 1.5mm，外面被乳
突状毛；雄蕊 4，花药卵圆形，长宽近相等；
花盘发达，4 浅裂；子房下部与花盘合生，
花柱短，柱头微扩大。果实近球形，直径约
1cm，有种子 2 ～ 4 颗；种子三角状倒卵形，
顶端微凹，基部有短喙，种脐在种子背面近
中部呈带状椭圆形，上部种脊突出，表面有
突出肋纹，腹部中棱脊突出，两侧洼穴呈半
月形，从近基部向上达种子近顶端。花期
3 ～ 8 月，果期 8 ～ 11 月（图 6-50）。

图 6-50　乌蔹莓

十五、茜草科（Rubiaceae）

生活型：乔木、灌木或草本，有时为藤本，少数为具肥大块茎的适蚁植物。茎：有时有
不规则次生生长，但无内生韧皮部，节为单叶隙，较少为 3 叶隙。叶：对生或有时轮生，有
时具不等叶性，通常全缘，极少有齿缺；托叶通常生叶柄间，较少生叶柄内，分离或程度不
等地合生，宿存或脱落，极少退化至仅存一条连接对生叶叶柄间的横线纹，里面常有黏液毛。
花：花序各式，均由聚伞花序复合而成，很少单花或少花的聚伞花序；花两性、单性或杂性，
通常花柱异长，动物（主要是昆虫）传粉；萼通常 4 ～ 5 裂，很少更多裂，极少 2 裂，裂片
通常小或几乎消失，有时其中 1 或几个裂片明显增大成叶状，其色白或艳丽；花冠合瓣，管
状、漏斗状、高脚碟状或辐状，通常 4 ～ 5 裂，很少 3 裂或 8 ～ 10 裂，裂片镊合状、覆瓦状
或旋转状排列，整齐，很少不整齐，偶有二唇形；雄蕊与花冠裂片同数而互生，偶有 2 枚，
着生在花冠管的内壁上，花药 2 室，纵裂或少有顶孔开裂；雌蕊通常由 2 心皮、极少 3 或更
多个心皮组成，合生，子房下位，极罕上位或半下位，子房室数与心皮数相同，有时隔膜消
失而为 1 室，或由于假隔膜的形成而为多室，通常为中轴胎座或有时为侧膜胎座，花柱顶生，
具头状或分裂的柱头，很少花柱分离；胚珠每子房室 1 至多数，倒生、横生或曲生。果：浆
果、蒴果或核果，或干燥而不开裂，或为分果，有时为双果爿。

（一）猪殃殃（*Galium spurium*）

别名八仙草、爬拉殃、光果拉拉藤、拉拉藤。

【特征】多枝、蔓生或攀缘状草本，通常高 30 ～ 90cm；茎有四棱角；棱上、叶缘、叶

脉上均有倒生的小刺毛。叶纸质或近膜质，6～8 片轮生，稀为 4～5 片，带状倒披针形或长圆状倒披针形，长 1～5.5cm，宽 1～7mm，顶端有针状凸尖头，基部渐狭，两面常有紧贴的刺状毛，常萎软状，干时常卷缩，1 脉，近无柄。聚伞花序腋生或顶生，少至多花，花小，4 数，有纤细的花梗；花萼被钩毛，萼檐近截平；花冠黄绿色或白色，辐状，裂片长圆形，长不及 1mm，镊合状排列；子房被毛，花柱 2 裂至中部，柱头头状。果干燥，有 1 或 2 个近球状的分果爿，直径达 5.5mm，肿胀，密被钩毛，果柄直，长可

图 6-51　猪殃殃

达 2.5cm，较粗，每一爿有 1 颗平凸的种子。花期 3～7 月，果期 4～11 月（图 6-51）。

（二）鸡矢藤（*Paederia foetida*）

别名鸡屎藤、解署藤、女青、牛皮冻。

【特征】藤状灌木，无毛或被柔毛。叶对生，膜质，卵形或披针形，长 5～10cm，宽 2～4cm，顶端短尖或削尖，基部浑圆，有时心形，叶上面无毛，在下面脉上被微毛；侧脉每边 4～5 条，在上面柔弱，在下面突起；叶柄长 1～3cm；托叶卵状披针形，长 2～3mm，顶部 2 裂。圆锥花序腋生或顶生，长 6～18cm，扩展；小苞片微小，卵形或锥形，有小睫毛；花有小梗，生于柔弱的三歧常作蝎尾状的聚伞花序上；花萼钟形，萼檐裂片钝齿形；花冠紫蓝色，长 12～16mm，通常被绒毛，裂片短。果阔椭圆形，压扁，长和宽 6～8mm，光亮，顶部冠以圆锥形的花盘和微小宿存的萼檐裂片；小坚果浅黑色，具 1 阔翅。花期 5～6 月（图 6-52）。

图 6-52　鸡矢藤

十六、蔷薇科（Rosaceae）

生活型：草本、灌木或乔木，落叶或常绿，有刺或无刺。冬芽常具数个鳞片，有时仅具2个。叶：互生，稀对生，单叶或复叶，有显明托叶，稀无托叶。花：两性，稀单性。通常整齐，周位花或上位花；花轴上端发育成碟状、钟状、杯状、罈状或圆筒状的花托（一称萼筒），在花托边缘着生萼片、花瓣和雄蕊；萼片和花瓣同数，通常4～5，覆瓦状排列，稀无花瓣，萼片有时具副萼；雄蕊5至多数，稀1或2，花丝离生，稀合生；心皮1至多数，离生或合生，有时与花托连合，每心皮有1至数个直立的或悬垂的倒生胚珠；花柱与心皮同数，有时连合，顶生、侧生或基生。果：蓇葖果、瘦果、梨果或核果，稀蒴果。

（一）蛇 莓（*Duchesnea indica*）

别名三爪风、龙吐珠、蛇泡草、东方草莓。

【特征】多年生草本；根茎短，粗壮；匍匐茎多数，长30～100cm，有柔毛。小叶片倒卵形至菱状长圆形，长2～3.5（5）cm，宽1～3cm，先端圆钝，边缘有钝锯齿，两面皆有柔毛，或上面无毛，具小叶柄；叶柄长1～5cm，有柔毛；托叶窄卵形至宽披针形，长5～8mm。花单生于叶腋；直径1.5～2.5cm；花梗长3～6cm，有柔毛；萼片卵形，长4～6mm，先端锐尖，外面有散生柔毛；副萼片倒卵形，长5～8mm，比萼片长，先端常具3～5锯齿；花瓣倒卵形，长5～10mm，黄色，先端圆钝；雄蕊20～30；心皮多数，离生；花托在果期膨大，海绵质，鲜红色，有光泽，直径10～20mm，外面有长柔毛。瘦果卵形，长约1.5mm，光滑或具不显明突起，鲜时有光泽。花期6～8月，果期8～10月（图6-53）。

图6-53　蛇　莓

（二）三叶委陵菜（*Potentilla freyniana*）

别名三张叶。

【特征】多年生草本，有纤匍枝或不明显。根分枝多，簇生。花茎纤细，直立或上升，高8～25cm，被平铺或开展疏柔毛。基生叶掌状3出复叶，连叶柄长4～30cm，宽1～4cm；

小叶片长圆形、卵形或椭圆形，顶端急尖或圆钝，基部楔形或宽楔形，边缘有多数急尖锯齿，两面绿色，疏生平铺柔毛，下面沿脉较密；茎生叶 1～2，小叶与基生叶小叶相似，唯叶柄很短，叶边锯齿减少；基生叶托叶膜质，褐色，外面被稀疏长柔毛，茎生叶托叶草质，绿色，呈缺刻状锐裂，有稀疏长柔毛。伞房状聚伞花序顶生，多花，松散，花梗纤细，长 1～1.5cm，外被疏柔毛；花直径 0.8～1cm；萼片三角卵形，顶端渐尖，

图 6-54 三叶委陵菜

副萼片披针形，顶端渐尖，与萼片近等长，外面被平铺柔毛；花瓣淡黄色，长圆倒卵形，顶端微凹或圆钝；花柱近顶生，上部粗，基部细。成熟瘦果卵球形，直径 0.5～1mm，表面有显著脉纹。花果期 3～6 月（图 6-54）。

十七、茄 科（Solanaceae）

生活型：一年生至多年生草本、半灌木、灌木或小乔木；直立、匍匐、扶升或攀缘；有时具皮刺，稀具棘刺。叶：单叶全缘、不分裂或分裂，有时为羽状复叶，互生或在开花枝段上大小不等的二叶双生；无托叶。花：单生，簇生或为蝎尾式、伞房式、伞状式、总状式、圆锥式聚伞花序，稀为总状花序；顶生、枝腋或叶腋生，或者腋外生；两性或稀杂性，辐射对称或稍微两侧对称，通常 5 基数、稀 4 基数。花萼通常具 5 牙齿、5 中裂或 5 深裂，稀具 2、3、4 至 10 牙齿或裂片，极稀截形而无裂片，裂片在花蕾中镊合状、外向镊合状、内向镊合状或覆瓦状排列，或者不闭合，花后几乎不增大或极度增大，果时宿存，稀自近基部周裂而仅基部宿存；花冠具短筒或长筒，辐状、漏斗状、高脚碟状、钟状或坛状，檐部 5（稀 4～7 或 10）浅裂、中裂或深裂，裂片大小相等或不相等，在花蕾中覆瓦状、镊合状、内向镊合状排列或折合而旋转；雄蕊与花冠裂片同数而互生，伸出或不伸出于花冠，同形或异形（即花丝不等长或花药大小或形状相异），有时其中 1 枚较短而不育或退化，插生于花冠筒上，花丝丝状或在基部扩展，花药基底着生或背面着生、直立或向内弓曲、有时靠合或合生成管状而围绕花柱，药室 2，纵缝开裂或顶孔开裂；子房通常由 2 枚心皮合生而成，2 室、有时 1 室或有不完全的假隔膜而在下部分隔成 4 室、稀 3～5（6）室，2 心皮不位于正中线上而偏斜，花柱细瘦，具头状或 2 浅裂的柱头；中轴胎座；胚珠多数、稀少数至 1 枚，倒生、弯生或横生。果：为多汁浆果或干浆果，或者为蒴果。

（一）龙 葵（*Solanum nigrum*）

别名黑天天、天茄菜、飞天龙、地泡子、假灯笼草。

【特征】一年生直立草本，高 0.25～1m，茎无棱或棱不明显，绿色或紫色，近无毛或被微柔毛。叶卵形，长 2.5～10cm，宽 1.5～5.5cm，先端短尖，基部楔形至阔楔形而下延至叶柄，全缘或每边具不规则的波状粗齿，光滑或两面均被稀疏短柔毛，叶脉每边 5～6 条，叶柄长 1～2cm。蝎尾状花序腋外生，由 3～6（10）花组成，总花梗长 1～2.5cm，花梗长约 5mm，近无毛或具短柔毛；萼小，浅杯状，直径 1.5～2mm，齿卵圆形，先端圆，基部两齿间连接处成角度；花冠白色，筒部隐于萼内，长不及 1mm，冠檐长约 2.5mm，5 深裂，裂片卵圆形，长约 2mm；花丝短，花药黄色，长约 1.2mm，约为花丝长度的 4 倍，顶孔向内；子房卵形，

图 6-55 龙 葵

直径约 0.5mm，花柱长约 1.5mm，中部以下被白色绒毛，柱头小，头状。浆果球形，直径约 8mm，熟时黑色。种子多数，近卵形，直径 1.5～2mm，两侧压扁（图 6-55）。

十八、三白草科（Saururaceae）

生活型：多年生草本；茎直立或匍匐状，具明显的节。叶：互生，单叶；托叶贴生于叶柄上。花：两性，聚集成稠密的穗状花序或总状花序，具总苞或无总苞，苞片显著，无花被；雄蕊 3、6 或 8 枚，稀更少，离生或贴生于子房基部或完全上位，花药 2 室，纵裂；雌蕊由 3～4 心皮所组成，离生或合生，如为离生心皮，则每心皮有胚珠 2～4 颗，如为合生心皮，则子房 1 室而具侧膜胎座，在每一胎座上有胚珠 6～8 颗或多数，花柱离生。果：分果爿或蒴果顶端开裂；种子有少量的内胚乳和丰富的外胚乳及小的胚。

（一）蕺 菜（*Houttuynia cordata*）

别名臭狗耳、狗腥草、侧耳根、侧儿根、鱼鳞草、鱼腥草。

【特征】腥臭草本，高 30～60cm；茎下部伏地，节上轮生小根，上部直立，无毛或节上

被毛，有时带紫红色。叶薄纸质，有腺点，背面尤甚，卵形或阔卵形，长 4～10cm，宽 2.5～6cm，顶端短渐尖，基部心形，两面有时除叶脉被毛外余均无毛，背面常呈紫红色（图 6-56）；叶脉 5～7 条，全部基出或最内 1 对离基约 5mm 从中脉发出，如为 7 脉时，则最外 1 对很纤细或不明显；叶柄长 1～3.5cm，无毛；托叶膜质，长 1～2.5cm，顶端钝，下部与叶柄合生而成长 8～20mm 的鞘，且常有缘毛，基部扩大，略抱茎。

图 6-56　蕺　菜

花序长约 2cm，宽 5～6mm；总花梗长 1.5～3cm，无毛；总苞片长圆形或倒卵形，长 10～15mm，宽 5～7mm，顶端钝圆；雄蕊长于子房，花丝长为花药的 3 倍。蒴果长 2～3mm，顶端有宿存的花柱。花期 4～7 月。

十九、桑　科（Moraceae）

生活型：乔木或灌木，藤本，稀为草本，通常具乳液，有刺或无刺。叶：互生，稀对生，全缘或具锯齿，分裂或不分裂，叶脉掌状或为羽状，有或无钟乳体；托叶 2 枚，通常早落。花：小，单性，雌雄同株或异株，无花瓣；花序腋生，典型成对，总状，圆锥状，头状，穗状或壶状，稀为聚伞状，花序托有时为肉质，增厚或封闭而为隐头花序或开张而为头状或圆柱状。雄花：花被片 2～4 枚，有时仅为 1 或更多至 8 枚，分离或合生，覆瓦状或镊合状排列，宿存；雄蕊通常与花被片同数而对生，花丝在芽时内折或直立，花药具尖头，或小而二浅裂无尖头，从新月形至陀螺形（具横的赤道裂口），退化雌蕊有或无。雌花：花被片 4，稀更多或更少，宿存；子房 1，稀为 2 室，上位，下位或半下位，或埋藏于花序轴上的陷穴中，每室有倒生或弯生胚珠 1 枚，着生于子房室的顶部或近顶部；花柱 2 裂或单一，具 2 或 1 个柱头臂，柱头非头状或盾形。果：瘦果或核果状，围以肉质变厚的花被，或藏于其内形成聚花果，或隐藏于壶形花序托内壁，形成隐花果，或陷入发达的花序轴内，形成大型的聚花果。

（一）构　树（*Broussonetia papyrifera*）

别名毛桃、谷树、谷桑、楮、楮桃。

【特征】乔木，高 10～20m；树皮暗灰色；小枝密生柔毛。叶螺旋状排列，广卵形至长椭圆状卵形，长 6～18cm，宽 5～9cm，先端渐尖，基部心形，两侧常不相等，边缘具粗锯齿，不分裂或 3～5 裂，小树之叶常有明显分裂，表面粗糙，疏生糙毛，背面密被绒毛，基生叶脉三出，侧脉 6～7 对；叶柄长 2.5～8cm，密被糙毛；托叶大，卵形，狭渐尖，长 1.5～2cm，宽 0.8～1cm。花雌雄异株；雄花序为柔荑花序，粗壮，长 3～8cm，苞片披针形，被毛，花被 4 裂，裂片三角状卵形，被毛，雄蕊 4，花药近球形，退化雌蕊小；雌花序球形头状，苞片棍棒状，顶端被毛，花被管状，顶端与花柱紧贴，子房卵圆形，柱头线形，被毛。聚花果直径 1.5～3cm，成熟时橙红色，肉质（图 6-57）；瘦果具与等长的柄，表面有小瘤，龙骨双层，外果皮壳质。花期 4～5 月，果期 6～7 月。

图 6-57 构 树

二十、莎草科（Cyperaceae）

生活型：多年生草本，较少为一年生；多数具根状茎少有兼具块茎。大多数具有三棱形的秆。叶：基生和秆生，一般具闭合的叶鞘和狭长的叶片，或有时仅有鞘而无叶片。花：花序多种多样，有穗状花序，总状花序，圆锥花序，头状花序或长侧枝聚缴花序；小穗单生，簇生或排列成穗状或头状，具 2 至多数花，或退化至仅具 1 花；花两性或单性，雌雄同株，少有雌雄异株，着生于鳞片（颖片）腋间，鳞片复瓦状螺旋排列或二列，无花被或花被退化成下位鳞片或下位刚毛，有时雌花为先出叶所形成的果囊所包裹；雄蕊 3 个，少有 2～1 个，花丝线形，花药底着；子房一室，具一个胚珠，花柱单一，柱头 2～3 个。果：小坚果，三棱形，双凸状，平凸状，或球形。

（一）扁穗莎草（*Cyperus compressus*）

【特征】丛生草本；根为须根。秆稍纤细，高 5～25cm，锐三棱形，基部具较多叶。叶短于秆，或与秆几等长，宽 1.5～3mm，折合或平张，灰绿色；叶鞘紫褐色。苞片 3～5 枚，叶状，长于花序；长侧枝聚缴花序简单，具（1）2～7 个辐射枝，辐射枝最长达 5cm；穗状花序近于头状；花序轴很短，具 3～10 个小穗；小穗排列紧密，斜展，线状披针形，长 8～17mm，宽约 4mm，近于四棱形，具 8～20 朵花；鳞片紧贴的覆瓦状排列，稍厚，卵形，顶端具稍长的芒，长约 3mm，背面具龙骨状突起，中间较宽部分为绿色，两侧苍白色或麦秆色，有时有锈色斑纹，脉 9～13 条；雄蕊 3，花药线形，药隔突出于花药顶端；花柱长，柱头 3，较短。小坚果倒卵形，三棱形，侧面凹陷，长约为鳞片的 1/3，深棕色，表面具密的细点。花果期 7～12 月（图 6-58）。

图 6-58　扁穗莎草

图 6-59　球柱草

（二）球柱草（*Bulbostylis barbata*）

别名油麻草、秧草、畎莎、龙爪草、旗茅。

【特征】一年生草本，无根状茎。秆丛生，细，无毛，高 6 ～ 25cm。叶纸质，极细，线形，长 4 ～ 8cm，宽 0.4 ～ 0.8mm，全缘，边缘微外卷，顶端渐尖，背面叶脉间疏被微柔毛；叶鞘薄膜质，边缘具白色长柔毛状缘毛，顶端部分毛较长。苞片 2 ～ 3 枚，极细，线形，边缘外卷，背面疏被微柔毛，长 1 ～ 2.5cm 或较短；长侧枝聚繖花序头状，具密聚的无柄小穗 3 至数个；小穗披针形或卵状披针形，长 3 ～ 6.5mm，宽 1 ～ 1.5mm，基部钝或几圆形，顶端急尖，具 7 ～ 13 朵花；鳞片膜质，卵形或近宽卵形，长 1.5 ～ 2mm，宽 1 ～ 1.5mm，棕色或黄绿色，顶端有向外弯的短尖，仅被疏缘毛或有时背面被疏微柔毛，背面具龙骨状突起，具黄绿色脉 1 条，稀 3 条；雄蕊 1 稀为 2 个，花药长圆形，顶端急尖。小坚果倒卵形，三棱形，长 0.8mm，宽 0.5 ～ 0.6mm，白色或淡黄色，表面细胞呈方形网纹，顶端截形或微凹，具盘状的花柱基。花果期 4 ～ 10 月（图 6-59）。

（三）单穗水蜈蚣（*Kyllinga nemoralis*）

【特征】多年生草本，具匍匐根状茎。秆散生或疏丛生，细弱，扁锐三棱形，基部不膨大。叶通常短于秆，宽 2.5 ～ 4.5mm，平张，柔弱，边缘具疏锯齿；叶鞘短，褐色，或具紫褐色斑点，最下面的叶鞘无叶片。苞片3～4枚，叶状，斜展，较花序长很多；穗状花序1个，少2～3个，圆卵形或球形，长5～9mm，宽5～7mm，具极多数小穗；小穗近于倒卵形或披针状长圆形，顶端渐尖，压扁，长2.5～3mm，具1朵花；鳞片膜质，舟状，长同于小穗，苍白色或麦秆黄色，具锈色斑点，两侧各具3～4条脉，背面龙骨状突起具翅，翅的下部狭，从中部至顶端较宽，且延伸出鳞片顶端呈稍外弯的短尖，翅边缘具缘毛状细刺；雄蕊3；花柱长，柱头2。小坚果长圆形或倒卵状长圆形，较扁，长约为鳞片的1/2，棕色，具密的细点，顶端具很短的短尖。花果期5～8月（图6-60）。

图6-60　单穗水蜈蚣

（四）碎米莎草（*Cyperus iria*）

【特征】一年生草本，无根状茎，具须根。秆丛生，细弱或稍粗壮，高8～85cm，扁三棱形，基部具少数叶，叶短于秆，宽2～5mm，平张或折合，叶鞘红棕色或棕紫色。叶状苞片3～5枚，下面的2～3枚常较花序长；长侧枝聚伞花序复出，很少为简单的，具4～9个辐射枝，辐射枝最长达12cm，每个辐射枝具5～10个穗状花序，或有时更多些；穗状花序卵形或长圆状卵形，长1～4cm，具5～22个小穗；小穗排列松散，斜展开，长圆形、披针形或线状披针形，压扁，长4～10mm，宽约2mm，具6～22朵花；小穗轴上近于无翅；鳞片排列疏松，膜质，宽倒卵形，顶端微缺，具极短的短尖，不突出于鳞片的顶端，背面具龙骨状突起，绿色，有3～5条脉，两侧呈黄色或麦秆黄色，上端具白色透明的边；雄蕊3，花丝着生在环形的胼胝体上，花药短，椭圆形，药隔不突出于花药顶端；花柱短，柱头3。小坚果倒卵形或椭圆形，三棱形，与鳞片等长，褐色，具密的微突起细点。花果期6～10月（图6-61）。

图6-61　碎米莎草

（五）香附子（*Cyperus rotundus*）

别名香附、香头草、梭梭草、金门莎草。

【特征】匍匐根状茎长，具椭圆形块茎。秆稍细弱，高 15 ～ 95cm，锐三棱形，平滑，基部呈块茎状。叶较多，短于秆，宽 2 ～ 5mm，平张；鞘棕色，常裂成纤维状。叶状苞片 2 ～ 3（5）枚，常长于花序，或有时短于花序；长侧枝聚伞花序简单或复出，具（2）3 ～ 10 个辐射枝；辐射枝最长达 12cm；穗状花序轮廓为陀螺形，稍疏松，具 3 ～ 10 个小穗（图 6-62）；小穗斜展开，线形，长 1 ～ 3cm，宽约 1.5mm，具 8 ～ 28 朵花；小穗轴具较宽的、白色透明的翅；鳞片稍密地复瓦状排列，膜质，卵形或长圆状卵形，长约 3mm，顶端急尖或钝，无短尖，中间绿色，两侧紫红色或红棕色，具 5 ～ 7 条脉；雄蕊 3，花药长，线形，暗血红色，药隔突出于花药顶端；花柱长，柱头 3，细长，伸出鳞片外。小坚果长圆状倒卵形，三棱形，长为鳞片的 1/3 ～ 2/5，具细点。花果期 5 ～ 11 月。

图 6-62　香附子

（六）矮扁莎（*Pycreus pumilus*）

【特征】一年生草本，具须根。秆丛生，高 1 ～ 15cm，稍纤细，扁三棱形，平滑。叶少，短于或长于秆，宽约 2mm，折合或平张。苞片 3 ～ 5 枚，叶状，长于花序，长侧枝聚繖花序简单，具 3 ～ 5 个辐射枝，或有时紧缩成头状，辐射枝长达 2cm，每一辐射枝具 10 ～ 20 个或更多小穗；小穗长圆形，线状长圆形，长 3 ～ 11mm，宽 1.5 ～ 2mm，压扁，具 8 ～ 30 朵花，少数至 40 朵花；小穗轴直，无翅；鳞片密复瓦状排列，膜质，卵形，长 1.2mm，顶端截形，或有时中间微凹，背面具明显龙骨状突起，绿色，具 3 ～ 5 条脉，常延伸出顶端成一短尖，两侧苍白色或黄白色；雄蕊通常 1 个，花药短，长圆形；花柱中等长，柱头 2，约与花柱等长。小坚果倒卵形或长圆形，双凸状，长为鳞片的 1/3 ～ 2/5，顶端具小短尖，灰褐色，密被微凸起细点。花果期 8 ～ 11 月（图 6-63）。

图 6-63　矮扁莎

图 6-64　异型莎草

（七）异型莎草（*Cyperus difformis*）

【特征】一年生草本，根为须根。秆丛生，稍粗或细弱，高 2～65cm，扁三棱形，平滑。叶短于秆，宽 2～6mm，平张或折合；叶鞘稍长，褐色（图 6-64）。苞片 2 枚，少 3 枚，叶状，长于花序；长侧枝聚繖花序简单，少数为复出，具 3～9 个辐射枝，辐射枝长短不等最长达 2.5cm，或有时近于无花梗；头状花序球形，具极多数小穗，直径 5～15mm；小穗密聚，披针形或线形，长 2～8mm，宽约 1mm，具 8～28 朵花；小穗轴无翅；鳞片排列稍松，膜质，近于扁圆形，顶端圆，长不及 1mm，中间淡黄色，两侧深红紫色或栗色边缘具白色透明的边，具 3 条不很明显的脉；雄蕊 2，有时 1 枚，花药椭圆形，药隔不突出于花药顶端；花柱极短，柱头 3，短。小坚果倒卵状椭圆形，三棱形，几与鳞片等长，淡黄色。花果期 7～10 月。

二十一、商陆科（Phytolaccaceae）

生活型：草本或灌木，稀为乔木。直立，稀攀缘；植株通常不被毛。叶：单叶互生，全缘，托叶无或细小。花：小，两性或有时退化成单性（雌雄异株），辐射对称或近辐射对称，排列成总状花序或聚伞花序、圆锥花序、穗状花序，腋生或顶生；花被片 4～5，分离或基部连合，大小相等或不等，叶状或花瓣状，在花蕾中覆瓦状排列，椭圆形或圆形，顶端钝，绿色或有时变色，宿存；雄蕊数目变异大，4～5或多数，着生花盘上，与花被片互生或对生或多数成不规则生长，花丝线形或钻状，分离或基部略相连，通常宿存，花药背着，2室，平行，纵裂；子房上位，间或下位，球形，心皮1至多数，分离或合生，每心皮有1基生、横生或弯生胚珠，花柱短或无，直立或下弯，与心皮同数，宿存。果：肉质，浆果或核果，稀蒴果；种子小，侧扁，双凸镜状或肾形、球形，直立，外种皮膜质或硬脆，平滑或皱缩；胚乳丰富，粉质或油质，为一弯曲的大胚所围绕。

（一）商　陆（*Phytolacca acinosa*）

别名白母鸡、猪母耳、金七娘、倒水莲、王母牛、见肿消、山萝卜、章柳。

【特征】多年生草本，高0.5～1.5m，全株无毛。根肥大，肉质，倒圆锥形，外皮淡黄色或灰褐色，内面黄白色。茎直立，圆柱形，有纵沟，肉质，绿色或红紫色，多分枝。叶片薄纸质，椭圆形、长椭圆形或披针状椭圆形，长10～30cm，宽4.5～15cm，顶端急尖或渐尖，基部楔形，渐狭，两面散生细小白色斑点（针晶体），背面中脉凸起；叶柄长1.5～3cm，粗壮，上面有槽，下面半圆形，基部稍扁宽（图6-65）。总状花序顶生或与叶对生，圆柱状，直立，通常比叶短，密生多花；花序梗长1～4cm；花梗基部的苞片线形，长约1.5mm，上部2枚小苞片线状披针形，均膜质；花梗细，长6～10（13）mm，基部变粗；花两性，直径约8mm；花被片5，白色、黄绿色，椭圆形、卵形或长圆形，顶端圆钝，长3～4mm，宽约2mm，大小相等，花后常反折；雄蕊8～10，与花被片近等长，花丝白色，钻形，基部成片状，宿存，花药椭圆形，粉红色；心皮通常为8，有时少至5或多至10，分离；花柱短，直立，顶端下弯，柱头不明显。果序直立；浆果扁球形，直径约7mm，熟时黑色；种子肾形，黑色，长约3mm，具三棱。花期5～8月，果期6～10月。

图6-65　商　陆

二十二、十字花科（Brassicaceae）

生活型：一年生、二年生或多年生植物，常具有一种含黑芥子硫苷酸的细胞而产生一种特殊的辛辣气味，多数是草本，很少呈亚灌木状。植株具有各式的毛，毛为单毛、分枝毛、星状毛或腺毛，也有无毛的。叶：有二型：基生叶呈旋叠状或莲座状；茎生叶通常互生，有柄或无柄，单叶全缘、有齿或分裂，基部有时抱茎或半抱茎，有时呈各式深浅不等的羽状分裂（如大头羽状分裂）或羽状复叶；通常无托叶。花：整齐，两性，少有退化成单性的；花多数聚集成一总状花序，顶生或腋生，偶有单生的，当花刚开放时，花序近似伞房状，以后花序轴逐渐伸长而呈总状花序，每花下无苞或有苞；萼片4片，分离，排成2轮，直立或开展，有时基部呈囊状；花瓣4片，分离，成十字形排列，花瓣白色、黄色、粉红色、淡紫色、淡紫红色或紫色，基部有时具爪，少数种类花瓣退化或缺少，有的花瓣不等大；雄蕊通常6个，也排列成2轮，外轮的2个，具较短的花丝，内轮的4个，具较长的花丝，这种4个长2个短的雄蕊称为"四强雄蕊"，有时雄蕊退化至4个或2个，或多至16个，花丝有时成对连合，有时向基部加宽或扩大呈翅状；在花丝基部常具蜜腺，在短雄蕊基部周围的，称"侧蜜腺"，在2个长雄蕊基部外围或中间的，称"中蜜腺"，有时无中蜜腺；雌蕊1个，子房上位，由于假隔膜的形成，子房2室，少数无假隔膜时，子房1室，每室有胚珠1至多个，排列成1或2行，生在胎座框上，形成侧膜胎座，花柱短或缺，柱头单一或2裂。果：为长角果或短角果，有翅或无翅，有刺或无刺，或有其他附属物；角果成熟后自下而上成2果瓣开裂，也有成4果瓣开裂的；有的角果成一节一节地横断分裂，每节有1个种子，有的种类果实迟裂或不裂；有的果实变为坚果状；果瓣扁平或突起、或呈舟状，无脉或有1～3脉；少数顶端具或长或短的喙。

（一）荠（*Capsella bursa-pastoris*）

别名地米菜、芥、荠菜。

【特征】一年或二年生草本，高（7）10～50cm，无毛、有单毛或分叉毛；茎直立，单一或从下部分枝。基生叶丛生呈莲座状，大头羽状分裂，长可达12cm，宽可达2.5cm，顶裂片卵形至长圆形，长5～30mm，宽2～20mm，侧裂片3～8对，长圆形至卵形，长5～15mm，顶端渐尖，浅裂、或有不规则粗锯齿或近全缘，叶柄长5～40mm；茎生叶窄披针形或披针形，长5～6.5mm，宽2～15mm，基部箭形，抱茎，边缘有缺刻或锯齿。总状花序顶生及腋生，果期延长达20cm；花梗长3～8mm；萼片长圆形，长1.5～2mm；花瓣白色，卵形，长2～3mm，有短爪。短角果倒三角形或倒心状三角形，长5～8mm，宽4～7mm，扁平，无毛，顶端微凹，裂瓣具网脉；花柱长约0.5mm；果梗长5～15mm。种子2行，长椭圆形，长约1mm，浅褐色。花果期4～6月（图6-66）。

图6-66　荠

（二）碎米荠（*Cardamine hirsuta*）

别名宝岛碎米荠。

【特征】一年生小草本，高15～35cm。茎直立或斜升，分枝或不分枝，下部有时淡紫色，被较密柔毛，上部毛渐少。基生叶具叶柄，有小叶2～5对，顶生小叶肾形或肾圆形，长4～10mm，宽5～13mm，边缘有3～5圆齿，小叶柄明显，侧生小叶卵形或圆形，较顶生的形小，基部楔形而两侧稍歪斜，边缘有2～3圆齿，有或无小叶柄；茎生叶具短柄，有小叶3～6对，生于茎下部的与基生叶相似，生于茎上部的顶生小叶菱状长卵形，顶端3齿裂，侧生小叶长卵形至线形，多数全缘；全部小叶两面稍有毛。总状花序生于枝顶，花小，直径约3mm，花梗纤细，长2.5～4mm；萼片绿色或淡紫色，长椭圆形，长约2mm，边缘膜质，外面有疏毛；花瓣白色，倒卵形，长3～5mm，顶端钝，向基部渐狭；花丝稍扩大；雌蕊柱状，花柱极短，柱头扁球形。长角果线形，稍扁，无毛，长达30mm；果梗纤细，直立开展，长4～12mm。种子椭圆形，宽约1mm，顶端有的具明显的翅。花期2～4月，果期4～6月（图6-67）。

图6-67　碎米荠

（三）臭独行菜（*Lepidium didymum*）

别名芸芥、臭芸芥、臭荠。

【特征】一年或二年生匍匐草本，高5～30cm，全体有臭味；主茎短且不显明，基部多分枝，无毛或有长单毛。叶为一回或二回羽状全裂，裂片3～5对，线形或窄长圆形，长4～8mm，宽0.5～1mm，顶端急尖，基部楔形，全缘，两面无毛；叶柄长5～8mm（图6-68）。花极小，直径约1mm，萼片具白

图6-68　臭独行菜

色膜质边缘；花瓣白色，长圆形，比萼片稍长，或无花瓣；雄蕊通常 2。短角果肾形，长约 1.5mm，宽 2～2.5mm，2 裂，果瓣半球形，表面有粗糙皱纹，成熟时分离成 2 瓣。种子肾形，长约 1mm，红棕色。花期 3 月，果期 4～5 月。

（四）播娘蒿（*Descurainia sophia*）

别名腺毛播娘蒿。

【特征】一年生草本，高 20～80cm，有毛或无毛，毛为叉状毛，以下部茎生叶为多，向上渐少。茎直立，分枝多，常于下部成淡紫色。叶为 3 回羽状深裂，长 2～12（15）cm，末端裂片条形或长圆形，裂片长（2）3～5（10）mm，宽 0.8～1.5（2）mm，下部叶具柄，上部叶无柄。花序伞房状，果期伸长；萼片直立，早落，长圆条形，背面有分叉细柔毛；花瓣黄色，长圆状倒卵形，长 2～2.5mm，或稍短于萼片，具爪；雄蕊 6 枚，比花瓣长 1/3。长角果圆筒状，长 2.5～3cm，宽约 1mm，无毛，稍内曲，与果梗不成 1 条直线，果瓣中脉明显；果梗长 1～

图 6-69　播娘蒿

2cm。种子每室 1 行，种子形小，多数，长圆形，长约 1mm，稍扁，淡红褐色，表面有细网纹。花期 4～5 月（图 6-69）。

（五）诸葛菜（*Orychophragmus violaceus*）

别名二月兰、紫金菜、菜子花、短梗南芥、毛果诸葛菜、缺刻叶诸葛菜。

【特征】一年或二年生草本，高 10～50cm，无毛；茎单一，直立，基部或上部稍有分枝，浅绿色或带紫色（图 6-70）。基生叶及下部茎生叶大头羽状全裂，顶裂片近圆形或短卵形，长 3～7cm，宽 2～3.5cm，顶端钝，基部心形，有钝齿，侧裂片 2～6 对，卵形或三角状卵形，长 3～10mm，越向下越小，偶在叶轴上杂有极小裂片，全缘或有牙齿，叶柄长 2～4cm，疏生细柔毛；上部

图 6-70　诸葛菜

叶长圆形或窄卵形，长 4 ～ 9cm，顶端急尖，基部耳状，抱茎，边缘有不整齐牙齿。花紫色、浅红色或褪成白色，直径 2 ～ 4cm；花梗长 5 ～ 10mm；花萼筒状，紫色，萼片长约 3mm；花瓣宽倒卵形，长 1 ～ 1.5cm，宽 7 ～ 15mm，密生细脉纹，爪长 3 ～ 6mm。长角果线形，长 7 ～ 10cm。具四棱，裂瓣有 1 突出中脊，喙长 1.5 ～ 2.5cm；果梗长 8 ～ 15mm。种子卵形至长圆形，长约 2mm，稍扁平，黑棕色，有纵条纹。花期 4 ～ 5 月，果期 5 ～ 6 月。

（六）蔊　菜（*Rorippa indica*）

别名印度蔊菜。

【特征】一、二年生直立草本，高 20 ～ 40cm，植株较粗壮，无毛或具疏毛。茎单一或分枝，表面具纵沟。叶互生，基生叶及茎下部叶具长柄，叶形多变化，通常大头羽状分裂，长 4 ～ 10cm，宽 1.5 ～ 2.5cm，顶端裂片大，卵状披针形，边缘具不整齐牙齿，侧裂片 1 ～ 5 对；茎上部叶片宽披针形或匙形，边缘具疏齿，具短柄或基部耳状抱茎。总状花序顶生或侧生，花小，多数，具细花梗；萼片 4，卵状长圆形，长 3 ～ 4mm；花瓣 4，黄色，匙形，基部渐狭成短爪，与萼片近等长；雄蕊 6，2 枚稍短。长角果线状圆柱形，短而粗，长 1 ～ 2cm，宽 1 ～ 1.5mm，直立或稍内弯，成熟时果瓣隆起；果梗纤细，长 3 ～ 5mm，斜升或近水平开展。种子每室 2 行，多数，细小，卵圆形而扁，一端微凹，表面褐色，具细网纹；子叶缘倚胚根。花期 4 ～ 6 月，果期 6 ～ 8 月（图 6-71）。

图 6-71　蔊　菜

二十三、石竹科（Caryophyllaceae）

生活型：一年生或多年生草本，稀亚灌木。茎：茎节通常膨大，具关节。叶：单叶对生，稀互生或轮生，全缘，基部多少连合；托叶有，膜质，或缺。花：辐射对称，两性，稀单性，排列成聚伞花序或聚伞圆锥花序，稀单生，少数呈总状花序、头状花序、假轮伞花序或伞形花，序，有时具闭花受精花；萼片 5，稀 4，草质或膜质，宿存，覆瓦状排列或合生成筒状；花瓣 5，稀 4，无爪或具爪，瓣片全缘或分裂，通常爪和瓣片之间具 2 片状或鳞片状副花冠片，稀缺花瓣；雄蕊 10，二轮列，稀 5 或 2；雌蕊 1，由 2 ～ 5 合生心皮构成，子房上位，3室或基部1室，上部3～5室，特立中央胎座或基底胎座，具1至多数胚珠；花柱（1）2～5，有时基部合生，稀合生成单花柱。果：蒴果，长椭圆形、圆柱形、卵形或圆球形，果皮壳质、膜质或纸质，顶端齿裂或瓣裂，开裂数与花柱同数或为其2倍，稀为浆果状、不规则开裂或为瘦果；种子弯生，多数或少数，稀1粒，肾形、卵形、圆盾形或圆形，微扁；种脐通常位于种子凹陷处，稀盾状着生；种皮纸质，表面具有以种脐为圆心的、整齐排列为数层半环形的颗粒状、短线纹或瘤状凸起，稀表面近平滑或种皮为海绵质；种脊具槽、圆钝或锐，稀具流苏状篦齿或翅；胚环形或半圆形，围绕胚乳或劲直，胚乳偏于一侧；胚乳粉质。

（一）鹅肠菜（*Myosoton aquaticum*）

别名鹅儿肠、大鹅儿肠、石灰菜、鹅肠草、牛繁缕。

【特征】二年生或多年生草本，具须根。茎上升，多分枝，长50～80cm，上部被腺毛。叶片卵形或宽卵形，长2.5～5.5cm，宽1～3cm，顶端急尖，基部稍心形，有时边缘具毛；叶柄长5～15mm，上部叶常无柄或具短柄，疏生柔毛。顶生二歧聚伞花序；苞片叶状，边缘具腺毛；花梗细，长1～2cm，花后伸长并向下弯，密被腺毛；萼片卵状披针形或长卵形，长4～5mm，果期长达7mm，顶端较钝，边缘狭膜质，外面被腺柔毛，脉纹不明显；花瓣白色，2深裂至基部，裂片线形或披针状线形，长3～3.5mm，宽约1mm；雄蕊10，稍短于花瓣；子房长圆形，花柱短，线形。

图 6-72　鹅肠菜

蒴果卵圆形，稍长于宿存萼；种子近肾形，直径约1mm，稍扁，褐色，具小疣。花期5～8月，果期6～9月（图6-72）。

（二）球序卷耳（*Cerastium glomeratum*）

别名圆序卷耳、婆婆指甲菜。

【特征】一年生草本，高10～20cm。茎单生或丛生，密被长柔毛，上部混生腺毛。茎下部叶叶片匙形，顶端钝，基部渐狭成柄状；上部茎生叶叶片倒卵状椭圆形，长1.5～2.5cm，宽5～10mm，顶端急尖，基部渐狭成短柄状，两面皆被长柔毛，边缘具缘毛，中脉明显。聚伞花序呈簇生状或呈头状；花序轴密被腺柔毛；苞片草质，卵状椭圆形，密被柔毛；花梗细，长 1 ～ 3mm，密被柔毛；萼片 5，披针形，长约 4mm，顶端尖，外面密被长腺毛，边缘狭膜质；花瓣 5，白色，线状长圆形，与萼片近等长或微长，顶端 2 浅裂，基部被疏柔毛；雄蕊明显短于萼；花柱 5。蒴果长圆柱形，长于宿存萼 0.5 ～ 1 倍，顶端 10 齿裂；种子褐色，扁三角形，具疣状突起。花期 3 ～ 4 月，果期 5 ～ 6 月（图 6-73）。

图 6-73 球序卷耳

（三）无瓣繁缕（*Stellaria pallida*）

别名小繁缕。

【特征】茎通常铺散，有时上升，基部分枝有 1 列长柔毛，但绝不被腺柔毛。叶小，叶片近卵形，长 5 ～ 8mm，有时达 1.5cm，顶端急尖，基部楔形，两面无毛，上部及中部者无柄，下部者具长柄。二歧聚伞状花序；花梗细长；萼片披针形，长 3 ～ 4mm，顶端急尖，稀卵圆状披针形而近钝，多少被密柔毛，稀无毛；花瓣无或小，近于退化；雄蕊（0）3 ～ 5（10）；花柱极短。种子小，淡红褐色，直径 0.7 ～ 0.8mm，具不显著的小瘤突，边缘多少锯齿状或近平滑（图 6-74）。

图 6-74 无瓣繁缕

二十四、五加科（Araliaceae）

生活型：乔木、灌木或木质藤本，稀多年生草本，有刺或无刺。叶：互生，稀轮生，单叶、掌状复叶或羽状复叶；托叶通常与叶柄基部合生成鞘状，稀无托叶。花：整齐，两性或杂性，稀单性异株，聚生为伞形花序、头状花序、总状花序或穗状花序，通常再组成圆锥状复花序；苞片宿存或早落；小苞片不显著；花梗无关节或有关节；萼筒与子房合生，边缘波状或有萼齿；花瓣 5 ～ 10，在花芽中镊合状排列或覆瓦状排列，通常离生，稀合生成帽状体；雄蕊与花瓣同数而互生，有时为花瓣的两倍，或无定数，着生于花盘边缘；花丝线形或舌状；花药长圆形或卵形，丁字状着生；子房下位，2 ～ 15 室，稀 1 室或多室至无定数；花柱与子房室同数，离生；或下部合生上部离生，或全部合生成柱状，稀无花柱而柱头直接生于子房上；花盘上位，肉质，扁圆锥形或环形；胚珠倒生，单个悬垂于子房室的顶端。果：浆果或核果，外果皮通常肉质，内果皮骨质、膜质、或肉质而与外果皮不易区别。种子通常侧扁，胚乳匀一或嚼烂状。

（一）天胡荽（*Hydrocotyle sibthorpioides*）

别名满天星、圆地炮、龙灯碗、小叶铜钱草、细叶钱凿口、鹅不食草、石胡荽。

【特征】多年生草本，有气味。茎细长而匍匐，平铺地上成片，节上生根。叶片膜质至草质，圆形或肾圆形，长 0.5～1.5cm，宽 0.8～2.5cm，基部心形，两耳有时相接，不分裂或 5～7 裂，裂片阔倒卵形，边缘有钝齿，表面光滑，背面脉上疏被粗伏毛，有时两面光滑或密被柔毛；叶柄长 0.7～9cm，无毛或顶端有毛；托叶略呈半圆形，薄膜质，全缘或稍有浅裂。伞形花序与叶对生，单生于节上；花序梗纤细，长 0.5～3.5cm，短

图 6-75　天胡荽

于叶柄 1～3.5 倍；小总苞片卵形至卵状披针形，长 1～1.5mm，膜质，有黄色透明腺点，背部有 1 条不明显的脉；小伞形花序有花 5～18，花无柄或有极短的柄，花瓣卵形，长约 1.2mm，绿白色，有腺点；花丝与花瓣同长或稍超出，花药卵形；花柱长 0.6～1mm。果实略呈心形，长 1～1.4mm，宽 1.2～2mm，两侧扁压，中棱在果熟时极为隆起，幼时表面草黄色，成熟时有紫色斑点。花果期 4～9 月（图 6-75）。

（二）破铜钱（*Hydrocotyle sibthorpioides* var. *batrachium*）

别名满天星、圆地炮、龙灯碗、小叶铜钱草、细叶钱凿口、鹅不食草、石胡荽。

【特征】与天胡荽的区别为叶片较小，3～5 深裂几达基部，侧面裂片间有一侧或两侧仅裂达基部 1/3 处，裂片均呈楔形（图 6-76）。

图 6-76　破铜钱

（三）南美天胡荽（*Hydrocotyle verticillata*）

别名香菇草。

【特征】多年生草本，茎蔓性，株高 5 ～ 15cm，节上常生根；叶具长柄，圆盾形，边缘波状，绿色，光亮；伞形花序，小花白色（图 6-77）。

图 6-77　南美天胡荽

二十五、苋科（Amaranthaceae）

生活型：一年或多年生草本，少数攀缘藤本或灌木。叶：互生或对生，全缘，少数有微齿，无托叶。花：小，两性或单性同株或异株，或杂性，有时退化成不育花，花簇生在叶腋内，成疏散或密集的穗状花序、头状花序、总状花序或圆锥花序；苞片 1 及小苞片 2，干膜质，绿色或着色；花被片 3 ～ 5，干膜质，覆瓦状排列，常和果实同脱落，少有宿存；雄蕊常和花被片等数且对生，偶较少，花丝分离，或基部合生成杯状或管状，花药 2 室或 1 室；有或无退化雄蕊；子房上位，1 室，具基生胎座，胚珠 1 个或多数，珠柄短或伸长，花柱 1 ～ 3，宿存，柱头头状或 2 ～ 3 裂。果：胞果或小坚果，少数为浆果，果皮薄膜质，不裂、不规则开裂或顶端盖裂。种子 1 个或多数，凸镜状或近肾形，光滑或有小疣点，胚环状，胚乳粉质。

（一）凹头苋（*Amaranthus blitum*）

别名野苋。

【特征】一年生草本，高 10 ～ 30cm，全体无毛；茎伏卧而上升，从基部分枝，淡绿色或紫红色。叶片卵形或菱状卵形，长 1.5 ～ 4.5cm，宽 1 ～ 3cm，顶端凹缺，有 1 芒尖，或微小不显，基部宽楔形，全缘或稍呈波状；叶柄长 1 ～ 3.5cm。花成腋生花簇，直至下部叶的腋部，生在茎端和枝端者成直立穗状花序或圆锥花序；苞片及小苞片矩圆形，长不及 1mm；花被片矩圆形或披针形，长 1.2 ～ 1.5mm，淡绿色，顶端急尖，边缘

图 6-78　凹头苋

内曲，背部有 1 隆起中脉；雄蕊比花被片稍短；柱头 3 或 2，果熟时脱落。胞果扁卵形，长 3mm，不裂，微皱缩而近平滑，超出宿存花被片。种子环形，直径约 12mm，黑色至黑褐色，边缘具环状边。花期 7 ～ 8 月，果期 8 ～ 9 月（图 6-78）。

（二）灰绿藜（*Chenopodium glaucum*）

别名灰菜。

【特征】一年生草本，高 20～40cm。茎平卧或外倾，具条棱及绿色或紫红色色条。叶片矩圆状卵形至披针形，长 2～4cm，宽 6～20mm，肥厚，先端急尖或钝，基部渐狭，边缘具缺刻状牙齿，上面无粉，平滑，下面有粉而呈灰白色，有稍带紫红色；中脉明显，黄绿色；叶柄长 5～10mm。花两性兼有雌性，通常数花聚成团伞花序，再于分枝上排列成有间断而通常短于叶的穗状或圆锥状花序；花被裂片 3～4，浅绿色，稍肥厚，通常无粉，狭矩圆形或倒卵状披针形，

图 6-79　灰绿藜

长不及 1mm，先端通常钝；雄蕊 1～2，花丝不伸出花被，花药球形；柱头 2，极短。胞果顶端露出于花被外，果皮膜质，黄白色。种子扁球形，直径 0.75mm，横生、斜生及直立，暗褐色或红褐色，边缘钝，表面有细点纹。花果期 5～10 月（图 6-79）。

（三）喜旱莲子草（*Alternanthera philo-xeroides*）

别名空心莲子草、水花生、革命草、水蕹菜、空心苋、长梗满天星、空心莲子菜。

【特征】多年生草本；茎基部匍匐，上部上升，管状，不明显四棱，长 55～120cm，具分枝，幼茎及叶腋有白色或锈色柔毛，茎老时无毛，仅在两侧纵沟内保留。叶片矩圆形、矩圆状倒卵形或倒卵状披针形，长 2.5～5cm，宽 7～20mm（图 6-80），顶端急尖或圆钝，具短尖，基部渐狭，全缘，两面无毛或上面有贴生毛及缘毛，下面有颗粒状

图 6-80　喜旱莲子草

突起；叶柄长 3～10mm，无毛或微有柔毛。花密生，成具总花梗的头状花序，单生在叶腋，球形，直径 8～15mm；苞片及小苞片白色，顶端渐尖，具 1 脉；苞片卵形，长 2～2.5mm，小苞片披针形，长 2mm；花被片矩圆形，长 5～6mm，白色，光亮，无毛，顶端急尖，背部侧扁；雄蕊花丝长 2.5～3mm，基部连合成杯状；退化雄蕊矩圆状条形，和雄蕊约等长，顶端裂成窄条；子房倒卵形，具短柄，背面侧扁，顶端圆形。果实未见。花期 5～10 月。

（四）牛　膝（*Achyranthes bidentata*）

别名牛磕膝、倒扣草、怀牛膝。

【特征】多年生草本，高 70 ～ 120cm；根圆柱形，直径 5 ～ 10mm，土黄色；茎有棱角或四方形，绿色或带紫色，有白色贴生或开展柔毛，或近无毛，分枝对生。叶片椭圆形或椭圆披针形，少数倒披针形，长 4.5 ～ 12cm，宽 2 ～ 7.5cm，顶端尾尖，尖长 5 ～ 10mm，基部楔形或宽楔形，两面有贴生或开展柔毛；叶柄长 5 ～ 30mm，有柔毛。穗状花序顶生及腋生，长 3 ～ 5cm，花期后

图 6-81　牛　膝

反折；总花梗长 1 ～ 2cm，有白色柔毛；花多数，密生，长 5mm；苞片宽卵形，长 2 ～ 3mm，顶端长渐尖；小苞片刺状，长 2.5 ～ 3mm，顶端弯曲，基部两侧各有 1 卵形膜质小裂片，长约 1mm；花被片披针形，长 3 ～ 5mm，光亮，顶端急尖，有 1 中脉；雄蕊长 2 ～ 2.5mm；退化雄蕊顶端平圆，稍有缺刻状细锯齿。胞果矩圆形，长 2 ～ 2.5mm，黄褐色，光滑。种子矩圆形，长 1mm，黄褐色。花期 7 ～ 9 月，果期 9 ～ 10 月（图 6-81）。

二十六、玄参科（Scrophulariaceae）

生活型：草本、灌木或少有乔木。叶：互生、下部对生而上部互生、或全对生、或轮生，无托叶。花：花序总状、穗状或聚伞状，常合成圆锥花序，向心或更多离心。花常不整齐；萼下位，常宿存，5 少有 4 基数；花冠 4 ～ 5 裂，裂片多少不等或作二唇形；雄蕊常 4 枚，而有一枚退化，少有 2 ～ 5 枚或更多，药 1 ～ 2 室，药室分离或多少汇合；花盘常存在，环状，杯状或小而似腺；子房 2 室，极少仅有 1 室；花柱简单，柱头头状或 2 裂或 2 片状；胚珠多数，少有各室 2 枚，倒生或横生。果：蒴果，少有浆果状，具生于 1 游离的中轴上或着生于果爿边缘的胎座上；种子细小，有时具翅或有网状种皮，脐点侧生或在腹面，胚乳肉质或缺少；胚伸直或弯曲。

（一）婆婆纳（*Veronica polita*）

别名豆豆蔓、老蔓盘子、老鸦枕头。

【特征】铺散多分枝草本，多少被长柔毛，高 10 ～ 25cm。叶仅 2 ～ 4 对（腋间有花的为苞片），具 3 ～ 6mm 长的短柄，叶片心形至卵形，长 5 ～ 10mm，宽 6 ～ 7mm，每边有 2 ～ 4 个深刻的钝齿，两面被白色长柔毛。总状花序很长；苞片叶状，下部的对生或全部互生；花

梗比苞片略短；花萼裂片卵形，顶端急尖，果期稍增大，三出脉，疏被短硬毛；花冠淡紫色、蓝色、粉色或白色，直径 4 ～ 5mm，裂片圆形至卵形；雄蕊比花冠短。蒴果近于肾形，密被腺毛，略短于花萼，宽 4 ～ 5mm，凹口约为 90°，裂片顶端圆，脉不明显，宿存的花柱与凹口齐或略过之。种子背面具横纹，长约 1.5mm。花期 3 ～ 10 月（图 6-82）。

（二）阿拉伯婆婆纳（*Veronica persica*）

别名波斯婆婆纳、肾子草。

【特征】铺散多分枝草本，高 10 ～ 50cm。茎密生两列多细胞柔毛。叶 2 ～ 4 对（腋内生花的称苞片），具短柄，卵形或圆形，长 6 ～ 20mm，宽 5 ～ 18mm，基部浅心形，平截或浑圆，边缘具钝齿，两面疏生柔毛。总状花序很长；苞片互生，与叶同形且几乎等大；花梗比苞片长，有的超过 1 倍；花萼花期长仅 3 ～ 5mm，果期增大达 8mm，裂片卵状披针形，有睫毛，三出脉；花冠蓝色、紫色或蓝紫色，长 4 ～ 6mm，裂片卵形至圆形，喉部疏被毛；雄蕊短于花冠。蒴果肾形，长 5 ～ 20mm，宽约 7mm，被腺毛，成熟后几乎无毛，网脉明显，凹口角度超过 90°，裂片钝，宿存的花柱长约 2.5mm，超出凹口（图 6-83）。种子背面具深的横纹，长约 1.6mm。花期 3 ～ 5 月。

（三）蚊母草（*Veronica peregrina*）

别名仙桃草、水蓑衣。

【特征】株高 10 ～ 25cm，通常自基部多分枝，主茎直立，侧枝披散，全体无毛或疏生柔毛。叶无柄，下部的倒披针形，上部的长矩圆形，长 1 ～ 2cm，宽 2 ～ 6mm，全缘或中上端有三角状锯齿。总状花序长，果期达 20cm；苞片与叶同形而略小；花梗极短；花萼裂片长矩圆形至宽条形，长 3 ～ 4mm；花冠白色或

图 6-82　婆婆纳

图 6-83　阿拉伯婆婆纳

浅蓝色，长2mm，裂片长矩圆形至卵形；雄蕊短于花冠。蒴果倒心形，明显侧扁，长3～4mm，宽略过之，边缘生短腺毛，宿存的花柱不超出凹口。种子矩圆形。花期5～6月（图6-84）。

（四）通泉草（*Mazus pumilus*）

【特征】一年生草本，高3～30cm，无毛或疏生短柔毛。主根伸长，垂直向下或短缩，须根纤细，多数，散生或簇生。本种在体态上变化幅度很大，茎1～5支或有时更多，直立，上升或倾卧状上升，着地部分节上常能长出不定根，分枝多而披散，少不分枝。基生叶少到多数，有时成莲座状或早落，倒卵状匙形至卵状倒披针形，膜质至薄纸质，长2～6cm，顶端全缘或有不明显的疏齿，基部楔形，下延成带翅的叶柄，边缘具不规则的粗齿或基部有1～2片浅羽裂；茎生叶对生或互生，少数，与基生叶相似或几乎等大。总状花序生于茎、枝顶端，常在近基部即生花，伸长或上部成束状，通常3～20朵，花稀疏；花梗在果期长达10mm，上部的较短；花萼钟状，花期长约6mm，果期多少增大，萼片与萼筒近等长，卵形，端急尖，脉不明显；花冠白色、紫色或蓝色，长约10mm，上唇裂片卵状三角形，下唇中裂片较小，稍突出，倒卵圆形；子房无毛。蒴果球形（图6-85）；种子小而多数，黄色，种皮上有不规则的网纹。花果期4～10月。

图6-84　蚊母草

图6-85　通泉草

二十七、旋花科（Convolvulaceae）

生活型：草本、亚灌木或灌木，偶为乔木，在干旱地区有些种类变成多刺的矮灌丛，或为寄生植物（菟丝子属 *Cuscuta*）；被各式单毛或分叉的毛；植物体常有乳汁；具双韧维管束；

有些种类地下具肉质的块根。茎：缠绕或攀缘，有时平卧或匍匐，偶有直立。叶：互生，螺旋排列，寄生种类无叶或退化成小鳞片，通常为单叶，全缘，或不同深度的掌状或羽状分裂，甚至全裂，叶基常心形或戟形；无托叶，有时有假托叶（为缩短的腋枝的叶）；通常有叶柄。花：通常美丽，单生于叶腋，或少花至多花组成腋生聚伞花序，有时总状，圆锥状，伞形或头状，极少为二歧蝎尾状聚伞花序。苞片成对，通常很小，有时叶状，有时总苞状，或在盾苞藤属苞片在果期极增大托于果下。花整齐，两性，5 数；花萼分离或仅基部连合，外萼片常比内萼片大，宿存，有些种类在果期增大。花冠合瓣，漏斗状、钟状、高脚碟状或坛状；冠檐近全缘或 5 裂，极少每裂片又具 2 小裂片，蕾期旋转折扇状或镊合状至内向镊合状；花冠外常有 5 条明显的被毛或无毛的瓣中带。雄蕊与花冠裂片等数互生，着生花冠管基部或中部稍下，花丝丝状，有时基部稍扩大，等长或不等长；花药 2 室，内向开裂或侧向纵长开裂；花粉粒无刺或有刺；在菟丝子属中，花冠管内雄蕊之下有流苏状的鳞片。花盘环状或杯状。子房上位，由 2（稀 3～5）心皮组成，1～2 室，或因有发育的假隔膜而为 4 室，稀 3 室，心皮合生，极少深 2 裂；中轴胎座，每室有 2 枚倒生无柄胚珠，子房 4 室时每室 1 胚珠；花柱 1～2，丝状，顶生或少有着生心皮基底间，不裂或上部 2 尖裂，或几无花柱；柱头各式。果：通常为蒴果，室背开裂、周裂、盖裂或不规则破裂，或为不开裂的肉质浆果，或果皮干燥坚硬呈坚果状。种子和胚珠同数，或由于不育而减少，通常呈三棱形，种皮光滑或有各式毛；胚乳小，肉质至软骨质；胚大，具宽的、褶皱或折扇状、全缘或凹头或 2 裂的子叶，菟丝子属的胚线形螺蜷，无子叶或退化为细小的鳞片状。

（一）打碗花（*Calystegia hederacea*）

别名老母猪草、旋花苦蔓、扶子苗、狗儿秧、小旋花、喇叭花。

【特征】一年生草本，全体不被毛，植株通常矮小，高 8～30（40）cm，常自基部分枝，具细长白色的根。茎细，平卧，有细棱（图 6-86）。基部叶片长圆形，长 2～3（5.5）cm，宽 1～2.5cm，顶端圆，基部戟形，上部叶片 3 裂，中裂片长圆形或长圆状披针形，侧裂片近三角形，全缘或 2～3 裂，叶片基部心形或戟形；叶柄长 1～5cm。花腋生，1 朵，花梗长于叶柄，有细棱；苞片宽卵形，长 0.8～1.6cm，顶端钝或锐尖至渐尖；萼片长圆形，长 0.6～1cm，顶端钝，具小短尖头，内萼片稍短；花冠淡紫色或淡红色，钟状，长 2～4cm，冠檐近截形或微裂；雄蕊近等

图 6-86　打碗花

长，花丝基部扩大，贴生花冠管基部，被小鳞毛；子房无毛，柱头2裂，裂片长圆形，扁平。蒴果卵球形，长约1cm，宿存萼片与之近等长或稍短。种子黑褐色，长4～5mm，表面有小疣。

（二）牵　牛（*Ipomoea nil*）

别名裂叶牵牛、勤娘子、大牵牛花、筋角拉子、喇叭花、牵牛花。

【特征】一年生缠绕草本，茎上被倒向的短柔毛及杂有倒向或开展的长硬毛。叶宽卵形或近圆形，深或浅的3裂，偶5裂，长4～15cm，宽4.5～14cm，基部圆，心形，中裂片长圆形或卵圆形，渐尖或骤尖，侧裂片较短，三角形，裂口锐或圆，叶面或疏或密被微硬的柔毛；叶柄长2～15cm，毛被同茎。花腋生，单一或通常2朵着生于花序梗

图6-87　牵　牛

顶，花序梗长短不一，长1.5～18.5cm，通常短于叶柄，有时较长，毛被同茎；苞片线形或叶状，被开展的微硬毛；花梗长2～7mm；小苞片线形；萼片近等长，长2～2.5cm，披针状线形，内面2片稍狭，外面被开展的刚毛，基部更密，有时也杂有短柔毛；花冠漏斗状，长5～8（10）cm，蓝紫色或紫红色，花冠管色淡；雄蕊及花柱内藏；雄蕊不等长；花丝基部被柔毛；子房无毛，柱头头状。蒴果近球形，直径0.8～1.3cm，3瓣裂。种子卵状三棱形，长约6mm，黑褐色或米黄色，被褐色短绒毛（图6-87）。

（三）马蹄金（*Dichondra micrantha*）

别名金马蹄草、小灯盏、小金钱、小铜钱草、小半边钱、落地金钱、铜钱草。

【特征】多年生匍匐小草本，茎细长，被灰色短柔毛，节上生根。叶肾形至圆形，直径4～25mm，先端宽圆形或微缺，基部阔心形，叶面微被毛，背面被贴生短柔毛，全缘；具长的叶柄，叶柄长（1.5）3～5（6）cm（图6-88）。花单生叶腋，花柄短于叶柄，丝状；萼片倒卵状长圆形至匙形，钝，长2～3mm，背面及边缘被毛；花冠钟状，较短至稍长于萼，黄色，深5裂，裂片长圆状披针形，无毛；雄蕊5，着生于花冠2裂片间弯

图6-88　马蹄金

缺处，花丝短，等长；子房被疏柔毛，2室，具4枚胚珠，花柱2，柱头头状。蒴果近球形，小，短于花萼，直径约1.5mm，膜质。种子1～2，黄色至褐色，无毛。

二十八、荨麻科（Urticaceae）

生活型：草本、亚灌木或灌木，稀乔木或攀缘藤本，有时有刺毛；钟乳体点状、杆状或条形，在叶或有时在茎和花被的表皮细胞内隆起。茎：常富含纤维，有时肉质。叶：互生或对生，单叶；托叶存在，稀缺。花：极小，单性，稀两性，风媒传粉，花被单层，稀2层；花序雌雄同株或异株，若同株时常为单性，有时两性（即雌雄花混生于同一花序），稀具两性花而成杂性，由若干小的团伞花序排成聚伞状、圆锥状、总状、伞房状、穗状、串珠式穗状、头状，有时花序轴上端发育成球状、杯状或盘状多少肉质的花序托，稀退化成单花。雄花：花被片4～5，有时3或2，稀1，覆瓦状排列或镊合状排列；雄蕊与花被片同数，花药2室，成熟时药壁纤维层细胞不等收缩，引起药壁破裂，并与花丝内表皮垫状细胞膨胀运动协调作用，将花粉向上弹射出；退化雌蕊常存在。雌花：花被片5～9，稀2或缺，分生或多少合生，花后常增大，宿存；退化雄蕊鳞片状，或缺；雌蕊由一心皮构成，子房1室，与花被离生或贴生，具雌蕊柄或无柄；花柱单一或无花柱，柱头头状、画笔头状、钻形、丝形、舌状或盾形；胚珠1，直立。果：瘦果，有时为肉质核果状，常包被于宿存的花被内。种子具直生的胚；胚乳常为油质或缺；子叶肉质，卵形、椭圆形或圆形。

（一）苎　麻（*Boehmeria nivea*）

【特征】亚灌木或灌木，高0.5～1.5m；茎上部与叶柄均密被开展的长硬毛和近开展和贴伏的短糙毛。叶互生；叶片草质，通常圆卵形或宽卵形，少数卵形，长6～15cm，宽4～11cm，顶端骤尖，基部近截形或宽楔形，边缘在基部之上有牙齿，上面稍粗糙，疏被短伏毛，下面密被雪白色毡毛，侧脉约3对；叶柄长2.5～9.5cm（图6-89）；托叶分生，钻状披针形，长7～11mm，背面被毛。圆锥花序腋生，或植株上部的为雌性，其下的为雄性，或同一植株的全为雌性，长2～9cm；雄团伞花序直径1～3mm，有少数雄花；雌团伞花序直径0.5～2mm，有多数密集的雌花。雄花：花被片4，狭椭圆形，

图6-89　苎　麻

长约 1.5mm，合生至中部，顶端急尖，外面有疏柔毛；雄蕊 4，长约 2mm，花药长约 0.6mm；退化雌蕊狭倒卵球形，长约 0.7mm，顶端有短柱头。雌花：花被椭圆形，长 0.6 ～ 1mm，顶端有 2 ～ 3 小齿，外面有短柔毛，果期菱状倒披针形，长 0.8 ～ 1.2mm；柱头丝形，长 0.5 ～ 0.6mm。瘦果近球形，长约 0.6mm，光滑，基部突缩成细柄。花期 8 ～ 10 月。

（二）紫　麻（*Oreocnide frutescens*）

【特征】灌木稀小乔木，高 1 ～ 3m；小枝褐紫色或淡褐色，上部常有粗毛或近贴生的柔毛，稀被灰白色毡毛，以后渐脱落。叶常生于枝的上部，草质，以后有时变纸质，卵形、狭卵形、稀倒卵形，长 3 ～ 15cm，宽 1.5 ～ 6cm，先端渐尖或尾状渐尖，基部圆形，稀宽楔形，边缘自下部以上有锯齿或粗牙齿，上面常疏生糙伏毛，有时近平滑，下面常被灰白色毡毛，以后渐脱落，或只生柔毛或多少短伏毛，基出脉 3，其侧出的一对，稍弧曲，与最下一对侧脉环结，侧脉 2 ～ 3 对，在近边缘处彼此环结；叶柄长 1 ～ 7cm，被粗毛；托叶条状披针形，长约 10mm，先端尾状渐尖，背面中肋疏生粗毛。花序生于上年生枝和老枝上，几无梗，呈簇生状，团伞花簇径 3 ～ 5mm。雄花在芽时径约 1.5mm；

图 6-90　紫　麻

花被片 3，在下部合生，长圆状卵形，内弯，外面上部有毛；雄蕊 3；退化雌蕊棒状，长约 0.6mm，被白色绵毛。雌花无梗，长 1mm。瘦果卵球状，两侧稍压扁，长约 1.2mm；宿存花被变深褐色，外面疏生微毛，内果皮稍骨质，表面有多数细洼点；肉质花托浅盘状，围以果的基部，熟时则常增大呈壳斗状，包围着果的大部分。花期 3 ～ 5 月，果期 6 ～ 10 月（图 6-90）。

（三）小叶冷水花（*Pilea microphylla*）

别名透明草。

【特征】纤细小草本，无毛，铺散或直立。茎肉质，多分枝，高 3 ～ 17cm，粗 1 ～ 1.5mm，干时常变蓝绿色，密布条形钟乳体。叶很小，同对的不等大，倒卵形至匙形，长 3 ～ 7mm，宽 1.5 ～ 3mm，先端钝，基部楔形或渐狭，边缘全缘，稍反曲，上面绿色，下面浅绿色，干时呈细蜂巢状，钟乳体条形，上面明显，长 0.3 ～ 0.4mm，横向排列，整齐，叶脉羽状，中

脉稍明显，在近先端消失，侧脉数对，不明
显；叶柄纤细，长 1 ～ 4mm；托叶不明显，
三角形，长约 0.5mm。雌雄同株，有时同序，
聚伞花序密集成近头状，具梗，稀近无梗，
长 1.5 ～ 6mm。雄花具梗，在芽时长约 0.7mm；
花被片 4，卵形，外面近先端有短角状突起；
雄蕊 4；退化雌蕊不明显。雌花更小；花被片
3，稍不等长，果时中间的一枚长圆形，稍增
厚，与果近等长，侧生二枚卵形，先端锐尖，
薄膜质，较长的一枚短约 1/4；退化雄蕊不明
显。瘦果卵形，长约 0.4mm，熟时变褐色，光
滑。花期夏秋季，果期秋季（图 6-91）。

图 6-91　小叶冷水花

（四）毛花点草（*Nanocnide lobata*）

别名小九龙盘、蛇药草、灯笼草。

【特征】一年生或多年生草本。茎柔软，铺散丛生，自基部分枝，长 17 ～ 40cm，常半透
明，有时下部带紫色，被向下弯曲的微硬毛。叶膜质，宽卵形至三角状卵形，长 1.5 ～ 2cm，
宽 1.3 ～ 1.8cm，先端钝或锐尖，基部近截形至宽楔形，边缘每边具 4 ～ 5（7）枚不等大
的粗圆齿或近裂片状粗齿，齿三角状卵形，顶端锐尖或钝，长 2 ～ 5mm，先端的一枚常较
大，稀全绿，茎下部的叶较小，扇形，先端
钝或圆形，基部近截形或浅心形，上面深绿
色，疏生小刺毛和短柔毛，下面浅绿色，略
带光泽，在脉上密生紧贴的短柔毛，基出脉
3 ～ 5 条，两面散生短秆状钟乳体；叶柄在
茎下部的长过叶片，茎上部的短于叶片，被
向下弯曲的短柔毛；托叶膜质，卵形，长约
1mm，具缘毛。雄花序常生于枝的上部叶腋，
稀数朵雄花散生于雌花序的下部，具短梗，
长 5 ～ 12mm；雌花序由多数花组成团聚伞
花序，生于枝的顶部叶腋或茎下部裸茎的叶
腋内（有时花枝梢也无叶），直径 3 ～ 7mm，
具短梗或无梗（图 6-92）。雄花淡绿色，直
径 2 ～ 3mm；花被（4）5 深裂，裂片卵形，
长约 1.5mm，背面上部有鸡冠突起，其边缘

图 6-92　毛花点草

疏生白色小刺毛；雄蕊（4）5，长 2 ~ 2.5mm；退化雌蕊宽倒卵形，长约 0.5mm，透明。雌花长 1 ~ 1.5mm；花被片绿色，不等 4 深裂，外面一对较大，近舟形，长过子房，在背部龙骨上和边缘密生小刺毛，内面一对裂片较小，狭卵形，与子房近等长。瘦果卵形，压扁，褐色，长约 1mm，有疣点状突起，外面围以稍大的宿存花被片。花期 4 ~ 6 月，果期 6 ~ 8 月。

二十九、鸭跖草科（Commelinaceae）

生活型：一年生或多年生草本。茎：有的茎下部木质化，茎有明显的节和节间。叶：互生，有明显的叶鞘；叶鞘开口或闭合。花：通常在蝎尾状聚伞花序上，聚伞花序单生或集成圆锥花序，有的伸长而很典型，有的缩短成头状，有的无花序梗而花簇生，甚至有的退化为单花。顶生或腋生，腋生的聚伞花序有的穿透包裹它的那个叶鞘而钻出鞘外。花两性，极少单性。萼片 3 枚，分离或仅在基部连合，常为舟状或龙骨状，有的顶端盔状。花瓣 3 枚，分离，但在蓝耳草属（Cyanotis）和鞘苞花属（Amischophacelus）中，花瓣在中段合生成筒，而两端仍然分离。雄蕊 6 枚，全育或仅 2 ~ 3 枚能育而有 1 ~ 3 枚退化雄蕊；花丝有念珠状长毛或无毛；花药并行或稍稍叉开，纵缝开裂，罕见顶孔开裂；退化雄蕊顶端各式（4 裂成蝴蝶状，或 3 全裂，或 2 裂叉开成哑铃状，或不裂）；子房 3 室，或退化为 2 室，每室有 1 至数颗直生胚珠。果：大多为室背开裂的蒴果，稀为浆果状而不裂。种子大而少数，富含胚乳，种脐条状或点状，胚盖（脐眼一样的东西，胚就在它的下面）位于种脐的背面或背侧面。

（一）鸭跖草（*Commelina communis*）

别名淡竹叶、竹叶菜、鸭趾草、挂梁青、鸭儿草、竹芹菜。

【特征】一年生披散草本。茎匍匐生根，多分枝，长可达 1m，下部无毛，上部被短毛。叶披针形至卵状披针形，长 3 ~ 9cm，宽 1.5 ~ 2cm。总苞片佛焰苞状，有 1.5 ~ 4cm 的柄，与叶对生，折叠状，展开后为心形，顶端短急尖，基部心形，长 1.2 ~ 2.5cm，边缘常有硬毛；聚伞花序，下面一枝仅有花 1 朵，具长 8mm 的梗，不孕；上面一枝具花

图 6-93　鸭跖草

3 ~ 4 朵，具短梗，几乎不伸出佛焰苞。花梗花期长仅 3mm，果期弯曲，长不过 6mm；萼片膜质，长约 5mm，内面 2 枚常靠近或合生；花瓣深蓝色；内面 2 枚具爪，长近 1cm。蒴果椭圆形，长 5 ~ 7mm，2 室，2 片裂，有种子 4 颗。种子长 2 ~ 3mm，棕黄色，一端平截、腹面平，有不规则窝孔（图 6-93）。

（二）杜　若（*Pollia japonica*）

【特征】多年生草本，根状茎长而横走。茎直立或上升，粗壮，不分枝，高30～80cm，被短柔毛。叶鞘无毛；叶无柄或叶基渐狭，而延成带翅的柄；叶片长椭圆形，长10～30cm，宽3～7cm，基部楔形，顶端长渐尖，近无毛，上面粗糙。蝎尾状聚伞花序长2～4cm，常多个成轮排列，形成数个疏离的轮，也有不成轮的，一般地集成圆锥花序，花序总梗长15～30cm，花序远远地伸出叶子，各级花序轴和花梗被相当密的钩状毛；总苞片披针形，花梗长约5mm；萼片3枚，长约5mm，无毛，宿存；花瓣白色，倒卵状匙形，长约3mm；雄蕊6枚全育，近相等，或有时3枚略小些，偶有1～2枚不育的。果球状，果皮黑色，直径约5mm，每室有种子数颗。种子灰色带紫色。花期7～9月。果期9～10月（图6-94）。

图6-94　杜　若

三十、罂粟科（Papaveraceae）

生活型：草本或稀为亚灌木、小灌木或灌木，极稀乔木状（但木材软），一年生、二年生或多年生，无毛或被长柔毛，有时具刺毛，常有乳汁或有色液汁。主根明显，稀纤维状或形成块根，稀有块茎。叶：基生叶通常莲座状，茎生叶互生，稀上部对生或近轮生状，全缘或分裂，有时具卷须，无托叶。花：单生或排列成总状花序、聚伞花序或圆锥花序。花两性，规则的辐射对称至极不规则的两侧对称；萼片2或不常为3～4，通常分离，覆瓦状排列，早脱；花瓣通常二倍于花萼，4～8枚（有时近12～16枚）排列成2轮，稀无，覆瓦状排列，芽时皱褶，有时花瓣外面的2或1枚呈囊状或成距，分离或顶端黏合，大多具鲜艳的颜色，稀无色；雄蕊多数，分离，排列成数轮，源于向心系列，或4枚分离，或6枚合成2束，花丝通常丝状，或稀翅状或披针形或3深裂，花药直立，2室，药隔薄，纵裂，花粉粒2或3核，3至多孔，少为2孔，极稀具内孔；子房上位，2至多数合生心皮组成，标准的为1室，侧膜胎座，心皮于果时分离，或胎座的隔膜延伸到轴而成数室，或假隔膜的连合而成2室，胚珠多数，稀少数或1，倒生至有时横生或弯生，直立或平伸，具二层珠被，厚珠心，珠孔向内，珠脊向上或侧向，花柱单生，或短或长，有时近无，柱头通常与胎座同数，当柱头分离时，则与胎座互生，当柱头合生时，则贴生于花柱上面或子房先端成具辐射状裂片的盘，裂片与胎座对生。果：蒴果，瓣裂或顶孔开裂，稀成熟心皮分离开裂或不裂或横裂为单种子的小节，稀有蓇葖果或坚果。种子细小，球形、卵圆形或近肾形；种皮平滑、蜂窝状或具网纹；种脊有时具鸡冠状种阜；胚小，胚乳油质，子叶不分裂或分裂。

（一）紫 堇（*Corydalis edulis*）

别名闷头花。

【特征】一年生灰绿色草本，高 20～50cm，具主根。茎分枝，具叶；花枝花葶状，常与叶对生。基生叶具长柄，叶片近三角形，长 5～9cm，上面绿色，下面苍白色，1～2 回羽状全裂，一羽片 2～3 对，具短柄，二回羽片近无柄，倒卵圆形，羽状分裂，裂片狭卵圆形，顶端钝，近具短尖。茎生叶与基生叶同形。总状花序疏具 3～10 花。苞片狭卵圆形至披针形，渐尖，全缘，有时下部的疏具齿，约与花梗等长或稍长。花梗长

图 6-95 紫 堇

约 5mm。萼片小，近圆形，直径约 1.5mm，具齿。花粉红色至紫红色，平展。外花瓣较宽展，顶端微凹，无鸡冠状突起。上花瓣长 1.5～2cm；距圆筒形，基部稍下弯，约占花瓣全长的 1/3；蜜腺体长，近伸达距末端，大部分与距贴生，末端不变狭。下花瓣近基部渐狭。内花瓣具鸡冠状突起；爪纤细，稍长于瓣片。柱头横向纺锤形，两端各具 1 乳突，上面具沟槽，槽内具极细小的乳突。蒴果线形，下垂，长 3～3.5cm，具 1 列种子。种子直径约 1.5mm，密生环状小凹点；种阜小，紧贴种子（图 6-95）。

三十一、酢浆草科（Oxalidaceae）

生活型：一年生或多年生草本，极少为灌木或乔木。茎：根茎或鳞茎状块茎，通常肉质，或有地上茎。叶：指状或羽状复叶或小叶萎缩而成单叶，基生或茎生；小叶在芽时或晚间背折而下垂，通常全缘；无托叶或有而细小。花：两性，辐射对称，单花或组成近伞形花序或伞房花序，少有总状花序或聚伞花序；萼片 5，离生或基部合生，覆瓦状排列，少数为镊合状排列；花瓣 5，有时基部合生，旋转排列；雄蕊 10 枚，2 轮，5 长 5 短，外转与花瓣对生，花丝基部通常连合，有时 5 枚无药，花药 2 室，纵裂；雌蕊由 5 枚合生心皮组成，子房上位，5 室，每室有 1 至数颗胚珠，中轴胎座，花柱 5 枚，离生，宿存，柱头通常头状，有时浅裂。果：为开裂的蒴果或为肉质浆果。种子通常为肉质、干燥时产生弹力的外种皮，或极少具假种皮、胚乳肉质。

（一）酢浆草（*Oxalis corniculata*）

别名酸三叶、酸醋酱、鸠酸、酸味草。

【特征】草本，高 10 ～ 35cm，全株被柔毛。根茎稍肥厚。茎细弱，多分枝，直立或匍匐，匍匐茎节上生根。叶基生或茎上互生；托叶小，长圆形或卵形，边缘被密长柔毛，基部与叶柄合生，或同一植株下部托叶明显而上部托叶不明显；叶柄长 1 ～ 13cm，基部具关节；小叶 3，无柄，倒心形，长 4 ～ 16mm，宽 4 ～ 22mm，先端凹入，基部宽楔形，两面被柔毛或表面无毛，沿脉被毛较密，边缘具贴伏缘毛。花单生或数朵集为伞形花序状，腋生，总花梗淡红色，与叶近等长；花梗长 4 ～ 15mm，果后延伸；小苞

图 6-96　酢浆草

片 2，披针形，长 2.5 ～ 4mm，膜质；萼片 5，披针形或长圆状披针形，长 3 ～ 5mm，背面和边缘被柔毛，宿存；花瓣 5，黄色，长圆状倒卵形，长 6 ～ 8mm，宽 4 ～ 5mm；雄蕊 10，花丝白色半透明，有时被疏短柔毛，基部合生，长、短互间，长者花药较大且早熟；子房长圆形，5 室，被短伏毛，花柱 5，柱头头状。蒴果长圆柱形，长 1 ～ 2.5cm，五棱。种子长卵形，长 1 ～ 1.5mm，褐色或红棕色，具横向肋状网纹。花果期 2 ～ 9 月（图 6-96）。

（二）红花酢浆草（*Oxalis corymbosa*）

别名多花酢浆草、紫花酢浆草、南天七、铜锤草、大酸味草。

【特征】多年生直立草本。无地上茎，地下部分有球状鳞茎，外层鳞片膜质，褐色，背具 3 条肋状纵脉，被长缘毛，内层鳞片呈三角形，无毛。叶基生；叶柄长 5 ～ 30cm 或更长，被毛；小叶 3，扁圆状倒心形，长 1 ～ 4cm，宽 1.5 ～ 6cm，顶端凹入，两侧角圆形，基部宽楔形，表面绿色，被毛或近无毛；背面浅绿色，通常两面或有时仅边缘有干后呈棕黑色的小腺体，背面尤甚并被疏毛；托叶长圆形，顶部狭尖，与叶柄基部合生（图 6-97）。总花梗基生，二歧聚伞花序，通

图 6-97　红花酢浆草

常排列成伞形花序式，总花梗长 10 ～ 40cm 或更长，被毛；花梗、苞片、萼片均被毛；花梗长 5 ～ 25mm，每花梗有披针形干膜质苞片 2 枚；萼片 5，披针形，长 4 ～ 7mm，先端有暗红色长圆形的小腺体 2 枚，顶部腹面被疏柔毛；花瓣 5，倒心形，长 1.5 ～ 2cm，为萼长的 2 ～ 4 倍，淡紫色至紫红色，基部颜色较深；雄蕊 10 枚，长的 5 枚超出花柱，另 5 枚长至子房中部，花丝被长柔毛；子房 5 室，花柱 5，被锈色长柔毛，柱头浅 2 裂。花果期 3 ～ 12 月。

三十二、苔藓

（一）提灯藓科（Mniaceae）

尖叶匐灯藓（*Plagiomnium cuspidatum*）

【特征】植物体疏松丛生，多呈鲜绿色。茎匐匐，营养枝匐匐或呈弓形弯曲，疏生叶，着地部位密生黄棕色假根；生殖枝直立，高 2 ～ 3cm，叶多集生于上段，下部疏生小分枝，小枝斜伸或弯曲。叶干时皱缩，潮湿时伸展，呈卵状阔披针形、菱形或狭披针形，长约 5mm，宽约 3mm（生殖枝上的叶较狭长，长可达 7mm，宽约 2.5mm），叶基狭缩，先端渐尖，叶缘具明显的分化边，边中上部

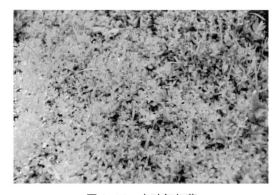

图 6-98　尖叶匐灯藓

具单列锯齿；中肋平滑，长达叶尖。叶细胞呈不规则的多边形，细胞壁薄。雌雄混生同苞。孢子体单生，具红黄色长蒴柄，长 2 ～ 3cm，孢蒴下垂，呈卵状圆筒形（图 6-98）。

（二）羽藓科（Thuidiaceae）

细叶小羽藓（*Haplocladium microphyllum*）

【特征】植物体较小至中等大，疏松交织生长，黄绿色或绿色，老时多为黄褐色。茎匐匐，规则羽状分枝；中轴存在；茎具多数鳞毛，线形、披针形，常分叉，顶端细胞平滑，但枝上较少或缺失。茎叶凹，干时疏松贴生，潮湿时倾立伸展，下部阔卵圆形，具两条皱褶，先端呈狭长披针形叶尖，叶边平展或部分背卷，具细齿；中肋较粗，终止于叶尖或突出，平滑（图 6-99）；叶中部细胞 4 ～ 6 边形、菱形或近长方形，壁薄，细胞具单个中央疣，基部近中肋细胞延长，长方形，平

图 6-99　细叶小羽藓

滑。枝叶阔卵圆形，先端渐尖呈短披针形；中肋不及顶或稍突出；叶中部细胞稍短小，3～6边形、圆方形、菱形或近长方形，其余相似于茎叶。雌雄同株异苞。雌苞叶下部长卵圆形，具纵褶，先端长渐尖，叶边多全缘；中肋突出叶尖呈芒状；细胞狭长菱形或狭长方形，平滑。蒴柄细长，扭曲，长2～2.5cm，淡红褐色，平滑。孢蒴先端垂倾，弓形弯曲，长2～3mm，干时口下收缩，红褐色或暗褐色；蒴帽兜状，长约4mm；蒴盖先端喙状，平滑；蒴齿两层，外蒴齿淡黄褐色，齿片披针形，上部具疣，下部具横纹，内齿层淡黄色，齿条与齿片近等长，微具疣，齿毛2～3条，基膜约为内齿高的1/2；孢子具疣。

（三）青藓科（Brachytheciaceae）

褶叶青藓（*Brachythecium salebrosum*）

【特征】植物体淡绿色，中等大小，主茎匍匐，密生分枝。枝单一，长6～7mm。茎叶干燥时紧贴，潮湿时伸展。茎叶与枝叶同形，茎叶略宽些，呈卵状披针形，先端渐尖或锐尖（1.1～1.7）mm×（0.4～0.6）mm，内凹，基部收缩，具二条较短的纵褶皱，叶先端有细齿，叶基具微齿；中肋达叶中部或略超过中部，叶中部细胞长斜菱形（50～70）μm×（7～9）μm，末端尖锐，薄壁，

图6-100　褶叶青藓

叶基细胞方形、矩形、六角形、薄壁。内苞叶反卷，无中肋。蒴柄红褐色，上部具稀疏细疣，下部平滑。蒴柄长22mm。孢蒴椭圆形，倾立。蒴盖圆锥形，内齿层略短于外齿层，齿条具穿孔，齿毛3，基膜高。孢子壁光滑（图6-100）。

三十三、蕨

（一）海金沙科（Lygodiaceae）

海金沙（*Lygodium japonicum*）

【特征】植株高攀达1～4m。叶轴上面有2条狭边，羽片多数，相距9～11cm，对生于叶轴上的短距两侧，平展。距长达3mm。端有一丛黄色柔毛复盖腋芽。不育羽片尖三角形，长宽几相等，10～12cm或较狭，柄长1.5～1.8cm，同羽轴一样多少被短灰毛，两侧并有狭边，二回羽状；一回羽片2～4对，互生，柄长4～8mm，和小羽轴都有狭翅及短毛，基部一对卵圆形，长4～8cm，宽3～6cm，一回羽状；二回小羽片2～3对，卵状三角形，具短柄或无柄，互生，掌状三裂；末回裂片短阔，中央一条长2～3cm，宽6～8mm，基部

楔形或心脏形，先端钝，顶端的二回羽片长
2.5～3.5cm，宽8～10mm，波状浅裂；向
上的一回小羽片近掌状分裂或不分裂，较短，
叶缘有不规则的浅圆锯齿（图6-101）。主脉
明显，侧脉纤细，从主脉斜上，1～2回二
叉分歧，直达锯齿。叶纸质，干后绿褐色。
两面沿中肋及脉上略有短毛。能育羽片卵状
三角形，长宽几相等，12～20cm，或长稍
过于宽，二回羽状；一回小羽片4～5对，
互生，相距2～3cm，长圆披针形，长5～
10cm，基部宽4～6cm、一回羽状，二回小
羽片3～4对。卵状三角形，羽状深裂。孢
子囊穗长2～4mm，往往长远超过小羽片的
中央不育部分，排列稀疏，暗褐色，无毛。

图6-101　海金沙

（二）金星蕨科（Thelypteridaceae）

针毛蕨（*Macrothelypteris oligophlebia*）

【特征】植株高60～150cm。根状茎短而斜升，连同叶柄基部被深棕色的披针形、边缘
具疏毛的鳞片。叶簇生；叶柄长30～70cm，粗约4～6mm，禾秆色，基部以上光滑；叶片

几与叶柄等长，下部宽30～45cm，三角状
卵形，先端渐尖并羽裂，基部不变狭，三回
羽裂；羽片约14对，斜向上，互生，或下部
的对生，相距5～10cm，柄长达2cm或过之，
基部一对较大，长达20cm，宽达5cm，长圆
披针形，先端渐尖并羽裂，渐尖头，向基部
略变狭，第二对以上各对羽片渐次缩小，向
基部不变狭，柄长0.1～0.4cm，二回羽裂；
小羽片15～20对，互生，开展，中部的较
大，长3.5～8cm，宽1～2.5cm，披针形，
渐尖头，基部圆截形，对称，无柄（下部的
有短柄），多少下延（上部的彼此以狭翅相
连），深羽裂几达小羽轴；裂片10～15对，
开展，长5～12mm，宽2～3.5mm，先端钝
或钝尖（图6-102），基部沿小羽轴彼此以狭

图6-102　针毛蕨

翅相连，边缘全缘或锐裂。叶脉下面明显，侧脉单一或在具锐裂的裂片上二叉，斜上，每裂片 4 ～ 8 对。叶草质，干后黄绿色，两面光滑无毛，仅下面有橙黄色、透明的头状腺毛，或沿小羽轴及主脉的近顶端偶有少数单细胞的针状毛，上面沿羽轴及小羽轴被灰白色的短针毛，羽轴常具浅紫红色斑。孢子囊群小，圆形，每裂片 3 ～ 6 对，生于侧脉的近顶部；囊群盖小，圆肾形，灰绿色，光滑，成熟时脱落或隐没于囊群中。孢子圆肾形，周壁表面形成不规则的小疣块状，有时连接成拟网状或网状。

（三）凤尾蕨科（Pteridaceae）

剑叶凤尾蕨（*Pteris ensiformis*）

【特征】植株高 30 ～ 50cm。根状茎细长，斜升或横卧，粗 4 ～ 5mm，被黑褐色鳞片。叶密生，二型；柄长 10 ～ 30cm（不育叶的柄较短），粗 1.5 ～ 2mm，与叶轴同为禾秆色，稍光泽，光滑；叶片长圆状卵形，长 10 ～ 25cm（不育叶远比能育叶短），宽 5 ～ 15cm 羽状，羽片 3 ～ 6 对，对生，稍斜向上，上部的无柄，下部的有短柄；不育叶的下部羽片相距 1.5 ～ 2（3）cm，三角形，尖头，长 2.5 ～ 3.5（8）cm，宽 1.5 ～ 2.5（4）cm，常为羽状，小羽片 2 ～ 3 对，对生，密接，无柄，斜展，长圆状倒卵形至阔披针形，先端钝圆，基部下侧下延下部全缘，上部及先端有尖齿；能育叶的羽片疏离（下部的相距 5 ～ 7cm），通常为 2 ～ 3 叉，中央的分叉最长，顶生羽片基部不下延，下部两对羽片有时为羽状，小羽片 2 ～ 3 对，向上，狭线形，先端渐尖，

图 6-103　剑叶凤尾蕨

基部下侧下延，先端不育的叶缘有密尖齿，余均全缘主脉禾秆色，下面隆起；侧脉密接，通常分叉。叶干后草质，灰绿色至褐绿色，无毛（图 6-103）。

第七章 城市公共草坪质量评定

草坪质量是指草坪外观品质、生长健康程度和使用功能的综合表现，它体现了草坪的综合管养水平，是对草坪整体优劣程度的一种评价。草坪使用目的不同，其质量要求也不同，质量评价的指标及其重要性也各异。例如观赏草坪要求叶色怡人、质地纤细、整齐均一等特点，评价该类草坪的指标多为景观指标，主要有密度、色泽、质地、均一性、盖度等；运动场草坪则应具有耐践踏、耐频繁修剪并满足不同运动项目的特殊要求，这类草坪质量评价的指标以性能指标为重；护坡保土草坪要求具有强大的根系或匍匐茎、根状茎，同时要生长迅速、覆盖能力强、适应性广，评价该类草坪的主要指标有成坪速度、草坪强度、地下生物量等。

第一节 草坪质量评定方法

草坪质量评定是比较复杂的，因为评定的结果依草坪利用的目的、季节和评定所使用的方法及评定的重点不同而异，而且评定的指标和方法也未完全统一。但是构成草坪质量的基本因素是一致的，因此对草坪进行质量评定可以客观地反映草坪的基本特性。

草坪的质量包括外观质量、生态质量和使用质量与基况质量。外观质量评价的指标主要是景观指标，包括草坪的颜色、均一度、质地、高度、盖度等；生态质量评价的指标包括草坪的组成成分、草坪草的分枝类型、草坪草抗逆性、绿期和生物量等；使用质量评价的实用指标包括草坪的弹性、草坪滚动摩擦性能、草坪硬度和草坪滑动摩擦性能；基况质量包括土壤营养成分、质地、酸碱性以及土壤水渗透性等。

尽管草坪质量评定方法在特定条件下侧重点不同，然而构成草坪质量的基本因素是一致的。评价一块草坪质量的高低，一般考虑外观质量或功能质量。外观质量比较公认的因素包括均一性、密度、质地、颜色等，功能质量有关的因素则包括刚性、弹性、回弹力和恢复力等。

一、评定指标及方法

（一）盖　度

草坪盖度是指一定面积上草坪植物的垂直投影面积与草坪所占土地面积的比例。盖度是与密度相关的指标，但密度不能完全反映个体分布状况，而盖度可以表示植物所占有的空间范围。

草坪盖度的测试方法有目测法和点测法。采用目测法首先要制作一个面积为 $1m^2$ 的木架，用细绳分为 100 个 $1dm^2$ 的小格，测定时将木架放置在选定的样点上，目测计数草坪植物在每格中所占有的比例，然后将每格的观测值统计后，用百分数表示出草坪的盖度值。盖度值分级评价可采用五分制，盖度为 100%～97.5% 记 5 分；97.5%～95% 记 4 分；95%～90% 记 3 分；90%～85% 记 2 分；85%～75% 记 1 分；不足 75% 的草坪需要更新或复壮。点测法又叫样点法，是草地植被定量分析的常用方法之一。其方法是将细长的针垂直或成一定角度穿过草层，重复多次，然后统计植物种及全部植物种与针接触的次数和针刺总数，二者的比值即为某一植物种的盖度和植被的总盖度。在国内的许多研究中将点测法发展为方格网针刺法，用作草坪盖度的研究。一般样方为 1m×1m 的正方形样方，将样方分为 100 个格，然后用针刺每一格，统计针触草坪植物的次数，以百分数表示盖度，一般重复 5～10 次。

（二）高　度

草坪高度是指草坪植物顶部（包括修剪后的草层平面）与地表的平均距离。

草坪高度一般采用人工测量，样本数应大于 30。草坪的修剪高度影响草坪的外观质量。不同草种所能耐受的最低修剪高度不同。这一特性在很大程度上决定了草坪草种的使用范围。

（三）均一性

草坪的均一性是对草坪表面的总体评价，它包括两个方面：一是要求地上枝条在颜色、形态、长势上的均一、整齐；二是草坪表面的平坦性。草坪均匀性这两个方面在不同用途草坪的评价中侧重点各不相同，在以观赏为主的草坪的评价中多侧重于草坪草叶的外部形态、颜色和草种的分布状况在草坪外貌上的反映；而在运动场草坪则侧重于草坪表面的平坦性。此外，草坪的均一性受草坪的质地、密度、组成草坪的草坪草的种类、颜色、修剪高度等的影响。

在观赏草坪中，草坪的均一性可用某一草坪草类群在单位面积中所占的比例以及这一比例在不同样方中的变异程度来表示。具体的测定方法有样方法、目测法和均匀度法。样方法就是计数样方内不同类群的数量，然后计算各自的比例和在整个草坪中的变异状况。在测定中样方多为直径 10cm 的样圆，重复次数依草坪面积而肯定，为了准确的计算样方的变异程度，一般应在 30 次以上。但是样方法重复次数较多，工作量大，在实际应用中具有一定的局限性，许多研究中多用目测法测定草坪均一性。一般采用九分制进行打分，9 表示完全均匀一致，6 表示均匀一致，1 表示差异很大。

（四）色　泽

草坪色泽即草坪颜色，是草坪植物反射日光后对人眼的颜色感觉。草坪颜色可反映草坪植物的生长状况和草坪的管理水平。同时在很大程度上决定了人们对其喜好的程度。

草坪色泽的测定方法有目测法和实测法。目测法包括直接目测法和比色卡法。直接目测法就是观测者根据主观印象和个人喜好给草坪颜色打分，评分方法有五分制、十分制和九分制，其中九分制较常用。在九分制中，9 分表示墨绿，1 分表示枯黄。比色卡法是事先将由黄到绿色的色泽范围内以 10% 的梯度逐渐增加至深绿色，并以此制成比色卡，把观测的草坪颜色与比色卡做比较来确定草坪颜色等级。在用目测法测定草坪颜色时，可在样地上随机选取一定面积的样方，以减少视觉影响，同时测定时间最好选在阴天或早上进行，避免太阳光太强造成的试验误差。实测法包括叶绿素含量测定法和草坪反射光测定法。叶绿素含量的测定多采用分光光度计法。用叶绿素含量表示草坪颜色的方法有两种：单位面积土地上叶绿素的含量即叶绿素指数（CI）和单位鲜重的叶绿素含量。国内外的一些研究人员也用照度计法测定作物和草坪的颜色状况。照度计法测得的结果为草坪反射光的强度和成分，它与人眼接受的光相同，它能较好地反映草坪整体颜色状况。照度计法测定草坪颜色的仪器有多波段光谱辐射仪和反射仪。在国外多采用手持式光谱辐射仪，在测定时手持仪器，尽力伸出，将仪器置于地面以上 1 ～ 2m 处测量草坪的反射量。草坪光反射量因太阳光强度的不同而不同，因此要在光线弱的条件下进行测定，为了减少误差要在较短的时间段内完成，一般选在阴天或早上（太阳高度角在 23° ～ 31°）时进行测量。

（五）病虫侵害度

草坪病虫侵害度即单位面积草坪中受病虫侵害的草坪植株所占的百分比。

草坪病虫侵害度常采用点测法，用被危害草坪点数与测定总点数比值的百分数表示。重复三次，取其平均值。

（六）杂草率

草坪杂草率即单位面积草坪中杂草所占的百分比。

草坪杂草率常采用点测法，用杂草点数与测定总点数比值的百分数表示。重复三次，取其平均值。

（七）弹　性

草坪弹性是指外力作用后恢复原状态的能力，回弹性是指草坪在外力作用时保持其表面

特征的能力。草坪弹性与回弹性受草坪草种、修剪高度、土壤物理形状等的影响。

草坪弹性与回弹性在实际中不易测定，一般用反弹系数表示弹性和回弹性。

$$反弹系数（\%）= 反弹高度 / 下落高度 × 100 \tag{7-1}$$

测定方法是将被测场地所使用的标准赛球在一定高度下落，目测或用摄像机记录第一次反弹高度，然后计算反弹系数。通常在不同运动类型场地应选用相应的测定用球。不同的运动项目对草坪反弹性的要求有所不同，其标准也各不相同。

（八）滚动阻力

草坪滚动摩擦阻力是指草坪和与其接触的物体在接触面上发生阻碍相对运动的力。对草坪上进行的球类运动项目而言，草坪滚动摩擦性能主要用于评价球在草坪表面上滚动的性能。这一特征与草坪草的种类、草坪密度、质地关系密切。在实际测定中，球在一定高度沿一定角度的测槽下滑，从接触草坪起到滚动停止时的滚动距离来表示。通常用球在草坪的滚动距离表示。将压强 0.7 kg/cm² 的足球，从 45° 的斜面，高 1m 处自由滑下，从斜面的前端测定球滚出距离。测定时分顺坡 S↓ 和逆坡 S↑ 两方向进行，按公式（7-2）计算。重复 B 次，取其平均值。

$$草坪滚动阻力（m）= \frac{2Ls↑ \cdot Ls↓}{Ls↑ + Ls↓} \tag{7-2}$$

式中：Ls↑——球逆坡滚动距离（m）；

Ls↓——球顺坡滚动距离（m）。

（九）旋转阻力

草坪旋转阻力是指草坪和与其相接触的球类物体在接触面上发生阻碍球体旋转的力。常用草坪旋转阻力测定器测定，单位 N·m 重复三次，取其平均值。

（十）平整度

草坪平整度是指草坪坪床表面光滑平整一致的程度。常用平整度测定器测定，单位 cm。重复三次，取其平均值。

（十一）生物量

草坪植物生物量是指草坪群落在单位时间内植物生物量的累积程度，是由地上部生物量和地下部生物量两部分组成。草坪植物生物量的积累程度与草坪的再生能力、恢复能力、定植速度、草皮生产性能有密切关系。

地下生物量是指草坪植物地下部分单位面积一定深度内活根的干重。地下生物量是草坪质量的内在指标，是草坪景观质量和使用质量的基础，是草坪质量能否持久保持和适用的关键。草坪植物多为须根系，其根系密集，在土壤中分布不深，在草坪地下生物量的测定时取土深度在 30cm 即可反映草坪的地下生物量的状况。草坪地下生物量的测定通常采用土钻法，土钻的直径一般为 7cm 或 10cm，取样深度为 30cm，可分三层取样。取样后用水冲洗清除杂质，烘干称重。

地上生物量是草坪生长速度和再生能力的数量指标，一般以单位面积草坪在单位时间内的修剪量来表示。地上生物量可用样方刈割法测定，也可用剪下的草屑的体积来估测。

二、评定原则即取样

（一）评定原则

草坪产品的各项评定指标的实际值，采用抽样评定法确定。依据产品对象的大小、性质、评定器具与精度要求，可分别选取随机取样、系统取样和限定随机取样。

随机取样，随机取样也称客观取样，其目的在于使样地中的任何一点都有同等的机会被抽作取样单位，这样就可以用统计的方法表示取样的完善程度。

系统取样，这种方法是将取样单位尽可能地等距，均匀而广泛地散布在样地中，以避免随机取样时取样单位分布不均匀，某些地方取样单位过多，而另外一些地方又太少的缺点。

限定随机取样，这是随机取样和系统取样的有机结合，它体现了二者的优点。具体做法是将样地进一步划分为较小单位，在每个单位中采用随机取样，这样做可使样地内每个点都有成为样本的更大机会，而且数据适于统计分析。

（二）取　样

当草坪面积小于或等于 500m² 时采用系统取样；当面积大于 500m² 时，采用随机取样。

第二节　草坪质量等级标准

草坪等级标准分一级、二级、三级三个等级，分别测定各检测指标所属级别，在诸项检测指标中，等级最低的指标等级为该草坪产品等级。不符合最低等级者，视为等外级。

（一）开放型草坪等级标准

开放型草坪等级标准见表 7-1。

表 7-1　开放型草坪等级标准

检测指标	一级	二级	三级
盖度（%）　≥	90	85	80
草坪高度（cm）≤	3	6	9
均一性	叶片生长整齐一致，目标草种在草坪中出现频率≥95%	叶片生长基本一致，目标草种在草坪中出现频率≥90%	有少数叶片生长不齐，目标草种在草坪中出现频率≥85%
色泽	颜色均匀一致，色嫩绿或深绿	颜色均匀一致，色浅绿或淡绿	颜色不均一，色黄绿，黄色≤10%
病虫侵害度（%）≤	2	5	10
杂草率（%）　≤	2	5	10

（二）封闭型草坪等级标准

封闭型草坪等级标准见表 7-2。

表 7-2　封闭型草坪等级标准

检测指标	一级	二级	三级
盖度（%）　≥	95	90	85
草坪高度（cm）≤	3	6	9
均一性	叶片生长整齐一致，目标草在草坪中出现频率≥100%	叶片生长基本一致，目标草种在草坪中出现频率≥95%	有少数叶片生长不齐，目标草种在草坪中出现频率≥90%
色泽	颜色均匀一致，色嫩绿或深绿	颜色均匀一致，色浅绿或淡绿	颜色不均一，色黄绿，黄色≤10%
病虫侵害度（%）≤	1	3	5
杂草率（%）≤	1	3	5

（三）水土保持草坪等级标准

水土保持草坪等级标准见表 7-3。

表 7-3　水土保持草坪等级标准

检测指标	一级	二级	三级
盖度（%）　≥	85	80	75
病虫侵害度（%）　≤	4	9	15
地下生物量（g/m²）≥	1500	1000	700

（四）道路、滨水草坪等级标准

道路、滨水草坪等级标准见表7-4。

表7-4　道路、滨水草坪等级标准

检测指标	一级	二级	三级
盖度（%）　≥	90	80	70
草坪高度（cm）≤	4	7	10
色泽	颜色均匀一致，色嫩绿或深绿	颜色均匀一致，色浅绿或淡绿	颜色不均一，色黄绿，黄色≤25%
病虫侵害度（%）≤	4	9	15
杂草率（%）　≤	10	15	20
地下生物量（g/m²）≥	1500	1000	700

（五）足球场草坪等级标准

足球场草坪等级标准见表7-5。

表7-5　足球场草坪等级标准

检测指标	一级	二级	三级
盖度（%）　≥	95	90	85
草坪高度（cm）	> 2.0，≤ 2.5	> 2.5，≤ 3.0	> 3.0，≤ 3.5
均一性	叶片生长整齐一致，目标草在草坪中出现频率≥90%	叶片生长基本一致，目标草种在草坪中出现频率≥80%	有少数叶片生长不齐，目标草种在草坪中出现频率≥70%
色泽	颜色均匀一致，色嫩绿或深绿	颜色均匀一致，色浅绿或淡绿	颜色不均一，色黄绿，黄色≤10%
病虫侵害度（%）≤	1	5	10
杂草率（%）　≤	2	3	4
草坪弹性（%）	> 40，≤ 45	> 45，≤ 50 > 35，≤ 40	> 50，≤ 55 > 30，≤ 35
草坪滚动阻力（m）	> 6.0，≤ 8.0	> 8.0，≤ 10.0 > 4.0，≤ 6.0	> 10.0，≤ 12.0 > 2.0，≤ 4.0
草坪旋转阻力（N·m）	> 30，≤ 40	> 40，≤ 50 > 20，≤ 30	> 50，≤ 80 > 10，≤ 20
草坪平整度（cm）≤	1.0	2.0	3.0

参考文献

高鸿生，王凤葵，2006. 草坪病虫害识别与防治 [M]. 北京：金盾出版社．

孙彦，2017. 草坪管理学 [M]. 北京：中国林业出版社．

首都绿化委员会办公室，2000. 草坪病虫害 [M]. 北京：中国林业出版社．

余德亿，2007. 草坪病虫害诊断与防治原色图谱 [M]. 北京：金盾出版社．

胡林，边秀举，阳新玲，2009. 草坪科学与管理 [M]. 北京：中国农业大学出版社．

徐秉良，2011. 草坪保护学 [M]. 北京：中国林业出版社．

马承忠，2014. 图说农田杂草识别及防除（第二版）[M]. 北京：中国农业出版社．

薛光，马建霞，2002. 草坪杂草及化学防除彩色图谱 [M]. 北京：中国农业出版社．

冯莉，陈国奇，2016. 南方农田常见杂草原色图谱 [M]. 广州：广东科技出版社．

薛光，2008. 草坪杂草原色图鉴及防除指南 [M]. 北京：中国农业出版社．

陆欣，2003. 土壤肥料学 [M]. 北京：中国农业出版社．

张志国，2004. 草坪营养与施肥 [M]. 北京：中国农业出版社．

王迪轩，何永梅，李建国，2019. 新编肥料使用技术手册（第二版）[M]. 北京：化学工业出版社．

廖满英，2015. 图文精解草坪建植与养护 [M]. 北京：化学工业出版社．

王秀梅，廖珊，2016. 草坪建植与养护 [M]. 北京：中国水利水电出版社．

苏德荣，周禾，2012. 草坪低耗养护技术研究 [M]. 北京：科学出版社．

王运兵，2016. 现代草坪养护实用技术 [M]. 北京：化学工业出版社

徐凌彦，2018. 草坪建植与养护技术 [M]. 北京：化学工业出版社

孙吉雄，2008. 草坪地被植物原色图谱 [M]. 北京：金盾出版社．

骆焱平，曾志刚，2019. 新编简明农药使用手册 [M]. 北京：化学工业出版社．

李善林，1999. 草坪杂草 [M]. 北京：林业出版社．

唐洪元，1991. 中国农田杂草 [M]. 上海：上海科技教育出版社．

赵美琦，孙彦，张青文，2001. 草坪养护技术 [M]. 北京：中国林业出版社．

卢盛林，1987. 菜田化学除草 [M]. 北京：知识出版社．

国家技术监督局，2016. 肥料和土壤调理剂 术语（GB/T 6274—2016）[S].

国家林业局，2000. 主要花卉产品等级第七部分：草坪（GB/T 18247.7—2000）[S].

中华人民共和国农业部，2017. 草坪术语（GB/T 34741—2017）[S]. 北京：中国标准出版社 .

国家林业局，2004. 城市绿地草坪建植与管理技术规程（GB/T 19535—2004）[S].

上海市质量技术监督局，2015. 足球场运动草坪建植与养护管理技术规范（DB 31/T 951—2015）[S].

韩烈保，1999. 草坪建植与管理手册 [M]. 北京：中国林业出版社 .

Carrow R N 1995. Drought resistance aspects of turfgrasses in the southeast: evapotranspiration and crop coefficients[J]. Crop Science (35): 1685–1690.